ASAHI SENSHO

朝日選書 883

新版 原子力の社会史

その日本的展開

吉岡 斉

朝日新聞出版

新版　原子力の社会史／目次

図版＝フジ企画

新版 原子力の社会史

その日本的展開

吉岡 斉

まえがき

この本は、日本における原子力開発利用の、草創期から二〇一一年七月までの大きな流れについて、歴史的な鳥瞰図を与えることをめざす著作である。筆者はそうした鳥瞰図を、批判的な歴史家の視点から描こうと思う。ここで筆者のいう「批判的」とは、原子力開発利用の推進当事者に対して、「非共感的」な立場をとることを意味する。

ほんの一昔前まで、科学技術史の物語は、試行錯誤を重ねながら発見や発明をなしとげた科学者・技術者に対する共感に満ちたストーリーとして描かれることが多かった。しかし現代人の常識では、もはや科学技術発展の性善説をとることはできない。いかなる科学技術事業も、平和、安全、環境、経済などの公共利益の観点から、厳しく吟味しなければならない対象とみなされている。ところで無数の科学技術分野のなかでも、原子力開発利用はとくに、公共利益の観点から厳しい視線を注がれてきた分野である。今日の歴史家は常識として、そうした現代的な科学技術観をもつようになっている。したがって筆者のいう批判的な歴史家の視点というのは、筆者に限らずこの分野の現代史を描こうとする研究者が、当然とるべき姿勢である。

もちろん「非共感的」な立場というのは、「敵対的」な立場とは基本的に異なる。「まずは疑ってかかる」というのが、原子力開発利用に対して歴史研究者がとるべき基本的姿勢であろうが、詮索の結果として疑惑が解消されたり、推進当事者の潔白さが証明されることも十分ありうるのである。あらかじめ研究対象に対して敵対的感情をもってのぞむことを、歴史家は避けなければならない。ちなみに筆者は、世界と日本の原子力開発利用について、現時点で次のような見解をもつ者である。原子力開発利用は、軍事面では非常に大きな影響力を発揮してきた。核兵器は世界の安全保障にとって最重要の問題でありつづけてきた。今日の世界はなお「核兵器のない世界」への道を模索中である。その一方、民事面での原子力開発利用は、あまり革命的な存在とはならなかった。それは発電以外にこれといった用途をみいだすことができず、万能エネルギーである石油や、それにつぐ天然ガス(石油と比べ貯蔵・輸送が面倒で、輸送機械の燃料には使いにくい)はもとより、石炭(発電以外にも、産業用の熱源として使うことができる)と比べても、一段と用途の狭いエネルギーにとどまったのである。にもかかわらず関係者の多くは、民事利用の将来が輝かしいものとなると信じようとした。核分裂エネルギーは、プルトニウム増殖路線の確立により、事実上無尽蔵となることができるし、核融合エネルギーにも同様の可能性があったからである。しかし一九八〇年代前半に起こった核融合開発の失速と、やや遅れて起きたプルトニウム増殖路線からの先進各国の撤退により、無尽蔵の核エネルギーの夢は雲散霧消した。軽水炉発電についても、世界と日本で一定程度の普及をみたが、その競争相手である化石燃料と比較して、総合的にみて劣った発電手段としての地位を脱することができなかった。したがって筆者は、原子力発電事業からの段階的撤退、つまり脱原発という路線を、世界と日本の電力会社が選択することが妥当であるという主張をもつ者である。だが歴史的分析の客観的妥当性が、それによって犠牲になってはならない。

ところで筆者の経歴は、「非共感的」な原子力開発利用の現代史を書くという作業に適したものであると信ずる。原子力開発利用推進の当事者、あるいは過去にそうした立場にあった者にとって、「非共感的」な姿勢を堅持することは容易ではないが、筆者はそうした推進当事者としての経歴をもたない。また筆者は大学では物理学を専攻したが、大学院進学の際に専攻を科学史に変更し、それ以来三〇年あまりにわたり現代史研究を進めてきた。とくにこの二〇年あまりは、核融合を含む原子力開発利用の社会史を、最も重要な研究テーマとしてきた。こうした研究歴をとおして筆者は、原子力技術や原子力政策に関する専門知識を身につけるとともに、歴史家としての研究対象との距離のおき方について、多くのことを学んできたと思っている。

さて、これから本書の構成について、簡単に説明しておこう。本書は全部で八章からなる。まず第1章で、日本の原子力開発利用の社会史についての基本的見方と時代区分を示す。ここで筆者がとくに重視したいのは、世界の原子力開発利用体制の展開過程についての体系的な見取図を描き、そのなかに日本の原子力体制のそれを的確に位置づけることである。次に第2章から第8章までの七つの章で、日本の原子力開発利用体制の展開過程を時代順に示す。時代区分としては次のような六段階区分を採用する。

第Ⅰ期　戦時研究から禁止・休眠の時代（一九三九〜五三）

第Ⅱ期　制度化と試行錯誤の時代（一九五四〜六五）

第Ⅲ期　テイクオフと諸問題噴出の時代（一九六六〜七九）
第Ⅳ期　安定成長と民営化の時代（一九八〇〜九四）
第Ⅴ期　事故・事件の続発と開発利用低迷の時代（一九九五〜二〇一〇）
第Ⅵ期　原子力開発利用斜陽化の時代（二〇一一〜）

それぞれの時代の開幕を飾る事件は、原子核分裂が発見されたという情報の海外からの到来（一九三九年）、原子力予算の出現（一九五四年）、軽水炉の大量発注の始まりと動力炉・核燃料開発事業団の設立（一九六六〜六七年）、軽水炉発電の設備利用率の回復と日本原燃サービスの発足（一九八〇年）、高速増殖炉原型炉もんじゅのナトリウム漏洩火災事故（一九九五年）、中央省庁再編（二〇〇一年）、福島原発事故（二〇一一年）である。なお第Ⅴ期については章の長さの均等化をはかるべく、二つの章（二〇〇〇年まで、二〇〇一年以降）に分割した。

最後に言葉の問題についていくつか断っておく。原子力というのは通俗的用語であり、正しくは核エネルギー（または原子核エネルギー）と表記すべきだということは、科学者の間では常識に属する。原子力という言葉を使うこと自体を嫌う研究者も少なくない。また原子力という言葉にはもう一つの問題点がある。核エネルギーという言葉は、軍事利用（military use）と民事利用（civil use）の双方をさすものとして、ごく自然に理解されるが、原子力という言葉は少なくとも日本では、もっぱら民事利用分野をさすものと理解されることが多いのである。それは核エネルギー技術の本質的なデュアリティー（軍民両用性）の理解を鈍らせる結果をもたらす恐れがある。

このように原子力という言葉を使うことには慎重であるべきだが、筆者としてはそのことを断ったうえで、この言葉を使いたい。なぜならそれはすでに日常語として広く普及しており、核エネルギーの同義語であることについても、大方の了解が存在するからである。もちろん核エネルギーと表記したほうが適切と思われる箇所ではそのように表記するが、この言葉を多用すると片仮名の多い読みにくい文章となるので、なるべく使用を控えたいと考える。また原子力発電所または発電用原子炉の略語として「原発」という言葉が広く普及している。この言葉にはややぶっきらぼうな響きがあるが、すでに広く定着しているので、本書でも随時使用するが、原則的には原子力発電所または発電用原子炉というていねいな言葉を使いたい。

本書は現代史の著作であるから、組織・機関の名称については、言及する事象ごとに当時の名称を使うことを原則としたい。ただし名称変更時期をまたぐ期間について記述する場合については、特別にそれが必要と思われる場合にのみ注意書きを添えることとする。多くの場合は常識で判断できるだろうから、特段の注意書きは必要ないと思われる。神経質な名称の使い分けをすると記述が煩雑になり読みにくくなるので、なるべく避けたいところである。

二〇〇一年に中央省庁再編が行われ、通産省が経済産業省に改組され、科学技術庁が文部科学省などに吸収合併されるなど、大きな名称変更があった。この時期には、通産省総合エネルギー調査会が経済産業省総合資源エネルギー調査会に改組された。また電源開発調整審議会は、同調査会の電源開発分科会へと格下げされた。

中央省庁再編以外の時期に、名称変更を行った組織・機関も多い。たとえば動力炉・核燃料開発事業団(一九六七〜一九九八)は、一九六七年までは原子燃料公社、一九九八年から二〇〇五年までは核燃料サイクル開発機構、二〇〇五年からは日本原子力研究所と統合され日本原子力研究開発機構へと、たびたび名称を変えている。そうしたケースについても多くの場合は常識で判断できるので、特段の注意書きは不要と考えるが、名称変更について補足したケースもある。

第1章　日本の原子力開発利用の社会史をどうみるか

1　日本の原子力開発利用の国際的文脈についての予備知識

　科学技術は全体として国際的性格の濃い活動であり、どの科学技術分野に関しても、世界の動向に関する正確な理解を抜きにして、一つの国のなかでのその分野の発展過程を理解することはできない。原子力開発利用という分野も、もちろんその例外ではない。

　原子核反応による大量のエネルギー放出現象を、軍事的・産業的に利用するための活動を、この本では原子力開発利用活動と呼ぶ。それが開始されたのは一九三〇年代末である。オットー・ハーンらによるウラン核分裂の発見（一九三八年末）がその口火を切ったのである。それから七〇年あまりが経過したが、この間つねに、原子力開発利用活動は高度に国際的な性格を有してきた。もちろんヒト・モノ・情報の国境横断的な自由な移動がおこなわれてきたわけではない。むしろ反対にグローバル及びローカルな安全保障の観点から、ヒト・モノ・情報の移動が厳しく管理されてきたといってよい。その意味でアカデミック・サイエンス的な国際性を、原子力は強く制約された形でしかもたなかった。そこには秘密主義と疑心暗鬼が蔓延していたといってよい。だが見方を変えれば、ヒト・モノ・情報の移動が厳しく管理されてきたこと自体が、原子力開発利用活動のもつ高度な国際性をあらわしている。グローバルな規模での国際関係の精密なコントロールと調整のもとで、それぞれの国の原子力開発利用活動が日々営まれてきたのである。

このように世界の原子力開発利用体制は、本質的にグローバルな性格のものである。つまりそれは単なる国家ごとのローカルな体制の総和ではなく、全体として高度に有機的に統合された国際システムである。その構造は、世界各国のローカルな原子力体制と、それらをつなぐ二国間関係および多国間関係のネットワーク全体のうえに、原子力国際管理体制がのしかかった構造、としてとらえることができる。

ここで原子力国際管理体制は、核兵器軍備管理に関する国際条約・協定と、核兵器不拡散に関する国際条約・協定という二本の柱からなっているが、それは核戦力に関する秩序維持を基本目的とする体制である。つまりその運営において、至上原理と考えられてきたのは、「核クラブ」内の序列構造を維持し、また核保有国と非核保有国の差別構造を維持することである。そして軍事利用に関する秩序維持という基本目的を侵さないとみなされる範囲内で、民事利用活動が許容されてきた。もちろん大部分の国は多かれ少なかれ核武装の思惑をもって民事利用活動をつづけてきており、それらの国の既得権を剝奪することは国際社会にとって困難であった。その意味で原子力国際管理体制は、不完全なものにとどまってきたといえる。

世界の原子力開発利用体制の歴史は、次の三つの流れの重ね合わせとして、理解することができる。第一は、世界各国のローカルな開発利用体制の発展である。第二は、二国間・多国間ネットワークの発展である。そして第三は、原子力国際管理体制の発展である。まずその歴史の大きな流れを、軍事利用と民事利用の双方を考慮しつつ、次の時代区分にもとづいて整理してみよう。

第Ⅰ期　戦時計画の時代（一九三九～四五）
第Ⅱ期　軍事利用の拡大と民事利用の雌伏の時代（一九四五～五二）
第Ⅲ期　核軍拡競争の過熱と民事利用の制度化の時代（一九五三～六四）
第Ⅳ期　核軍備管理の制度化と民事利用の躍進の時代（一九六五～七四）
第Ⅴ期　核軍備管理の激動と民事利用の基盤動揺の時代（一九七五～八六）
第Ⅵ期　東西冷戦終結と民事利用停滞の時代（一九八七～一九九七）
第Ⅶ期　核不拡散問題再燃と原子力発電復活の時代（一九九八～二〇一〇）
第Ⅷ期　核兵器と原子力発電の後退の時代（二〇一一～）

それぞれの時代の境界となる事件は、次のとおりである。まず第Ⅰ期の出発点を画する事件は、オットー・ハーンとフリッツ・シュトラスマンによるウラン核分裂発見のニュースが世界中にまたたく間に伝わったことである。この情報に多くの国の科学者や軍部が注目し、その軍事利用の可能性に関する検討が各国で開始された。そのなかでアメリカのマンハッタン計画（これは英・仏・カナダの科学者の協力を得た国際プロジェクトであった）が成功を収め、一九四五年八月に広島と長崎に原爆が投下されたことは周知の事実である。

第Ⅰ期と第Ⅱ期との境界をなすのは、第二次世界大戦の終結である。これにより枢軸国の原爆開発計画は終結したが、アメリカの原爆開発計画は継続され、冷戦時代が本格化してからはそれが加速された。またアメリカに追随する形で、ソ連や英国の原爆開発計画が本格的に進められるようになった。その一環として原爆用プルトニウムを生産するための軍用原子炉の開発も進められた。その結果、ソ連（一九四九年）と英国（五二年）が原爆実験に成功した。なお民事利用のための開発は将来の課題とみなされ、先送りされた。

第Ⅱ期と第Ⅲ期との境界をなすのは、米ソにおける水爆開発の成功と、アイゼンハワー米大統領の「アトムズ・フォア・ピース」（平和のための原子力）演説である。一九五〇年代に入ると米ソの核軍拡競争が、核弾頭と運搬手段の両面で激烈に展開された。その成果として水爆が開発され、核兵器の破壊力が際限なく増大していった。また大陸間弾道ミサイルＩＣＢＭ（Inter-Continental Ballistic Missile）、潜水艦発射弾道ミサイルＳＬＢＭ（Submarine-Launched Ballistic Missile）、長距離戦略爆撃機という核戦力の三本柱が確立することとなった。

その一方で、民事利用についても、実用化へ向けての開発がようやく本格化した。まず英国で、またそれに追随してアメリカで、軍用炉の発電用原子炉への転用が試みられるようになった。さらに五三年一二月のアイゼンハワー演説を契機として、原子炉や核物質の国際移転の仕組みが整備され始めた。その仕組みに乗っかる形で、日本を含む多くの国が、原子力開発利用に参入した。ただし原子力発電の発展ペースは遅々たるものとなった。それは原子力発電の経済性の向上が当初期待されたほどの勢いでは進展しなかったことと、中東地域における大油田の相次ぐ発見によって対抗馬としての石油が強くなりすぎたことによる。

第Ⅲ期と第Ⅳ期の境界をなすのは、フランス（一九六〇年）及び中国（六四年）の核武装と、軽水炉発電ブームの到来である。核武装国のとめどもない増加に歯止めをかけるべく、米ソを中心とする核兵器大国は、核不拡散条約NPT（Treaty on the Non-Proliferation of Nuclear Weapons、通称 Non-Proliferation Treaty）の策定に乗り出した。それとほぼ同時に、米ソ相互間での核兵器の軍備管理交渉が始まった。それは相互確証破壊MAD（Mutual Assured Destruction）という状況が成立したもとで、核戦力バランスの安定化をはかる動きであった。これ以後は核戦力の量的拡大ではなく、質的改良に重点が移行した。

その一方、民事利用においては一九六三年から六四年にかけて軽水炉発電ブームが起こった。アメリカの沸騰水型軽水炉BWR（Boiling Water Reactor）メーカーのゼネラル・エレクトリック（GE、General Electric）社が、電力会社に大胆な売り込み戦略をかけ、それが成功を収めたのである。ただちに競争相手のウェスチングハウスWH（Westinghouse）社――加圧水型軽水炉PWR（Pressurized Water Reactor）市場において大部分のシェアを独占していたメーカー――もその動きに追随した。GE社が始めた売り込み戦略というのは、メーカーが建設に全責任を負う「ターンキー（turnkey）方式」と、化石燃料に匹敵する価格による「固定価格制度」を、組み合わせたものだった。この売り込み戦略は的中し、六〇年代半ばに発電用軽水炉発注の世界的ブームが訪れたのである。これを起爆剤として、原子力発電の産業としてのテイクオフが実現した。そして動力炉と核燃料の双方の分野において、あらゆる種類のプロジェクトへのチャレンジがなされるようになった。民事利用の輝かしい未来は約束されたかにみえた。二〇世紀末までには高速増殖炉中心の原子力発電システムが先進国で確立され、電力供給に中心的役割を果たしているだろうと大方の関係者は期待したのである。

第Ⅳ期と第Ⅴ期の境界をなすのは、インド核実験（一九七四年）と脱原発世論の台頭である。インド核実験により国際核不拡散体制が大幅に強化され、それと密接に関連して、原子力貿易や技術移転に対する強いブレーキが働くようになった。それはまた核燃料サイクル関連技術を中心とする機微核技術ＳＮＴ（Sensitive Nuclear Technology）全般における開発利用抑制をもたらすこととなった。とくにアメリカは世界に模範を示すべく、自国の高速増殖炉原型炉建設計画と商業用再処理工場建設計画を中止し、ヨーロッパ諸国や日本に対しても、核燃料サイクル計画の見直しを求めてきた。そうしたアメリカの動きは世界の原子力民事利用分野の発展に冷水を浴びせた。

しかしそうした核不拡散の観点からの規制強化を抜きにしても、この時代にはすでに、原子力発電の発展基盤の動揺が始まっていた。その最大の要因は、原子力発電システムの安全性に対する世界的な懸念の高まりである。環境保護運動の高まりを背景として六〇年代末頃より、原子力発電は生命・健康にとって危険なものとみなされるようになり、放射線の被曝リスクの評価の見直しや、重大事故の発生リスクに関する再検討が、進められるようになった。原子力発電はたちまちトップクラスの環境問題となったのである。原子力発電の安全性論争はまずアメリカで活発に展開されたが、ほどなくヨーロッパ諸国や日本などにも広がった。そうした原子力発電批判運動の高まりと、それによる安全基準の強化や建設コストの高騰は、原子力発電事業に冷水を浴びせた。それ以外にもさまざまの要因が重なり、原子力発電事業の成長ペースは当初の期待よりもはるかにゆっくりしたものとなった。とくにそれまで先頭を走ってきた英米両国が深刻な停滞状態におちいった。

なお第V期は、一九八〇年頃を境として、さらに二つの時期に区分できる。第V期の前期（一九七五～七九）には、米ソ間のデタントの余韻が残っていたが、ソ連のアフガニスタン侵攻をきっかけに「新冷戦時代」が到来し、核軍拡競争が再燃した。そのあおりを受けて第V期の後期（一九八〇～八五）には、核不拡散に関する外交活動は第二義的なものとして背景に退いた。核軍拡と核不拡散との同時推進は国際社会の合意を得るのが困難だからである。しかし民事利用面ではその発展基盤の動揺がアメリカのスリーマイル島原発事故などによってさらに激しくなり、スウェーデンをはじめヨーロッパの中小国が次々と、原発依存からの脱却をはかり始めた。

第V期と第VI期の境界をなすのは、中距離核戦力ＩＮＦ(Intermediate-range Nuclear Forces)条約締結と、チェルノブイリ原発事故である。一九八七年のＩＮＦ条約締結は、冷戦の終結へ向けての大きな一歩となった。そして米ソの核戦力の大幅な削減が始まった。軍事利用分野の斜陽化時代がついに到来したのである。その一方で、ポスト冷戦時代への移行にともない、国際核不拡散体制が大幅に強化され、朝鮮民主主義人民共和国（北朝鮮）やイラクに対する強硬な外交的イニシアチブも発動されるようになった。

次に民事利用に関しては、一九八六年のチェルノブイリ原発事故の影響などにより、欧米諸国で全般的な停滞状況が出現した。まず第一に、発電用原子炉の新規建設がほとんどなくなる一方で、寿命の尽きた原子炉や、安全上問題のある原子炉の廃炉が始まった。第二に、七〇年代のアメリカにつづいて、ヨーロッパのすべての主要国が九〇年代半ばまでに、プルトニウム・エコノミーの実現という夢を放棄するようになった。ドイツは高速増殖炉開発を中止し、再処理工場建設も中途で止めてしまった。英国とフランスも高速増殖炉の実用化プログラムを断念した。英仏両国では現在もなお商業用再処理工場が運転中であるが、それは未来のプルトニウム・エコノミーの実現をめざしたプロジェクトとはみなされていない。

第Ⅵ期と第Ⅶ期の境界をなすのは、軍事面では九八年五月のインド及びパキスタンの核実験である。それにより核拡散をめぐる国際情勢は不安定化した。二〇〇一年にアメリカでブッシュ政権が誕生したことは、国際的な核情勢をさらに不安定なものとした。ブッシュ政権はイラクと北朝鮮の核疑惑を力説し、二〇〇三年にイラク戦争を起こしてフセイン政権を打倒しその後長期にわたりイラクを占領した。また北朝鮮に対してはウラン濃縮疑惑を指摘した。だがそれに北朝鮮が反発し、核兵器開発を公然と進めるようになり、ついに二〇〇六年の核実験にいたった（二〇〇九年には二度目の核実験を実施した）。

その一方でアメリカのブッシュ政権は二〇〇八年にインドとの間に米印原子力協定を締結した。こうしてアメリカは国際核不拡散体制に公然と異議を唱えてきたインドを実質的な核兵器保有国としてみとめ、核技術を惜しみなく供与する態勢を整えたが、ロシアやフランスもそれに直ちに追随した。これは国際核不拡散体制の信頼性を大きく損ない、インドのように抜け駆けをしても許されるという前例をつくってしまった。

さらにブッシュ政権は二〇〇一年に原子力発電優遇のエネルギー政策を打ち出し、関係者に原子力発電復活への希望を与えた。関係者は原子力ルネッサンスという標語を発明した。これを契機にアメリカ国内で原発の新増設の気運が高まった(ただし建設資金確保に難航し二〇一一年においてもなお全機が机上プランのままである)。他に中国でも二〇〇〇年代末から建設ラッシュが始まった。インドも米・露・仏からの大型原子炉導入構想を進めている。アジアを中心とする開発途上諸国も原発導入に関心を示し始めた。こうして原子力発電復活が軌道に乗るかにみえた。

だがこうした核不拡散問題再燃と原子力発電復活の時代は、二〇一〇年頃には転換点を迎えたようだ。つまり二〇一〇年頃に第Ⅶ期から第Ⅷ期への移行が起きたとみられるのである。ただしこれについて確定的な判断を下すことができるには数年待たねばならない。軍事利用面でみると、アメリカで二〇〇九年にオバマ政権が誕生したことが大きい。それを契機に国際社会は核軍縮・核不拡散の方向を強めている。民事利用面では二〇一一年の福島原発事故が大きい。これにより世界各国は原子力発電に対して慎重な方向へ大きくシフトすることが予想される。福島原発事故は世界標準炉である軽水炉におけるチェルノブイリ級事故であるがゆえに、グローバルな深刻な影響を与えずにはおかない。

2　日本の原子力開発利用の構造的特質

以上、世界の原子力開発利用の歴史と構造について大きな見取図を示した。言うまでもなく本書は、日本の原子力開発利用を主題としたものなので、これ以後の叙述においては世界の動向について、必要に応じて随時言及するにとどめたい。この節ではまず、日本の原子力開発利用の構造的特質について総括的な検討をおこない、次節で時代区分と各時代の特徴を示したい。この章で示す基本的な歴史の見方は、第2章から第8章までの通史的な歴史叙述を理解するための土台となるものである。

戦後全体をとおして、日本の原子力政策は国際関係面において、次のような特徴をもっていた。まず軍事利用領域に関して日本は、アメリカの忠実な同盟国としての行動を一貫してとりつづけてきた。すなわち日本は、独自の核武装をめざす「ド・ゴール的選択」(フランスのド・ゴール大統領が、国際政治におけるアメリカへの従属性を断ち切り、外交上の自律性を確立することをめざしておこなったような、核武装の選択)を禁欲するとともに、アメリカのグローバルな核政策の円滑な遂行に関して全面協力の姿勢をとりつづけてきた。その一環としてアメリカの日本への核兵器持ち込みを容認し、自衛隊の航空戦力をソ連の核戦力を封じ込めるための部隊として充実させた。いわゆる非核三原則が日米関係において実効力をもたなかったことはいうまでもない。戦後全体をとおして、それが軍事目的であることを公言する形で、日本が独自の原子力開発利用活動を展開したことはない。その意味で日本固有の原子力開発利用活動は少なくとも公称上は、民事利用領域に限定されてきたといえる。

次に民事利用領域に関して日本は、欧米で建設されたあらゆる種類の原子力施設の開発プロジェクトを、「一国的」計画として精力的に進めてきた。それは国際核不拡散体制(国際原子力管理体制のうち、国際核軍備管理体制と双璧をなすもの)のルールに抵触するものではなかったが、あらゆる種類の機微核技術SNTを含むものであった。そうした精力的開発の結果として、日本は自国の核武装の技術的潜在力を、非常に高い水準にまで高めてきた。なお民事利用領域における日米関係は、全体として相当に緊密なものであったが、軍事利用の場合とは異なり、全面的にアメリカ政府の言いなりだったわけではない。アメリカ政府の干渉が、自国の原子力事業の拡大という基本路線の推進の障害となる場合には、それに頑強に抵抗してきた。その意味では全面的臣従路線ではなく、限定的臣従路線を歩んできたといえる。日本人が直接進める事業については、アメリカからのコントロールが及ぶ度合いを限定しようとしてきたのである。

さて、日本の原子力開発利用体制の、国内体制としての構造的特質は、「二元体制的国策共同体」というキーワードで表現することができる。ここで二元体制というのは、原子力開発利用の推進勢力が二つのサブグループに分かれ、それぞれが互いに利害対立を調整しつつ事業拡大をはかってきたことをさす。また国策共同体というのは、二つのサブグループからなる原子力共同体が、原子力政策に関する意思決定権を事実上独占し、その決定が事実上の政府決定としての実効力をもち、原子力共同体のアウトサイダーの影響力がきわめて限定されてきたことをさす。

まず第一の二元体制という特徴について基本的な説明をおこなっておく。二元体制とは前述のように、原子炉および核燃料の開発利用の制度的メカニズムが、二つの勢力により分割されてきたことをさす。つまり電力・通産連合と科学技術庁グループが、たがいの縄張りの棲み分けをはかりつつ、それぞれの事業を進めてきたのである。なお二元体制とは、事業性格の縄張りにかかわる概念であり、事業内容の縄張りにかかわるものではない。すなわち一方の電力・通産連合は、商業段階の事業を担当し、他方の科学技術庁グループは商業化途上段階の事業を担当してきた（ところで大学系の研究者は基本的に二つのグループを補佐する役割に甘んじてきた。それは独自の第三勢力を形成することはなかった)。

電力・通産連合のおもな構成メンバーは、次のとおりである。

(1)通産省(およびその外局である資源エネルギー庁)。二〇〇一年からは経済産業省(経産省)

(2)通産省(経産省)系の国策会社(電源開発株式会社)

(3)電力会社およびその傘下の会社(九電力、日本原子力発電、日本原燃)

(4)原子力産業メーカー

(5)政府系の金融機関(日本開発銀行、日本輸出入銀行。のちに国際協力銀行、日本政策投資銀行に統合)

論者のなかには、電力業界と通産省の対立関係を強調する者が少なくない。そしてそれは一面の真実である。だがより大きな視野からみれば両者の関係は、対立を内包しつつも基本的には協調関係である。したがって、電力・通産連合という呼称は、両者の利害対立を主題とした分析をおこなう以外の場面では妥当である。

電力・通産連合の事業分野は、原子炉に関しては発電用原子炉(一号炉のみ英国製の黒鉛減速ガス冷却炉、二号炉以降はすべて米国製の軽水炉)の導入・改良・利用であり、そこでは外国技術の導入習得路線が採用されてきた。そして今日までに日本の原子炉メーカーの国産化率は多くの場合九九%以上に達したが、アメリカの機嫌を損ねないようライセンス生産契約を破棄せず、第三国への輸出に関してアメリカ政府およびメーカーとの共同管理となっている。また核燃料に関しては、海外からのウラン購入、ウラン濃縮サービス委託、並びに使用済核燃料再処理サービス委託の二者を中心とする購入委託路線が採用されてきた。この二つの路線の組み合わせにより電力・通産連合は着実に、原子力発電事業を拡大することが可能であった。日本の原子力共同体のなかで「主役」の座を占めてきたのは、この電力・通産連合である。発電用原子炉の導入習得路線は十分な成功を収め、また核燃料の入手や再処理委託に関しても、今まで支障をきたすことはなかったからである。

一方、科学技術庁グループは、科学技術庁(二〇〇一年に文部省に併合され文部科学省に)本体と、その所轄の二つの特殊法人(日本原子力研究所、動力炉・核燃料開発事業団)、および国立研究所(理化学研究所、放射線医学総合研究所など)を、主たる構成メンバーとしていた。このグループは、実用化途上段階にあるとされる技術を、日本国内に商業技術として確立することを最終目標として、開発活動をつづけてきた。そしてその事業は、歴史的に先行した再処理を唯一の例外として、国内開発路線を採用してきた。科学技術庁グループは一九六〇年代後半に、本格的な原子炉および核燃料の開発体制(ナショナル・プロジェクト方式、タイムテーブル方式、チェック・アンド・レビュー制度の三者を骨子とする)を確立した。この開発体制のなかで中心的役割を与えられたのが、一九六七年一〇月に発足した動力炉・核燃料開発事業団(動燃)である(九八年一〇月に核燃料サイクル開発機構へと改組。二〇〇五年一〇月に日本原子力研究所と統合され、日本原子力研究開発機構へと改組)。なお一九六〇年代前半までの原子力開発で中心的役割を果たしてきた日本原子力研究所(原研)は、基幹的ナショナル・プロジェクトから外され、周辺的プロジェクトを担当することとなった。

動燃は四つの基幹的ナショナル・プロジェクトを推進してきた。まず原子炉に関しては、軽水炉よりも先進的といわれる原子炉の国内開発を進めてきた。その対象となった炉型は、新型転換炉ATR(Advanced Thermal Reactor)と、高速増殖炉FBR(Fast Breeder Reactor)の二種類である。つぎに核燃料に関しては、再処理とウラン濃縮の二つが重要である。再処理に関しては、フランスからの全面的な技術導入にもとづいて東海再処理工場を建設し運転をおこなってきた。またウラン濃縮では、遠心分離法を用いた国内工場の建設をめざし、パイロットプラントと原型プラントを、相次いで岡山県人形峠に建設し運転をおこなってきた。この四種類が科学技術庁グループの主要プロジェクトであり、その大黒柱にあたるのが、高速増殖炉開発計画であった。それら以外にも原子力船や核融合など、多くのプロジェクト研究を、科学技術庁グループは推進してきた。しかしそれらはおしなべて遅延に遅延を重ねており、一つとして真の意味での実用段階（つまり電力供給等の実用目的に供する事業として、それぞれの対抗馬に対する経済的競争力をもつ段階）に達していない。このように科学技術庁グループのあげた成果は、電力・通産連合と比べていちじるしく貧弱であった。そのため日本の原子力共同体のなかで脇役に甘んじてきた。

ここで読者に注意していただきたい点は、科学技術庁グループが自分自身の手で、開発途上段階の技術の商業化という最終目標を完遂することが、決してできない仕組みになっていたという点である。なぜなら商業段階の事業の実施は、電力・通産連合の縄張りとなっているからである。仮に科学技術庁グループが商業化への道筋をつけたと自負するような成果をあげても、電力・通産連合がその受け取りを拒否すれば、それまでの科学技術庁グループの努力は水泡に帰すこととなる。このように科学技術庁グループは、最終目標の達成に関して、他力本願的な立場に立つことを余儀なくされてきた。いよいよ一九八〇年以降、それまで科学技術庁グループが実施してきた事業を、「研究開発段階」（原型炉または原型プラントまでに相当する）を終え、「実用段階」に到達したという理由により、電力・通産連合に移管しようとする動きが進み始めた。それが円滑に成就するか否かは、科学技術庁グループにとってその歴史的な存在理由を問われる重大事であった。

なお歴史的にみると、この「二元体制」が確立したのは一九五〇年代後半であり、科学技術庁発足(一九五六年五月)から日本原子力発電株式会社設立(五七年一一月)までが、二元体制確立への過渡期にあたる。原子力委員会発足(一九五六年一月)頃までは、日本の原子力体制そのものが形成途上段階にあり、制度的に明確な輪郭は固まっていなかったのだが、五六年五月の科学技術庁発足により一つの勢力が明確に姿をあらわし、さらに日本原子力発電の設立により、科学技術庁グループの対抗勢力としての電力・通産連合が、明確に姿をあらわしたのである。この二元体制モデルは、日本の原子力体制の二〇〇〇年末までの推移過程に関する大きな見取図を描くうえで有効である。

次に、日本の原子力開発利用体制の第二の構造的特質である「国策共同体」について、基本的な説明をおこなっておく。それは、ある特定の公共政策分野において、政治家・官僚・業界人からなる一群の集団が、高度な自律性をもち、それが国家政策の決定権を事実上独占するような状態をさしている。たとえば安全保障政策の分野では、アメリカの多くの政治学者がそうした治外法権的な共同体が実在すると考え、「軍産複合体」(military-industrial complex)や、あるいは「鉄の三角形」(iron triangle)などと命名した。原子力政策についても、原子力委員会AEC(Atomic Energy Commission)、両院合同原子力委員会JCAE(Joint Committee on Atomic Energy)、ゼネラル・エレクトリックGE社やウェスチングハウスWH社などの有力メーカー、ベクテル社をはじめとする有力エンジニアリング企業などが、強力な治外法権的共同体を形成していると、多くの政治学者が考えた。ただしアメリカではそうした共同体は、主として原子力開発利用を含む安全保障関連分野において、きわだった形で君臨し、またそれゆえに政治的批判の俎上に載せられてきた。

それに対して日本では、ほとんどすべての政策分野で、この共同体システムが支配してきた。つまり「官産複合体」(government-industrial complex)があらゆる政策分野で形成され、意思決定過程を事実上占有してきたのである。それが日本とアメリカとの大きな相違点である。つまり日本では、行政機関が政策決定を事実上支配し、国会は行政当局の決定をくつがえしたり、独自の決定をおこなったりする能力を欠いていた。また政権交代が行政に影響をおよぼす度合いも低く、まれに政治家のイニシアチブが発揮される場合でも、その影響力は官僚機構によって薄められるケースが多かった。他方、政治家はいざというときには、政策転換を阻止して行政を援護射撃する役割を演じてきた。また州政府に大きな権限が付与されていることが多い欧米諸国とは異なり、日本では地方自治体の権限は一般的にいって限定されたものであった。なお批判的立場の専門家や知識人、あるいは国民一般が政策決定に参加したり、影響をおよぼすことは、きわめて困難だった。批判的立場の人々は政府審議会のような政策に影響をおよぼしうる機構から排除され、国民一般が政策形成に影響をおよぼすための制度も不在だったのである。

さらに行政当局そのものが、総理大臣のリーダーシップにしたがって諸官庁が協力しあって政策を推進する組織ではなく、個別省庁ごとに縄張りがつくられ、その縄張りのなかで個別省庁が自律的に政策を決定し、それを内閣がまるごとオーソライズしてきたのである。複数の省庁が関与する政策分野(たとえば環境政策など)において省庁間の利害が対立した場合でも、上位機関のリーダーシップの行使による決裁がおこなわれることはなく、関係省庁間でそれぞれの力関係を背景とした協議によって妥協がはかられてきた。そうした国策共同体システムのもとでの意思決定は、官庁と業界という共同体の構成員の権益を順風時には拡大し、逆風時でもそれを大きく損なわない、という原則に見合う形で、おこなわれてきた。その意味では政策決定は事実上、利益本位のインサイダー談合の性格をもつものであった。そしてその談合結果が、そのまま国策としての権威をもって君臨してきたのである。

原子力政策においても二〇〇〇年まで、電力・通産連合と科学技術庁グループの二つの勢力の連合体として、国策共同体が運営されてきた。両者の合意にもとづく原子力開発利用の方針を、国策としてオーソライズするうえで、中心的役割を果たしてきたのが、一九五六年一月一日に発足した総理府(二〇〇一年より内閣府)原子力委員会である。原子力委員会は法律上は日本の原子力政策の最高意思決定機関であり、その決定を内閣総理大臣は十分に尊重しなければならないと法律に明記されていた。また原子力委員会は、所掌事務について必要あるときは、内閣総理大臣を通じて関係行政機関の長に勧告する権限をもっていた。しかし原子力委員会がみずから政策形成上のイニシアチブを発揮したケースはほとんどなかった。それは事実上、原子力共同体を構成する関係諸官庁および関係業界の、利害調整の場として機能してきたのである。原子力委員会は、科学技術庁長官を委員長とし、科学技術庁を事務局とする機関であるため、科学技術庁の影響力が強く反映されることは避けがたいが、原子力共同体のもう一方の構成員たる電力業界と通産省の意思を尊重しなければ、政策決定をおこなうことが事実上できなかったのである。

ところで原子力委員会と併存する形で、通産大臣の諮問機関である総合エネルギー調査会（二〇〇一年より総合資源エネルギー調査会）も、原子力政策に関する審議をおこなってきた。それは一九六五年六月公布の総合エネルギー調査会設置法にもとづいてつくられたものであるが、法律上は「総合エネルギー政策」について通産大臣に意見を述べる機関にすぎず、その権限は、原子力委員会のそれと比肩すべくもなかった。ただし実質的には、数年ごとに改訂される長期エネルギー需給見通しなどをとおして、通産省サイドから（総合エネルギー政策の一環としての）原子力発電事業について、政策的な方向づけを示す権限をもつこともなかった。そしてその報告が閣議決定されれば、それは国策としての地位を獲得し、法令制定に直結することとなった。

なお原子力発電政策に発言権のある政府諮問委員会としては、原子力委員会と総合エネルギー調査会の他に、電源開発調整審議会（一九五二年七月発足、二〇〇一年より総合資源エネルギー調査会電源開発分科会）があった。それは個別の原子力発電所の設置計画を、国家計画としてオーソライズする機関であり、政策的な守備範囲がごく限られていた。ただし電源開発調整審議会は、内閣総理大臣を議長としており、政府諮問委員会として、二〇〇〇年までは法律的には三者のなかで最高の地位にあった。原子力委員会（国務大臣を委員長とし、その決定は内閣総理大臣を拘束する）がそれに次ぎ、総合エネルギー調査会の地位は最も低かった。この序列は歴史的な設立の順番でもある。

国際的視点からみた日本の原子力政策の特徴は、民間企業をも束縛する原子力計画が国策として策定されてきたことである。それに関与してきたのが、原子力委員会、電源開発調整審議会、総合エネルギー調査会の三者であった。原子力開発利用のプロジェクトはみな、原子力委員会の原子力開発利用長期計画や、電源開発調整審議会の電源開発基本計画など、ハイレベルの国家計画にもとづいて進められてきた。これを根拠として、科学技術庁や通産省は強力な行政的指導をおこなってきた。このような仕組みは、国家総動員時代から敗戦後の統制経済時代にかけての名残りであり、先進国では日本だけが、こうした「社会主義的」体制を現在もなお引きずっている。一電力会社の一発電所の建設計画でさえ、それが国策によってオーソライズされている限り、国家計画の一部であり、官民一体となって推進すべき事業とされてきた。そして国民や地元住民に対しては、国策への「理解」(賛成をあらわす日本独自の行政用語)や「合意」(受諾をあらわす日本独自の行政用語)が一方的に要請されてきたのである。

原子力開発利用に関する国家計画の中心をなしてきたのは、原子力委員会が数年ごとに改定する、「原子力開発利用長期計画」(略称＝長計)である(改定年度によっては、他の似通った正式名称が使われることもある)。一九五六年九月に最初の長期計画が策定されて以来、二〇〇〇年までに八回にわたり長期計画の改定がおこなわれてきた。一九六一年、一九六七年、一九七二年、一九七八年、一九八二年、一九八七年、一九九四年、二〇〇〇年が改定年次である。この策定または改定年次にもとづいて、各々の長期計画は六七長計、九四長計などと通称されている。長期計画の改定の際には、原子力委員会に長期計画専門部会(他の似通った名称が使われることもある)が設けられてきた。長期計画専門部会が審議を開始してから報告を出すまでには一～二年間程度の期間を要した。そこでは原子力開発のあらゆる側面に関して、次の改定までの基本方針が、国策として示されてきた。個別のプロジェクトの推進当事者としては、みずからのプロジェクトを長期計画のなかに正式に位置づけてもらうことが重大な関心事である。それが実現すれば、そのプロジェクトは、国策としてオーソライズされたことになるからである。原子力長期計画は二一世紀に入って、原子力政策大綱と名称を改めた。その最初のものが二〇〇五年に策定された。なお二〇〇一年より総理府原子力委員会は内閣府原子力委員会となり、同時にステイタスが格下げとなった。つまり二〇〇〇年までは国務大臣が原子力委員長を兼ねていたのが、二〇〇一年からは誰でも国会の承認を得れば原子力委員長となることができるようになった。原子力開発利用に関する他の主要な国家計画として、経済産業省の総合エネルギー調査会(二〇〇一年から総合資源エネルギー調査会)が「長期エネルギー需給見通し」の策定・改定を一九七〇年代からつづけてきた。しかし二〇〇二年にエネルギー政策基本法が制定されたのに伴い、経済産業省はエネルギー基本計画を二〇〇三年に策定した(その後二〇〇七年、二〇一〇年に改定)。エネルギー基本計画は全文が閣議決定されるので、原子力政策大綱と同等以上の権威を与えられることとなった。以上が、日本の原子力開発利用における国家計画策定メカニズムの概要である。

日本の原子力開発利用メカニズムの構造的特質についての一般的記述はこの程度でとどめ、次節で具体的な時代区分を示そう。

3　日本の原子力開発利用の社会史の時代区分

この本では日本の原子力開発利用の社会史の時代区分として、次の六つの時期からなる時代区分を採用する。

第Ⅰ期　戦時研究から禁止・休眠の時代（一九三九～五三）

第Ⅱ期　制度化と試行錯誤の時代（一九五四～六五）

第Ⅲ期　テイクオフと諸問題噴出の時代（一九六六～七九）

第Ⅳ期　安定成長と民営化の時代（一九八〇～九四）

第Ⅴ期　事故・事件の続発と開発利用低迷の時代（一九九五～二〇一〇）

第Ⅵ期　原子力開発利用斜陽化の時代（二〇一一～）

それぞれの時代の開幕を飾る事件は、「まえがき」で述べたように原子核分裂の発見のニュースが日本に伝えられたこと（一九三九年）、原子力予算の可決成立（一九五四年）、電力各社による商業発電用軽水炉の大量発注の始まりと動力炉・核燃料開発事業団（動燃）の設立（一九六六～六七年）、軽水炉発電の設備利用率の回復と日本原燃サービスの発足（一九八〇年）、高速増殖炉原型炉もんじゅのナトリウム漏洩火災事故（一九九五年）、福島原発事故（二〇一一年）である。

各時代の詳しい動きについては、第2章以降で順次述べていくことにして、ここではあらかじめ全体の流れを見通すうえで必要な最小限の説明をおこなうにとどめたい。まず第Ⅰ期（一九三九～五三）においては、二つの原爆研究プロジェクト、つまり陸軍の「ニ号研究」と海軍の「F研究」が、同時並行的に進められた。前者はウラン分離筒（熱拡散法を用いたウラン濃縮装置）という実験装置の建設計画を含んでいた点で、机上の作業のみに終始した後者とは一線を画するプロジェクトだった。しかし日本の戦時原爆研究は全体として、連合国によるマンハッタン計画はもとより、ドイツの原爆研究と比べても、大幅に劣ったものだった。それは原爆材料生産に関してウラン濃縮路線のみを進め、もう一つの路線であるプルトニウム（九四番元素）抽出路線に関してはまったく作業を進めなかったのである。ウラン濃縮路線に関しても、実験的成果は皆無であった。

敗戦後、極東委員会および連合国軍最高司令官総司令部（GHQ／SCAP）の発した原子力研究禁止令により、原子力研究は全面的に禁止された。ただしアメリカ主導で進められた原爆被害調査には、多数の日本人医学者が動員された。それは広義の原子力研究とみなすことができるが、原子力研究禁止令には抵触しなかった。サンフランシスコ講和条約（五二年四月発効）のなかに原子力研究の禁止または規制に関する条文が含まれなかったため、日本の独立回復と同時に原子力研究は解禁となったが、科学界において優勢だった慎重論により、研究活動は事実上の休眠状態におかれることとなり、その本格的再開までに約二年を要した。

第Ⅱ期（一九五四～六五）の開幕を告げたのは、五四年三月の中曽根康弘らによる原子力予算案の提出と、そのあっという間の可決成立である。原子力予算成立を契機として、政府と産業界は学界の協力を得て、原子力研究の推進体制（意思決定体制と、研究実施体制の両面にわたる）を整備し始めた。この第Ⅱ期は、原子力研究の推進体制が確立する一九五六年まで（これを草創期と呼ぶ）と、具体的な事業が本格的に始まる五七年以降（これを展開期と呼ぶ）の二つの時期に細分化するのが適当である。

まず一九五六年までの時期（第Ⅱ期の草創期）においては、海外の原子力研究の動向に関する調査研究が進められるとともに、原子力研究の推進体制の整備が進められた。前者に関してはアメリカや英国などの原子力先進諸国への海外調査団の派遣と、それによる現地での情報収集にもとづいて日本の方針を決めるという開発途上国的スタイルが定着し、その後も長期にわたり継続されることとなった。後者に関しては、五五年九月から一二月までのわずか四カ月の間に、政治家主導のもとで一気に、日本の原子力体制の主要な骨格がつくられた。そこにおいてリーダーシップを握ったのは、中曽根康弘民主党衆議院議員（五五年一一月より自由民主党衆議院議員）を委員長とする、衆参合同の超党派的な「原子力合同委員会」であった。この委員会の活動により、原子力基本法の法案がまとめられ、可決された。また原子力委員会、科学技術庁、日本原子力研究所、原子燃料公社（のちに動力炉・核燃料開発事業団に発展的改組）などの設立に関する法案が整備され、可決された。

つぎに一九五七年からの時期（第Ⅱ期の展開期）においては、五七年末までに電力・通産連合と、科学技術庁グループの二つの勢力が並び立つ「二元体制」が形成され、それぞれのグループにおける事業が本格的に動き出した。それ以後の原子力開発利用は、各グループ内部での事業方針の修正があったとはいえ、この制度的枠組のなかで進められるようになった。まず電力・通産連合は商業用発電炉として英国のコールダーホール改良型炉（黒鉛減速ガス冷却炉）の導入の準備を始めた。他方で科学技術庁グループは、日本原子力研究所（原研）を中心的な研究実施機関として、増殖炉自主開発を最終目標とする研究に着手し、また原子燃料公社を国内ウラン鉱開発にあたらせた。しかし両グループとも成果は芳しいものではなかった。電力・通産連合が最初の導入炉に選んだコールダーホール改良型炉は経済的にみて失敗作であった。また科学技術庁グループでも、日本原子力研究所の動力炉自主開発計画は混迷を重ね、原子燃料公社の国内ウラン鉱開発も失望的な結果に終わった。

第Ⅲ期（一九六六〜七九）の始まりを予告した事件は、一九六三年から六四年にかけてのアメリカでの軽水炉ブームの出現である。このブームを受けて日本の電力各社は、軽水炉導入に積極姿勢を示し、電機メーカーもまたアメリカとの技術導入契約など、軽水炉導入のための体制を整えた。また通産省も電力会社とメーカーを支援した。こうして電力・通産連合は、アメリカ製軽水炉の導入習得路線を精力的に推し進めるようになったのである。そこでは、沸騰水型軽水炉ＢＷＲを採用する東京電力／日立・東芝／ＧＥの企業系列と、加圧水型軽水炉ＰＷＲを採用する関西電力／三菱／ＷＨの企業系列の二つが、並び立つこととなった。東京電力と関西電力以外の七つの電力会社のうち、東北・中部・北陸・中国の四社がＢＷＲ系列に、残りの九州・北海道・四国の三社がＰＷＲ系列に入ることとなる。なお核燃料事業でも、核物質民有化により、購入委託路線をとる電力・通産連合が直接、海外との契約を結ぶようになった。

他方の科学技術庁グループもまた、六〇年代半ばにおいて、本格的な原子炉・核燃料技術の開発体制を固めた。その中枢的な実施機関となったのは、六七年一〇月に発足した動力炉・核燃料開発事業団（動燃）であった。動燃はその発足とともに、三つの基幹的プロジェクト（新型転換炉ＡＴＲ、高速増殖炉ＦＢＲ、核燃料再処理）の推進に心血を注ぐようになった。さらに七〇年代初頭からは、第四のビッグプロジェクトとしてウラン濃縮開発に取り組むようになった。こうしてこの第Ⅲ期には、科学技術庁グループの四大プロジェクトが勢揃いしたのである。そうした基幹的プロジェクト以外にも、核融合や原子力船など多くの開発プロジェクトが推進されるようになり、一気に原子力開発事業の多角化が進んだ。

しかし前述のように世界的にみると七〇年代半ばまでに、原子力開発利用の「黄金時代」は終焉し、英国やアメリカのように深刻な停滞状況に陥る主要国が出現し始めた。こうした世界的な原子力発電事業に対する逆風は、日本をも巻き込んだ。まず電力・通産連合についてみると、軽水炉発電システムは三つの大きな難題に直面し、それらを乗り越えなければ一九八〇年代への展望は開けない危機的状況を迎えた。第一の難題は、原子力発電所の事故・故障の続発と、それによる設備利用率の低迷である。第二の難題は、原子力発電への反対世論の全国的な高揚である。第三の難題は、地元住民の不同意により新しい原発立地地点の確保がきわめて困難になったことである。だがそうした三重苦は克服不可能ではなかった。政治・経済の両面での手厚い国家的保護のもとで原子力発電所は毎年二基のペースで増加を続けたのである。

つぎに科学技術庁グループにとっても、七〇年代後半は以下の二つの意味で危機の時代であった。第一の困難は、インド核実験のインパクトにより、核燃料サイクル開発計画に対する国際的な警戒感が強まり、アメリカからの外交的圧力が露骨な形で加えられたことである。その象徴的な事件として一九七七年、動燃東海再処理工場におけるプルトニウム抽出の方式をめぐり日米交渉が展開された。第二の困難は、原型炉やパイロットプラントのつぎの開発ステージにおいて建設される実証炉や商業プラントの事業実施主体が、なかなか決まらなかった点である。それらの大型原子力施設の建設・操業は、政府予算で支出可能な限度を大幅に上回る巨費を必要とする事業であり、電力業界に引きついでもらわなければ生き残れない状況にあったが、電力業界は経済的な見通しのなさから、及び腰の姿勢をとりつづけたのである。しかしさすがの電力業界も七〇年代末になって、ナショナル・プロジェクトの引きつぎに同意し、危機はひとまず回避された。

第Ⅳ期(一九八〇~九四)に入ると、日本の原子力共同体は七〇年代に噴出したさまざまの困難を克服し、安定期を迎えたようにみえた。まず電力・通産連合は、軽水炉の設備利用率低迷を克服し、反対運動の影響力が及びにくい日本的意思決定システムを活用して、毎年一・五基程度という原発建設のペースを維持することができた。これにより軽水炉を電力供給の一つの基軸とする時代が到来した。それを受けて、原子炉の設計・運転の合理化、廃棄物処分などバックエンド対策への着手、国際的な事業展開への模索など、軽水炉発電システムの包括的な整備が進められるようになった。一九八六年のチェルノブイリ原子力発電所四号炉の暴走・炉心溶融事故を契機に、ヨーロッパ諸国の原発事業は低迷期に入ったが、日本の原子力発電の拡大ペースは、その影響をほとんど受けなかった。その結果、一九八〇年代に運転を開始した発電用原子炉は一六基を数えた。さらに九〇年代に入ってからも九七年までに一五基が新たに運転を開始し、一九九七年末の段階で、日本の発電用原子炉の総数は五二基、総発電設備容量は四万五〇八二MW(メガワット)に達した。

また科学技術庁グループも、基幹的なプロジェクトの「民営化」による生き残りを実現させた。それとともにかつての四大プロジェクトの管轄権は高速増殖炉を除き、実用化段階に達したとして、科学技術庁グループから電力・通産連合へと移管されるようになった。再処理とウラン濃縮の商業施設は日本原燃、新型転換炉実証炉は電源開発、高速増殖炉実証炉は日本原子力発電が、それぞれ担当することとなったのである。だがそうしたかつての四大プロジェクトは、実際には技術面・経済面で昏迷を重ねていた。そうした経済的採算の見込みのない事業に関して、政府がそれらを国策として推進しようとし、それに対して電力業界が国策協力を強いられる形になったのである。なお世界的には、一九八〇年代後半までに、それまで急速に事業を拡大してきたフランスも含めて、欧米諸国の原子力発電事業は軒並み停滞状態に陥った。またプルトニウム増殖路線についても、一九七〇年代半ばにアメリカがそれを見限り、九〇年過ぎまでにすべてのヨーロッパ諸国が同様の決断に踏み切った。これにより日本は原子力発電事業において、「国際的孤高」の地位を占めるにいたった。

ところが第V期(一九九五〜二〇一〇)を迎えるや、日本もまた欧米諸国の動きを追いかけるかのように、発電用原子炉の新設・増設のペースを大きくスローダウンさせた。さらにそれに加えて、プルトニウム増殖システムの実現という従来からの夢の実現可能性に関しても、赤信号が点滅するようになった。この時期は一五年にわたるので、前半と後半に分けて考えたほうが整理しやすい。前半は一九九五年頃から二〇〇〇年頃までであり、この時期には事故・事件・災害が続発し、原子力開発利用への国民の信頼が失墜したというのが主な流れである。そして信頼回復のための行政改革も一定程度にせよ行われた。また後述する電力自由化の動きも始まった。後半は二〇〇一年頃から二〇一〇年頃までである。この時期においても事故・事件・災害の続発も収まらなかった。それに加えて電力自由化問題がクライマックスを迎えた。電力自由化は原子力発電に対する大きな抑制要因となるため、この問題の行方は原子力開発利用の将来にとって決定的に重要であった。この二つの問題が重なったため、二〇〇〇年代前半は原子力開発利用にとって危機の時代であったといえる。

結局は電力自由化がストップしたことにより、原子力開発利用は核燃料サイクルも含めて、引きつづき推進されることとなった。原子力開発利用のアンシャン・レジーム(旧体制)が再建されたのである。だが原子力開発利用の実績はきわめて低調であった。原子力発電の設備利用率は平均して六〇%台を低迷し、核燃料サイクル開発利用も不振をきわめたのである。そうした低調な実績とは裏腹に、二〇〇〇年代後半には原子力ルネッサンスが世界的に到来したかのような宣伝が繰り広げられ、原子力立国が唱導され、オールジャパン方式のインフラ輸出の最有力分野として原発輸出がクローズアップされた。

まず前期(一九九五年〜二〇〇〇年)について一瞥しよう。

電力・通産連合の動きからみると、それまで年平均一・五基程度ずつおこなわれてきた発電用原子炉の建設が九七年でいったん途切れ、次の発電用原子炉の完成予定時期(二〇〇二年)まで五年間のブランクが空くこととなった。それはバブル経済崩壊後の長期不況によるエネルギー需要の頭打ちと、電力自由化気運の高まりにより余剰施設の建設を抑制する必要が生じたためである。かくして原子力発電の安定成長時代は終焉した。

その一方で軽水炉発電システムのインフラストラクチャー(とくにバックエンド関連施設)の整備がきわめて立ち遅れており、それを放置すれば原子力発電事業の継続にも支障をきたす可能性が高いことへの懸念が関係者の間で強まってきた。こうした状況のもとで電力・通産連合の最重点課題は、軽水炉発電の拡大路線を続けることではなくなった。新たな最重点課題は、既存の原子力発電所の長寿命化をはかりながら、余剰プルトニウムを処分しつつ、放射性廃棄物や使用済核燃料の貯蔵・処分に破綻をきたさないことである。

他方の科学技術庁グループは、いっそう厳しい状況に追い込まれた。それはみずからが育ててきた四大基幹プロジェクトすべてが、存亡の危機に立たされるようになったからである。まず新型転換炉ATRについては九五年八月、電源開発株式会社による実証炉建設計画が正式に中止された。これにともない動燃の新型転換炉原型炉ふげんも、二〇〇一年に閉鎖された。次に九五年一二月、動燃の高速増殖炉原型炉もんじゅがナトリウム漏洩火災事故を起こし、無期限の停止状態に突入した。その次のステップとして構想されていた高速増殖炉実証炉の建設計画もペンディング状態となった。さらに九七年三月、動燃の東海再処理工場が火災爆発事故を起こした。また科学技術庁から引き継ぐ形で、日本原燃が一九九〇年代から青森県六ヶ所村においてウラン濃縮工場と核燃料再処理工場の建設を開始したが、そのペースは緩慢なものとなった。このように四大機関プロジェクトの実用化計画にはすべて赤信号または黄信号がともったのである。

さらにきわめつきは科学技術庁そのものの解体であった。従来の「二元体制」においては、科学技術庁が原子力発電政策全体を統括するとともに研究開発段階の事業を所轄し、他方で通産省が商業段階の事業を所轄してきた。しかし時間の経過につれて、科学技術庁の存在感が低下してきた。その背景には日本の原子力発電事業が着実な拡大を進める一方で、科学技術庁の所轄する研究開発事業が全般的に不振を重ねたという事情がある。そして不振を重ねながらも核燃料サイクル事業が商業段階へとステップアップし、電力業界の子会社に相当する日本原燃に移管され、科学技術庁グループから離脱していったという事情がある。

さらに二〇〇〇年頃に大きな転機が訪れた。科学技術庁が解体されたのである。一九九五年一二月の高速増殖炉原型炉もんじゅナトリウム漏洩火災事故や、九七年三月の東海再処理工場火災爆発事故などで国民の信頼を失墜させたことの責任を取らされる形で科学技術庁は解体された。それは橋本行政改革において一九九七年一二月に行政改革会議がまとめた最終報告書に明記された。それにもとづいて一九九八年六月に中央省庁等改革基本法が制定されて、公布と同時に施行されたのである。これによって「二元体制」は完全に崩壊したわけではないが、大きな構造変化を受けた。それが経済産業省に漁夫の利をもたらし、原子力行政全体における実権掌握を可能とした。

二〇〇一年一月の中央省庁再編により誕生した経済産業省は、かつての通商産業省よりも大幅に強い権限を、原子力行政において獲得した。それに対して科学技術庁の後裔である文部科学省の原子力に関する主たる業務は、日本原子力研究開発機構（核燃料サイクル開発機構および日本原子力研究所を統合して二〇〇五年一〇月発足）における研究開発事業だけとなってしまった。そして原子力委員会と原子力安全委員会は、科学技術庁という実働部隊をもたない内閣直属（内閣府所轄）の審議会となった。そして安全規制行政の実務を一元的に担当する組織として、経済産業省の外局として原子力安全・保安院が二〇〇一年一月に発足した。つまり経済産業省が商業原子力発電の推進と規制の双方を担うこととなった。

こうして二つの省庁の力関係は大きく様変わりした。従来の「二元体制」では両者の権限は拮抗していたが、二〇〇一年以降は経済産業省の力が圧倒的に優位となったのである。これによって作り替えられた原子力体制を「経済産業省を盟主とする国策共同体」と呼ぶことができる。

次に後期（二〇〇一年～二〇一〇年）の動きについても簡単に整理しておこう。この時期における最重要の政策選択課題はもちろん電力自由化問題であった。時代をややさかのぼると一九九〇年代には構造改革を求めるアメリカの圧力や、バブル崩壊後の経済・財政再建をめざす歴代政権の意思などを背景として、自由主義改革の波が押し寄せた。この自由主義改革の気運は、電気事業を所轄する通産省からみてコントロールできない外圧であり、それを拒否するという選択肢はなかった。そのため通産省は、今までの濃密な業界指導・支援政策を流動化させる兆しをみせ、電力自由化政策を推進していく方針を掲げた。

しかしそれは電力消費の頭打ちに直面していた電力業界に多大な不安を与えた。最大の懸念の一つとなったのが、原子力発電の高い経営リスクであり、その低減のために原子力発電事業のリストラを進めようとする動きが始まった。具体的なリストラの対象となりうる事業は、以下のようなものであった。

(1)商業発電用原子炉の新増設の中止または凍結：既設の原子炉の燃料費は、火力発電よりもはるかに安価なので、巨額の初期投資をして建設した以上は、できるだけ長期間運転を続けたほうが有利であるが、新増設の経営リスクはきわめて高い。既設原子炉のリプレース時に、原子力発電から火力発電への転換をおこなうことが合理的である。また計画中・建設準備中の原子炉の建設中止・凍結を進めることも合理的である。とくに長期間にわたり地元の反対により膠着状態にある計画については白紙撤回が妥当である。

(2)核燃料再処理工場の建設中止または凍結：核燃料サイクルのバックエンド(使用済核燃料の貯蔵保管や廃棄物処理等)を整備することは、いかなる路線を選ぶにせよ、避けて通れない課題であるが、再処理路線を放棄すれば、電力業界は再処理工場の莫大な建設費・運転費を支払わずにすみ、バックエンドコストを大きく減額することができる。さらに再処理事業の不振にともなう巨額の追加コストの発生リスクを免れることができる。

(3)国策協力で進めてきた諸事業の中止または凍結：新型転換炉、ウラン濃縮、高速増殖炉などの開発プロジェクトはもともと、科学技術庁系統の開発プロジェクトへの国策協力として進めてきたものであり、電力業界にとっては交際費に相当する。財務上の余裕がなくなれば切り詰めるべき性質のコストである（これらのうち新型転換炉開発は実際に、電力業界の撤退表明により、一九九五年に中止された）。

もし電力業界が、これらのリストラ策をすべて実行に移せば、日本の原子力発電事業は、「主要三事業」すべてにおいて見直しがおこなわれることとなり、既設原子力発電所のメンテナンスを中心としたものとなる。寿命を終えた原子炉は火力発電や自然エネルギーによって代替されるか、需要の自然減や省エネにより無用となる。そして数十年後には脱原発が実現することとなる。核燃料再処理は中止され、直接処分を前提とした核廃棄物最終処分への取り組みが進められることとなる。これはまさに脱原発政策を選択したドイツと、実質的に同様の状況である。

もとより電力業界にとって、不安の源泉は電力自由化の推進そのものであった。電力業界の将来にわたる安泰にとっての生命線は、地域独占会社に許されてきた垂直統合体制（発電、送電、売電を一体的に担う体制）を堅持することであった。そのために電力業界がとった戦術が、原子力発電事業を人質にとって、電力自由化政策の手加減を要請することであった。電力業界は原子力発電推進政策と電力自由化政策との整合性を確保せよとのメッセージを、経済産業省へ向けて執拗に発しつづけた。

それが大きな影響力を発揮し、電力自由化に強いブレーキをかけた。エネルギー族議員のイニシアチブによりエネルギー政策基本法が制定され（二〇〇二年）、そのなかで市場原理の活用に箍《たが》が嵌められたのである。かくして電力業界の主張は全面的に聞き届けられ、「国策民営」の古い秩序がからくも護持されることとなった。原子力共同体は一体性を取り戻した。それが政策文書における表現上の変化としてあらわれたのは、内閣府原子力委員会の新しい原子力政策大綱（二〇〇五年一〇月）においてである。

その一年後には経済産業省総合資源エネルギー調査会電気事業分科会原子力部会の原子力立国計画（二〇〇六年八月）が策定された。そこには原子力開発利用を従来にも増して政府主導で強力に推進する方針が満載されていた。しかし原子力開発利用は二〇〇〇年代後半において、一段と混迷を深めることとなった。二〇〇七年の新潟県中越沖地震による東京電力柏崎刈羽原子力発電所の被害は甚大であり、原子力発電の設備利用率低迷をエスカレートさせた。また核燃料サイクル関連事業でも、高速増殖炉原型炉もんじゅ、六ヶ所再処理工場、六ヶ所ウラン濃縮工場などでトラブルが頻発し、これらの施設はほとんど停止状態を続けることとなったのである。

そうした実績面での低迷にもかかわらず日本政府は原子力発電を、経済性に優れ、エネルギー安全保障に貢献し、地球温暖化対策に役立つクリーンなエネルギーとして称揚してきた。二〇〇九年に誕生した民主党政権のもとで、そうした自民党政権時代の原子力政策は少なからず変化すると思われたが、実際には自民党に勝るとも劣らぬ原子力推進政策が展開された。とくに社会民主党が連

図1　世界と日本の原子力民事利用の時代区分の比較

年代	世界の動き	日本の動き
1939	核分裂発見	
	原爆研究の開始	原爆研究の開始
1945	軍事目的中心の研究開発	研究禁止
	民事目的の研究開発の本格化	研究解禁（しかし休眠）
1955	国際協力体制の整備と、核物質・施設・情報の国際移転の活発化	研究開発体制の制度化
	商業化の難航	海外知識吸収と試行錯誤
1965	軽水炉発電の商業的テイクオフと、核燃料サイクル開発計画の本格化	軽水炉ブームへの追随と、ナショナル・プロジェクト体制の構築
	安全論争の本格化	
		事故・故障の続発と安全論争高揚
1975	最先進国（英米）の停滞と、発電規模・将来見通しの大幅下方修正	
	核燃料サイクル計画の見直し開始	核不拡散問題と民営化問題への対応
		軽水炉発電の安定成長体制の確立
		商業化段階へ向かう核燃料サイクル計画（民営化の進展）
1985	欧米諸国での新設モラトリアムと脱原発の機運の高まり	
	脱プルトニウム路線の進展	
1995		もんじゅ事故をはじめとする事故・事件の続発
		新設ペースのスローダウン
	ブッシュ政権の原子力優遇政策	電力自由化の進展
2005	アメリカ・中国・インド・開発途上国での原発建設計画・構想の台頭	原子力政策大綱および原子力立国計画
		原子力発電設備利用率低下と核燃料サイクル計画の混沌
2011		福島原発事故

立政権から離脱した二〇一〇年五月以降は、原発推進論に対する政権内の異論は目立たなくなった。そして二〇一〇年六月に閣議決定した「新成長戦略」において、フルパッケージ型のインフラ輸出戦略の目玉として原子力発電が位置づけられた。そうした強気の原発推進論と、原子力発電・核燃料サイクルの実績の低迷とのコントラストは、著しいものがあった。

しかし二〇一一年三月一一日の福島原発事故により、従来政策は大きな見直しを迫られている。筆者がそれを第Ⅵ期の始まりと考えるゆえんである。少なくとも十数基の発電用原子炉が廃止される見込みであり、日本全国の原発の総基数・総設備容量は大幅減となる。また福島原発事故を契機に原子力開発利用を偏重してきた従来の原子力・エネルギー政策が転換される可能性は高く、そうなれば原子力発電は急速に衰退に向かうであろう。とくに核燃料サイクル事業は、真っ先にリストラの俎上に載せられ、事業継続がきわめて困難となるはずである。

以上、日本の原子力開発利用の歴史について、通史的な動きを整理してきた。この章を終えるにあたって、世界と日本の民事利用分野での原子力開発利用の歴史の時代区分の比較対照表(**図1**)を掲げておく。この図では年代を一〇年ごとに区切ってみたが、これはおおまかな時代を示すためであり、二年〜三年程度の誤差を含むという点を、ご承知おきいただきたい。

第2章　戦時研究から禁止・休眠の時代（一九三九〜五三）

1　日本の原爆研究

この章では、日本の核分裂研究の幼年期の動きを扱う。国際的視点からみた日本の特徴は、幼年期がきわめて長期間にわたっている点である。この分野での最先進国アメリカは、早くも第二次世界大戦中に幼年期を卒業し、マンハッタン計画というビッグプロジェクトを組織した。第二次世界大戦の終結後しばらくの間は核開発のペースをスローダウンさせたが、冷戦時代の本格的な到来を受けて強力な開発体制を再構築し、軍事利用分野を中心に精力的な研究開発を進めた。アメリカとは対照的に日本では、戦時研究は幼稚な水準にとどまった。しかも日本では連合国軍による占領期間中、実験的研究が禁止される状態がつづいた。一九五二年四月の講和条約発効後もしばらくの間は、原子力研究の本格的再開の動きが具体化しなかった。この異常に長い幼年期の存在こそが、のちのちまでの日本の原子力開発利用活動の性格を、かなりの程度まで決定づけてきたといえる。

まず敗戦までの日本の原子力研究の動きを概観しておこう。核分裂発見に関するニュースが世界を駆けめぐったのは一九三九年初頭のことであるが、この年から『ネイチャー』や『フィジカルレビュー』などの学術雑誌に、核分裂に関する数多くの論文が堰を切ったように発表されるようになった。ボーア＝ホイーラーの核分裂理論によって核分裂現象の基本的な描像が確立された。また核分裂一回あたり平均二個以上の中性子が放出されることもほどなく実験的に確認された。それは核分裂連鎖反応をねずみ算的に倍増させる装置、つまり核分裂爆弾の製造が理論的に可能であることを意味していた。日本人科学者はこの核分裂研究のスタート時において、世界的に重要な業績をあげることができなかったが、世界の核分裂研究の進展状況については、ほぼリアルタイムで理解することが可能であった。ここでほぼリアルタイムというのは、新着雑誌を船で輸送するのに要する程度の時間差は存在したということである。ただし三九年九月に第二次世界大戦が勃発し国際的緊張が一気に高まったため、核分裂に関する科学的・技術的情報は一九四〇年以降、急速に秘密のベールにおおわれ始めた。たとえば四〇年三月の九三番元素ネプツニウムの発見(E・マクミラン、P・エーベルソンらによる)は『フィジカルレビュー』誌に発表されたが、四一年一月の九四番元素プルトニウムの発見(G・シーボーグらによる)は、原爆投下まで関係者以外には公表されなかった。

核分裂爆弾に関する研究は一九三九年より、アメリカ、英国、ドイツなどで開始された。日本もスタートで大きく出遅れたわけではない。日本の原爆研究について関係者の証言を記録した数少ない文献の一つに、読売新聞社編『昭和史の天皇』(読売新聞社、一九八〇年)がある。この作品と関係者によるいくつかのエッセーに準拠して話を進めると、日本の原爆研究の発端となったのは、一九四〇年四月の陸軍航空技術研究所長の安田武雄中将が、部下の鈴木辰三郎中佐に原爆の実現可能性についての調査を命じたことである。鈴木は東京帝国大学の嵯峨根遼吉助教授のアドバイスを受けて検討を進め、四〇年一〇月に原爆の実現可能性について肯定的な報告書を提出した。それを受けて安田中将は、当時の陸軍大臣東条英機に相談してその同意を得たうえで、四一年四月に理化学研究所(理研)の大河内正敏所長に原爆製造に関する研究を依頼したのである。

理化学研究所は当時の日本の原子核物理学の実験研究の中心地であり、仁科芳雄研究室と西川正治研究室が共同で、原子核実験室を運営していた。そのリーダーであった仁科は一九二〇年代の八年間をヨーロッパで過ごし、そこで現代物理学の草創期に立ち会った。仁科は帰国後、現代物理学の日本への移植・定着に指導的役割を果たし、朝永振一郎をはじめとする多くの弟子を育てた。仁科は理化学研究所において一九三七年、日本最初のサイクロトロン(磁極直径二六インチ)を完成させ、四一年当時は大型サイクロトロン(磁極直径六〇インチ)の建設に取り組んでいた。大河内所長はただちに仁科に、原爆製造に関する研究を指示した。

ところが仁科が研究報告を出したのは、それから約二年後の四三年一月であった。この間、マンハッタン計画は大規模プロジェクトとして発足しており、アメリカと日本との格差は決定的なものとなっていた。仁科グループの報告書は、原爆製造は可能であり、その方法としてはウラン235を熱拡散法によって濃縮するのが最良である、と結論づけたものであった。これを受け取った安田中将はただちに、陸軍航空本部の川島虎之輔大佐に、航空本部の直轄研究としてプロジェクトを推進せよと命じた。こうして四三年五月より、「ニ号研究」が開始されたのである。暗号名の「ニ」は、仁科の姓からとったといわれている。

さて、「二号研究」は本質的に理論計算と基礎実験のためのプロジェクトであり、原爆を実用化しようとする志向を欠落させたものであった。そこには戦時研究としての切迫感がなかった。このプロジェクトには理化学研究所の原子核関係スタッフ一同が名を連ねていたが、その研究内容の大部分は、原爆開発と直接に関係しないものであった。その予算の多くは大型サイクロトロンを用いた中性子ビーム照射実験などの基礎研究に投入されたものとみられる（サイクロトロンは陽子ないし重陽子を電気的に加速する装置であるが、陽子ないし重陽子ビームを、ベリリウムなどに照射することにより、中性子ビームを発生させることができる）。

原爆開発と直接関係していた唯一の実験的研究は、ウラン分離筒の建設とそれを用いたウラン濃縮実験であった。だがその担当者となったのはわずかに、宇宙線実験を専門とする中堅研究者の竹内柾と、大学を卒業して間もない若手化学者の木越邦彦の二名だけだった。この実験研究には数名の若い技術将校も参加したが、彼らに補助者以上の貢献は期待すべくもなかった。ウラン分離筒（高さ五メートル、直径五〇センチメートル）は四四年三月に完成し、四四年七月から六フッ化ウラン（UF_6）――ウラン化合物のなかでは、常温で気体となる唯一のものであり、たいていのウラン濃縮法において使用される――を用いたウラン濃縮実験が始まった。

六フッ化ウラン数百グラムを分離筒に入れて運転をおこなったのち、竹内柾らは四五年三月に、分離筒からサンプルを取り出し、同じ理研の山崎文男研究員に分析を依頼した。その分析方法は、分離筒に入れる前のサンプルと、分離筒から取り出したサンプルの双方に、サイクロトロンを用いて中性子を照射し、両者の放射線レベルを比較するというものだった。もしウラン濃縮がわずかでもおこなわれていれば、後者のサンプルの放射線レベルが高くなるはずだったが、二つのサンプルの差は確認されなかった。つまり実験は失敗したのである。その翌月の東京空襲で理研のウラン分離筒そのものが焼失し、実験は中止された。こうして「二号研究」は原爆開発に役立つ成果をほとんど生み出さずに終わったのである。

このように「二号研究」のあげた成果はきわめて貧弱であるが、成果について云々する以前の問題として、「二号研究」の構想内容そのものが、国際的にみてきわめて見劣りのするものであったことを、指摘しておかなくてはならない。第一に、それは原爆材料製造の二つの路線のうち、一つを完全に見落としたものであった。第二に、それはウラン濃縮法として熱拡散法というきわめて拙い方法を採用し、分離筒の設計も周到な検討にもとづくものではなかったのである。

まず第一の点について説明すると、原爆材料製造の二つの路線とは、ウラン濃縮によって高濃縮ウランを得る路線と、原子炉の炉心に装荷された中性子照射済の天然ウランから再処理によってプルトニウムを抽出する路線の二つである。濃縮ウラン路線の推進のためには高性能のウラン濃縮装置が必要であり、プルトニウム路線の推進のためには、原子炉と再処理施設の双方が必要である。マンハッタン計画では周知のように、両方の路線が同時に推進された。そして前者からは広島に投下された原爆、後者からは長崎に投下された原爆が、それぞれ生み出された。一方、ドイツの原爆研究は、マンハッタン計画とは比較にならないほど小規模なプロジェクトであったが、それでも二つの路線が同時並行的に追求された。その重点はプルトニウム路線におかれたが、遠心分離法を用いた濃縮ウラン路線にも一定程度の資金と人材が投入されたのである。

ドイツ人は自分では九四番元素の生成と確認に成功しなかったにもかかわらず、九四番元素が核分裂物質としてすぐれた性質をもつことを、原爆研究の初期から明確に理解していた。ドイツではアメリカのローレンス・グループによるネプツニウム発見後、クルト・シュタルケが九三番元素の生成と分離に成功しており、それがベータ崩壊（原子核が電子を放出して原子番号が一つ繰りあがる反応）を起こすことも確認していた。そのベータ崩壊によって九四番元素が生成されているはずであった。だがドイツには残念ながら、サイクロトロンという強力な中性子ビームを発生させる装置がなかったため、実験的に明確に確認できるだけの量の九四番元素を生成できなかったのである。

それでもボーア＝ホイーラーの核分裂理論にもとづいて推定すれば、九四番元素が優秀な核分裂物質であることは、彼らにとって明白であった。そこでドイツ人たちは、原子炉開発計画を推進したのである。なぜなら原子炉はサイクロトロンよりも桁違いに強力な中性子発生装置であり、もしそれが完成すれば、原爆製造が十分可能な量の九四番元素の生産が可能となるからである。

ドイツ人とは対照的に、日本人は九四番元素を用いた原爆開発を進めなかった。原子炉の具体的な設計に着手さえしなかったのである。九四番元素が核分裂性であることは核物理学者であれば当然予想できたはずだが、それを用いた原爆の開発には関心をもたなかったのである。さらにいえば九四番元素を生成する技術的能力を日本人は保有していたが、その技術的能力も行使しなかった。日本にはドイツと異なり立派なサイクロトロン（磁極直径二六インチ）が理化学研究所にあった。大型サイクロトロン（磁極直径六〇インチ）も試運転中だった。それを用いて中性子ビームをつくり、それをウランに照射して化学分析を実施すれば、日本でも九四番元素の実験的な生成と確認は可能だったはずだが、仁科芳雄らはそれに取り組まなかったのである。

「二号研究」がその構想内容において、国際水準に達していなかったもう一つの点は、熱拡散法というきわめて不適切なウラン濃縮法を選択したことである。確かにマンハッタン計画では電磁分離法およびガス拡散法と並行して、熱拡散法の開発が進められたが、濃縮ウランの生産能率がきわめて低かったため、低濃縮ウランを主力の電磁分離法プラントに供給するという補助的役割を果たすにとどまった。またドイツの原爆研究でも初期には、この熱拡散法の開発が試みられたが、生産能率がきわめて低かったため、一九四一年末までにドイツ人はこのウラン濃縮法に見切りをつけ、遠心分離法の開発へと方針転換した。このように熱拡散法は見込みがないという共通認識が、当時までに世界的に確立していたにもかかわらず、「二号研究」ではその唯一の実験装置として、ウラン分離筒の建設が進められたのである。しかもその内壁は六フッ化ウランガスによって腐食されやすい銅でつくられていた。アメリカやドイツではニッケルが最も適しているとの結論が出ていたのだが、日本人は材料の選択にも周到さを欠いていた。

ここで一つ問題となるのは、なぜドイツから核分裂研究に関する情報が、日本人にまったく伝わっていなかったかである。歴史にイフは禁物であることを承知のうえでいえば、もしドイツからの情報があれば、日本人はプルトニウム抽出路線というもう一つの路線の重要性に気づき、サイクロトロンを使った実験に着手していたであろう。また濃縮ウラン路線に関しても、熱拡散法に固執する愚を犯さなかっただろうし、もし仮にウラン分離筒をつくったとしてもその内壁をニッケル製としていたであろう。

ところで核分裂に関する情報提供をドイツに一切求めなかったのとは裏腹に、日本政府は大島浩駐独大使をとおしてドイツにウラン鉱石の送付を要請し、二トン送付するとの回答を得ている（ただしウランを積んだドイツ潜水艦の沈没などにより、ウランは日本には届かなかった）。なぜ日本の関係者が、ウランは求めるが情報は求めないという首尾一貫性を欠くちぐはぐな行動をとったのかは、謎である。ちなみにレーダー、ジェット戦闘機、ロケット戦闘機などについて、日本はドイツに熱心に情報提供を求めた。なぜ原爆に関してのみ、他の新兵器についておこなったのと同様の行動をとらなかったのかは不明である。

さて戦時中の日本では陸軍の「ニ号研究」と並行して、海軍の「F研究」という原爆研究も進められた。それは京都帝国大学で原子核実験をおこなっていた荒勝文策教授を中心とするグループによるものであり、中間子論の提唱者として高名な理論物理学者の湯川秀樹も参加した。「F」という暗号名はfission（分裂）の頭文字をとったものといわれる。海軍が原爆研究に興味をもったのは四一年一一月のことである。海軍技術研究所の佐々木清恭と伊藤庸二が、東京帝国大学理学部の嵯峨根遼吉と、医学部の日野寿一のアドバイスを受け、原爆研究の組織化に乗り出す決意を固めたのである。海軍は四二年七月に核物理応用研究委員会（仁科芳雄委員長）を発足させ、四三年五月までに十数回の懇談会を開いた。しかし戦局悪化にともないレーダーなどの実用的な兵器開発の強化を求める意見が強まり、委員会は解散に追い込まれた。

だが核物理応用研究委員会の活動とは別に、海軍艦政本部が四二年秋より、京都帝国大学の荒勝文策に核分裂の基礎研究をわずかの予算(年間三〇〇〇円程度)で委託し、細々とした研究がつづけられていた。それが四五年になって「F研究」へと発展的に拡充されたのである。しかし研究が軌道に乗る前に日本は連合国に降伏し、プロジェクトは初期段階で終結した。この「F研究」もまた、原爆材料製造に関して濃縮ウラン路線のみを選択した。ただしウラン濃縮法としては遠心分離法を採用した。その点では「二号研究」よりも先見の明があったといえるが、遠心分離機開発は設計段階で敗戦によって中止されたので、その点では実際の装置をつくって実験をおこなうところまでこぎつけた「二号研究」には及ばない。だがいずれにせよ、陸軍と海軍の原爆研究はともに、国際的にみてごく幼稚な水準のものにとどまったといえる。それはマンハッタン計画はもとより、ドイツの原爆研究と比べてさえも、比較にならない低水準のものであった。

ジョン・ダワーは日本の原爆研究の失敗の重要な原因の一つとして、科学者自身が原爆研究にあまり興味をもたず、政府にその推進を働きかけることもせず、軍から要請をうけても真剣に取り組まなかったことをあげている(『昭和——戦争と平和の日本』明田川融監訳、みすず書房、二〇一〇年、第三章)。科学者たちのそうした不熱心さの背景には、どうせ戦争中に原爆ができるはずはないという彼らの確信があったことは否定できない。だがより本質的には、日本の科学者が原爆研究以外の分野でも戦時動員に対して協力的でなく、自分自身の研究テーマを追求したがる傾向をもっていたことが、原爆研究にもあらわれたとみるのが妥当であろう。要するに、戦時研究という大義名分によって若手研究者を戦場に送るのを阻止し、ついでに軍から支出される潤沢な研究費を自分自身のアカデミックな研究のために使うというのが、この時期の日本の多くの科学者の行動様式であり、原爆研究関係者もその例外ではなかったのである。

2　連合国軍の原子力研究禁止政策

日本政府は一九四五年八月一〇日、御前会議で天皇主権の護持を条件にポツダム宣言を受諾することを決定し、その旨連合国に通告した。それに対し連合国側は八月一一日付の回答で、日本政府のとるべき措置を指示するとともに、日本の将来の政治形態については日本国民の自由意思によって決めるべきだと指摘した。そこには天皇主権の保障が明言されていなかったため、政治指導者たちのなかから降伏への異論が出され、八月一四日におこなわれた再度の御前会議で、最終的なポツダム宣言受諾が決定され、連合国に通告された。翌八月一五日には天皇の軍に対する戦闘停止命令が出され、また国民向けのいわゆる終戦の詔勅がラジオ放送された。降伏文書調印式は九月二日、戦艦ミズーリの艦上でおこなわれ、ここに太平洋戦争は終結を迎えたのである。

なおこの間、ダグラス・マッカーサーが八月一五日、連合国軍最高司令官SCAP（Supreme Commander for the Allied Powers）に任命された。マッカーサーは八月三〇日、厚木飛行場に到着し、横浜のアメリカ太平洋陸軍総司令部GHQ／AFPAC（General Headquarter / Armed Forces in the Pacific）に入った。GHQ／AFPACは九月一七日、東京の第一生命ビルに移った。そして一〇月二日、そこから独立する形で連合国軍最高司令官総司令部GHQ／SCAP（General Headquarter / Supreme Commander for the Allied Powers）が設置された。これが日本人の間で連合国軍の占領中、さらにそれ以後も「ＧＨＱ」と通称された機関である。ＧＨＱは英語の一般名詞であり、軍の存在するところにはどこにも必ずおかれるものであり、日本占領に直接の責任をもった機関はＧＨＱ／ＳＣＡＰと本来は表記しなければならない。

連合国軍占領下の日本では、原子力研究は全面的に禁止された。研究禁止の法的根拠とされたのは、連合国軍最高司令官総司令部指令第三号（ＳＣＡＰＩＮ３号、一九四五年九月二二日付）である。その第八項には「日本帝国政府はウランからウラン235を大量分離することを目的とする、また他のいかなる不安定元素についてもその大量分離を目的とする、一切の研究開発作業を禁止すべきである」という文章が含まれていた。これを厳密に読めば、明確に禁止されたのは放射性核種の分離を目的とする研究だけであった。それ以外の原子力研究については、理論的には当局の判断により許可される可能性もありえた。その反面、この文章にある目的という言葉を拡大解釈すれば、基礎研究も含めてほとんどすべての原子力研究が禁止の対象となりうるものであった。

そうした禁止令が早々と出されたにもかかわらず、日本における原子核研究の早期再開をめざした人物がいた。それは陸軍の原爆研究「ニ号研究」のリーダーをつとめた仁科芳雄である。仁科の行動はアメリカのコンプトン調査団との接触から始まった。ここでコンプトン調査団とは、アメリカ太平洋陸軍ＡＦＰＡＣ（Armed Forces in the Pacific）によって組織された科学情報調査団（太平洋陸軍科学技術顧問局長エドワード・モーランドを団長とし、カール・コンプトン科学研究開発局ＯＳＲＤ［Office of Scientific Reseach & Development］太平洋支局長を副団長とする）のことである。コンプトンは第二次世界大戦中のアメリカの科学動員の最高指導者の一人であり、高名な物理学者だったので、この調査団は団長ではなく副団長の名をとって通称コンプトン調査団と呼ばれることが多い。コンプトン調査団は九月初めに日本に上陸し、二カ月あまりにわたって敗戦前の日本の軍事研究開発の組織と活動内容を調査した。その際三〇〇人以上の軍人・科学者・技術者にヒアリングをおこなったが、もちろん仁科はそのなかに含まれていた。

仁科はコンプトンとモーランドにサイクロトロン使用の是非について打診し、彼らからマッカーサー宛にサイクロトロン使用許可願いの手紙を出すよう勧められた。マッカーサー宛の手紙は一〇月一五日付で出されたが、それは生物学、医学、化学、冶金学の四分野におけるサイクロトロン使用許可願であった。コンプトンとモーランドの口添えが功を奏したのか、GHQ／SCAPは一〇月二四日、仁科の申入れを受諾しサイクロトロン使用をいったん許可した。だがその後、GHQ／SCAPにおける科学技術担当部局であった経済科学局ESS（Economic and Science Section）の内部で再検討がおこなわれ、一〇月二七日には生物学と医学への利用を許可するが、化学と冶金学への利用を禁止する旨の覚書が発せられるにいたった。さらに担当官のJ・A・オハーン少佐は、この措置について本国に照会をおこなった。

それに対してアメリカ本国から、ロバート・パターソン陸軍長官名で一一月七日、マッカーサー宛の命令が出された。それは日本のサイクロトロンの技術情報を収集したのちに破壊せよという命令であった。これにより日本のサイクロトロンの命運は決まった。SCAPはサイクロトロン使用を許可したかつての覚書を取り消し、一一月一九日にはその破壊を指示した。こうして日本にあった四台のサイクロトロン——理化学研究所（理研）の二台（磁極直径二六インチおよび六〇インチ）、大阪帝国大学の一台（磁極直径二六インチ）、京都帝国大学の一台（磁極直径四〇インチ）――は一一月二〇日にアメリカ軍によって接収され、二四日に四台とも破壊され、海中へ投棄されたのである。なおSCAPの文書には、破壊したサイクロトロンは全部で五台だと記載されている。じつは大阪帝国大学の接収現場に居合わせた日本人研究者が、そこにあった質量分析器について、これもサイクロトロンだとアメリカ軍担当者に説明したため、一緒に破壊されたのである。すべてのサイクロトロンが破壊されたことに日本の関係者たちは憤り、そして意気消沈した。

このサイクロトロン破壊事件をめぐるその後の顚末については、中山茂「サイクロトロンの破壊」（中山茂・後藤邦夫・吉岡斉編著『通史　日本の科学技術　第一巻・占領期』、学陽書房、一九九五年、七七～八四ページ）にくわしく書かれている。この事件に対してまずアメリカの科学者のなかから、アメリカ軍当局の野蛮な行為を非難する声がわきあがった。こうしてサイクロトロン破壊事件がアメリカ国内で政治問題化の様相を呈し、さらには国際科学界でも非難を浴びるなかで、マッカーサーはワシントンに破壊命令の真相を調査するよう依頼した。その結果、パターソン陸軍長官が部下の起草した破壊命令をチェックせずにマッカーサーに送ったことが判明した。しかし誰が破壊命令を起草したかはわからない。一説では、マンハッタン計画責任者のレスリー・グローヴス准将の新任参謀二人が、たいした考えもなく起草したのだといわれているが、真相は不明である。

サイクロトロン破壊を批判する国際科学界の世論に力づけられて、仁科芳雄はSCAPに抗議文を送った（一二月二〇日付）。さらに仁科は国際科学雑誌にアメリカ軍弾劾の投書を送ろうとしたが、占領軍の担当官であったハリー・ケリー経済科学局科学技術課ESS／ST（Science and Technology

Division）次長から、それは逆効果であると説得され思いとどまった。ハリー・ケリーは、サイクロトロン問題のような専門的事項についてアドバイスする能力をもつ科学者の派遣をＳＣＡＰが本国に要請したことに応える形で、四六年初頭に来日した物理学者で、日本の科学界に対して非常に好意的な政策を進めたことにより、日本科学の戦後復興の恩人とされている人物である。仁科はその後も研究再開への希望を捨てず、サイクロトロン再建や、原子核研究の許可の要請をＳＣＡＰに対しておこなっている。

なぜ日本のサイクロトロンは破壊されたのだろうか。使用禁止という措置で十分だったのではないだろうか。確かに連合国軍は武装解除措置として兵器や航空機を破壊したが、科学技術研究のための装置は、航空機関係のもの（風洞など）を除き原則として破壊を免れた。たとえば同じ原子核研究の分野でも、コッククロフト型やバンデグラーフ型などの静電加速器は、破壊を免れたのである。なぜサイクロトロンだけが狙い撃ちされたのだろうか。おそらくその主な原因は、仁科がＳＣＡＰの占領政策に抵触する要求をおこない、しかもそれがコンプトンやモーランドといったアメリカ人科学者の支援を得て、実現間近にまでいたったことにあると思われる。

九月二二日の指令第三号では放射性アイソトープの分離が明示的に禁止されていたが、サイクロトロンという装置はまさにそうした放射性アイソトープの生産をおこなうための装置であり、その運転が指令第三号に違反することは明白であった。したがってそれが許可されようとしていることに疑問を抱いた軍人が、アメリカ本国に照会をするのは十分に予想されることであった。日本現地司令部で事が処理されていれば、サイクロトロン破壊事件にはいたらなかったであろう。

アメリカ本国でいかなる意思決定の手順が踏まれたのかは不明であるが、破壊命令が出されたのは偶然のいたずらだったかもしれないし、あるいは意図的な予防行為だったかもしれない。意図的というのは、こういうことである。仁科芳雄は日本の原爆研究のリーダーであり、その意味でいわば危険人物のブラックリストに載るような人物であった。またサイクロトロンはプルトニウムの発見をもたらした強力な中性子ビーム生成装置であり、電磁分離法ウラン濃縮にも転用可能な装置であった。ローレンスのサイクロトロンがマンハッタン計画において果たした役割は絶大なものがあった。危険人物の仁科が、危険な装置サイクロトロンの使用許可を執拗に要求してくるというのは尋常な事態ではないというのは、通常人がごく普通にいだく考えである。

もちろん敗戦後の日本の国力から考えて、サイクロトロン運転再開が日本の軍事的脅威を増大させるとは到底考えられなかった。だが、当時の日本は徹底的な非軍事化政策の対象であった。遠い将来の禍根をも断ち切っておこうという判断は、必ずしも不合理なものとは言い切れないのである。あるいはアメリカ本国の担当官は、自分たちの目の届かないところで日本現地司令部が勝手な判断をしようとしていることへの警告の意図も込めて、サイクロトロン破壊命令を出したのかもしれない。

いずれにせよ仁科の利用許可申請がなければ、陸軍省がこの問題にタッチすることはなく、おそらくサイクロトロンは破壊されなかっただろう。その意味で筆者は「仁科ヤブヘビ説」をとる。もしそうだとすればサイクロトロン破壊は、仁科本人にとっては自業自得だったとしても、サイクロトロンを一台ずつ保有していた京都帝国大学と大阪帝国大学の研究者たちにとっては、寝耳に水の災難だった。

なおドイツでは実験物理学者W・ボーテがハイデルベルク大学に小型サイクロトロンを一台だけ保有していた。しかもボーテは仁科より三週間遅れて、サイクロトロン利用許可申請を、当地を占領するアメリカ軍当局に提出した。だがボーテはドイツの原爆研究の有力者の一人として知られており、危険人物視されていた。したがって占領軍当局はボーテの申請を却下した。ただし担当官はアメリカ本国には問い合わせなかったので、日本のように破壊命令が出されることはなかった。ハイデルベルクのサイクロトロンに対するアメリカ占領軍の使用許可が下りたのは四九年三月のことであった。

さて、連合国軍の原子力研究禁止政策は四六年以後も堅持された。前述のSCAPの指令第三号はそのまま効力をもちつづけ、さらに一九四七年一月三〇日、極東委員会FEC(Far Eastern Commission)の政策決定が発せられた。ここにGHQ/SCAPの原子力研究禁止政策が、連合国全体の占領政策としてあらためてオーソライズされたのである。

ここで極東委員会FECとは、連合国全体としての日本占領政策を決定する最高機関であり、四五年末、ワシントンに設置されたものである。この極東委員会の決定にもとづいてアメリカ政府が連合国軍最高司令官SCAPに指令を発し、それをGHQ/SCAPが実行するという建前になっていた。連合国全体を代表する機関としてはほかに連合国対日理事会ACJ(Allied Council for Japan)が東京におかれ、SCAPに助言したり協議をおこなう権限をもっていた。ただし全員一致の原則という安全装置をつけることにより、アメリカ政府がGHQ/SCAPという現地司令部をとおして日本統治をおこなうという事実上の仕組みが維持されていた。なおＧＨＱ／ＳＣＡＰが必ずしもアメリカ政府の指令を忠実に実施する機関ではなく、相当程度の自由裁量の権限を行使したことは、よく知られるところである。

極東委員会の決定の要旨は次のとおりである。

日本は現時点において原子力分野での研究実施、および原子力の開発利用を、許可されるべきではない。したがって極東委員会は次のような政策を定める。

ａ 基礎研究と応用研究とを問わず、日本における原子力分野でのすべての研究を禁止する。それには次のものが含まれる。

(1) 核分裂性の核種の生産を目的とするすべての研究開発。

(2) 天然に産する化学元素の同位体混合物から核分裂性の核種を分離しまたは濃縮することを目的としたすべての研究開発。

ｂ 原子核エネルギー利用を目的としたすべての開発または建設は、これを禁止する。

ｃ 日本における放射性物質の探鉱、採掘、加工、精錬については、たとえばラジウムの医学利用など、正当と認められる目的をもつものについては、連合国軍最高司令官の特別の許可と監視をともなうものに限り、許可される。

これをみると、ＳＣＡＰの指令第三号よりもはるかに周到な文章表現が採用されていることがわかる。なお核分裂性でない放射性アイソトープに関する研究については、指令第三号とは異なり、明示的な禁止の対象から外されていることも注目される点である。

こうした連合国軍の原子力研究禁止政策は、占領時代の末期まで維持された。アメリカからの放射性アイソトープの寄贈および輸入は一九五〇年四月から始まったが、実験核物理研究はその後もしばしの休眠を余儀なくされた。ようやく一九五一年五月にサイクロトロン発明者でマンハッタン計画の首脳をつとめたアーネスト・ローレンスが来日し、実験核物理研究の再開のきっかけを与えた。ローレンスはSCAP経済科学局ESSの担当官にサイクロトロン再建を勧告するとともに、日本の科学者にも再建を勧めたのである。当時カリフォルニア州バークレイのローレンス放射線研究所に滞在中だった嵯峨根遼吉が、背後で動いたといわれる。なおローレンス来日前の五一年一月一〇日、仁科芳雄は肝臓癌のため六〇歳で死去している。

日本学術会議の原子核研究連絡委員会——四九年四月設置、五二年六月に原子核特別委員会(核特委)に発展的改組——ではさっそく、サイクロトロン再建について検討し、理化学研究所(理研)の後身にあたる株式会社科学研究所(科研)、阪大、京大の三カ所にサイクロトロンを再建させる方針を決定した。占領軍の許可を得て五二年より建設工事が始められた。最初に完成したのは科研の二六インチサイクロトロンであり、講和条約発効(一九五二年四月二八日)後の五二年末のことであった。その三年後には、ひと回り大型の阪大(磁極直径四五インチ)および京大(磁極直径四〇インチ)のマシンも完成した。

こうして講和条約発効後まもなく、日本の実験核物理研究は再スタートを切った。しかし実験核物理研究の世界的フロンティアは、素粒子実験に移っており、核分裂はアカデミックな見地からは、低エネルギー領域での一つの重要な現象以上のものとはみなされなくなっていた。それはすでに工学的な研究分野となっていたのである。日本では原子核物理実験の再開後も、そうした工学的研究は、さらにしばしの休眠をつづけることとなった。これについては節をあらためて述べる。

3　原子力研究の解禁と科学界の動き

一九五二年四月に発効した講和条約には、日本の原子力研究を将来にわたって禁止または制限する条項が含まれなかったので、その発効をもって日本の原子力研究は、全面解禁となった。現代の日本人はそのことを当然と考えるようだが、決してそうではない。占領初期には、講和条約のなかにさまざまの永続的かつ厳しい懲罰条項を盛り込むべきだとする議論も、関係者の間で交わされていたのである。とりわけ、もし日本と連合国との講和が、アメリカの対日政策が転換する一九四八年よりも前に実現されていたら、原子力研究の禁止または制限を含む懲罰的条項が、講和条約に含まれていた可能性が高い。

ちなみに講和条約に原子力研究の禁止または制限条項が織り込まれるかどうかは、一部の人々にとって心配の種だった。中曽根康弘はアメリカ特使J・F・ダレス来日（一九五一年一月）の際、航空および原子力の研究の自由を求める書簡を送っている。また伏見康治は一九五一年四月の第一〇回日本学術会議総会に、講和条約のなかに原子力研究の禁止条項が含まれぬよう要望することを提案している。もちろんそうした心配は杞憂だった。

本節では、原子力研究の解禁前夜から、原子力予算の出現前夜までの約二年間における科学界の動きを追跡する。この時代にとくに目立った動きをみせたのは物理学者である。彼らのなかには少数ながら、原子力研究推進の仕掛人ないしスポークスマンとして活躍しようという強固な意志をもった人々がおり、講和条約発効による原子力研究解禁とともに積極的行動を開始したのである。

ジャーナリズムに最初に登壇したのは物理学者の武谷三男で、五二年二月一日の『読売新聞』にエッセーを寄稿している。武谷は素粒子論グループの古参メンバーの一人で、一九三〇年代から四〇年代にかけて、湯川秀樹の提唱した中間子論を整備発展させる仕事を、同世代の坂田昌一らと共同で推進した。またマルクス主義的教養にもとづいて独自の科学技術思想を提唱し、戦後を代表する思想家の一人としての名声を同時に確立した。武谷の主張は単刀直入の原子力研究推進論ではなく、同じ数億円程度の建設費を使うならば、核物理実験用の加速器シンクロサイクロトロン(当時東京地区の研究者たちの間で建設構想が議論され始めていた。この動きはやがて東京大学原子核研究所の設立運動へと展開していく)よりも、実験用原子炉のほうがベターであるというものであった。ジャーナリズムにはその後も随時、物理学者らによる原子力研究推進の必要性を訴えるエッセーを、載せるようになった。

講和条約発効とともに、原子力研究再開へ向けての動きが一挙に表面化した。日本学術会議副会長の茅誠司が、一九五二年七月二一日の湯川記念館(のちの京都大学基礎物理学研究所)開所式で、原子力委員会設置のアイデアを公式に表明し、さらに七月二五日の学術会議運営審議会の席上、原子力委員会設置について、学術会議が政府に申入れをおこなうことを提案したのである。茅誠司は敗戦後の旧学術体制崩壊のなかで、占領軍関係者との密接な協力関係を築くことにより、科学行政における指導的人物にのしあがった物理学者であるが、強磁性体の研究者であり、原子核物理を専門としてはいなかった。

この茅提案は運営審議会によって承認され、これを五二年一〇月の第一三回学術会議総会に議案として提出することが決定された。運営審議会はその原案作成を第四部(理学)に委託した。これを受けて第四部では部長(岡田要)、副部長(藤岡由夫)、幹事(坂田昌一、萩原雄祐)、および茅誠司の五名が協議し、伏見康治委員に原案作成を再委託した。伏見の回想録によると、前述の茅提案(七月二五日)の仕掛人は自分であったというから、以上の学術会議の動きはすべて伏見が事前に周到に練りあげたシナリオに沿ったものとみなすこともできる(伏見康治著『時代の証言——原子科学者の昭和史』、同文書院、一九八九年、二一七ページ)。

さて伏見康司は、原案作成のための調査活動を精力的に進めたが、その動きを察知した若手物理学者は反対運動を組織した。そして五二年九月から一〇月にかけて、原子力委員会を総理府に設置し、国家事業として原子力研究を進めるべきだとする伏見私案をめぐって、物理学者の間で白熱した論争がくり広げられた。反対論者たちの最大の懸念は、現状において政府主導で日本の原子力研究が進められた場合、対米従属および研究統制のもとでの軍事がらみの開発となる危険性が高い、というものであった。

この一九五二年夏という時期において、反対論者たちの間で、日本がもし原子力研究に着手すれば、それはアメリカの軍事戦略に組み込まれたものとなるとの懸念が高まったのには十分な理由があった。朝鮮戦争勃発という新たな状況を背景として、警察予備隊の設置という形で日本の再軍備が実施され、また日米間の安全保障面での協力も急速に密接化していたからである。つまり米ソ間の核軍拡競争が白熱化するなかで、彼らの懸念は当時の国際情勢とそこにおける核兵器の役割についての大局的な判断にねざしたものであった。彼らをさらにいらだたせたのは、事もあろうに科学者の良心を代表すべき日本学術会議が、不純な動機をもつであろう政府に対して、原子力研究推進をけしかけるという点であった。

茅誠司や伏見康治が「原子力委員会」という呼称を用いたことも、反対論者のいらだちをつのらせた。この呼称は明らかに、アメリカの原子力委員会AEC（Atomic Energy Commission）にならったものであるが、AECは原子力の軍事利用と民事利用を政策面・実施面の双方において一元的に推進し、日本の省庁並みの行政的権限を有する政府機関であり、国家安全保障という大義名分により科学者に対して厳しい統制をおこなう機関として知られていた。それと類似の「原子力委員会」を日本が設置すれば、それはアメリカAECと同様の諸問題、たとえば秘密主義の蔓延や科学者の自由の剝奪などの諸問題を抱えることになると考えられたのである。

もっとも茅や伏見は、みずからが提案する「原子力委員会」について、アメリカAECと同様の性格をもつ機関にしようと考えていたわけではない。彼らにとって主要な関心事は、日本政府が大手をふって原子力研究に着手するための「露払い」の役割を、科学界代表として果たすことであり、原子力委員会の行政的性格づけに関する立ち入ったアイデアをもたなかった。いわば彼らは非常に無邪気に、日本の原子力研究に夜明けをもたらそうとしたのである。

いよいよ学術会議第一三回総会（五二年一〇月）が近づき、伏見原案の取り扱いにつき学術会議は決断をせまられた。そこで五二年一〇月六日、茅誠司、伏見康治、朝永振一郎（原子核特別委員会委員長）、坂田昌一（第四部幹事）の四名による事前の打ち合わせがおこなわれ、当初の構想よりも大幅にトーンダウンした提案を、総会に提出することで意見が一致した。一〇月一五日に開かれた学術会議運営審議会はこの方針を了承した。またもし第四部が認めればそれを第四部提案とするが、認めないときは茅・伏見両名の提案とすることを決定した。ところが一〇月二三日に開かれた第四部会が、それを部会提案とすることを五対二一の大差で否決したので、それは同日午後、「茅・伏見提案」として総会に提出されたのである。

茅・伏見提案の内容は、次の二つの骨子からなるものだった。

(1)五三年四月の次回総会で、政府に対して原子力問題について申し入れることの可否を検討する。

(2)そのため、学術会議内に次の総会に提出する原案を準備する臨時委員会をおく。

しかし、学術会議がいったい何を政府に申し入れるかという点があいまいだった。茅誠司の五二年七月段階の発言では、原子力委員会設置が申入れ内容とされていたが、茅・伏見提案の趣旨説明では、推進機関としての原子力委員会ではなく、原子力問題検討委員会をおくというように変わった。だがそのことが議案書に明記されていたわけではなく（裏面に「参考」として印刷されていた）、しかも茅自身がこの議案をめぐる質疑応答のなかで、どのような申入れの内容でも結構である（たとえば原子力問題検討委員会を設置すべきでないという内容でも結構である）と明言した。

こうしたきわめて不明朗な議案に対して、学術会議総会のフロアから出された意見の大勢を占めたのは、政府への申入れ自体への反対意見であった。とくに物理学者の三村剛昂は広島での原爆被爆体験をふまえて熱弁をふるい、「ソ米のテンション」が解けるまで絶対に日本人は原子力を研究してはならない、それによって日本の文明が乗り遅れてもいいと思う、と力説した。それを受けて法学者の山之内一郎が、この議案のような方向にわずかでも方向づけるような一切の委員会や措置に反対すると力説した。四面楚歌の状況を察した茅誠司は議案の修正をおこない、学術会議のなかに原子力問題を検討する委員会をおくという点のみについて決議を求めた。これに対して反対論の追い打ちがなされたが、ここで法学者の我妻栄(学術会議副会長)が茅修正案と内容面で同一の提案をした。結局、茅修正案は撤回されたが、ドサクサまぎれの議事進行によりそれと同一内容の我妻案が承認された。そして一九五三年四月の次回総会までの臨時委員会を設置し、学術会議の原子力研究についての態度を検討することが決められた。

こうして誕生したのが第三九委員会である。この委員会は第一四回総会(五三年四月)に報告を提出し、今日の情勢下では政治勢力に統御されやすい調査機関——茅・伏見提案にあるような原子力問題調査委員会——を設けることは適当ではない、しかしこの問題をいっそう検討するため本委員会を常置委員会としたい、との見解を表明した。これは総会で承認され、第三九委員会は五四年四月の第一七回総会で原子力問題委員会に改組されるまで存続することとなった。しかし第三九委員会の活動はわずか一回の公聴会(五四年二月二七日)を除けば文献調査など地味なもので、原子力政策に関する提言をおこなわないまま一年半を空費した。こうして科学界は、政治家主導の原子力予算の出現(五四年三月)まで、原子力問題に関して「冬眠状態」をつづけたのである。

第3章　制度化と試行錯誤の時代（一九五四〜六五）

1　原子力予算の出現

この章では、原子力予算の出現から、原子力開発利用体制（意思決定と事業実施の両面にわたる）の確立を経て、具体的な研究開発利用事業が動き始めるまでの約一〇年間の時期を扱う。日本の原子力開発利用体制の基本構造が固まったのは一九五七年であり、それ以後の動きについては、電力・通産連合と科学技術庁グループの双方の動きの重ね合わせとして理解することができる。ただし第1章でみたように、どちらのグループにおいても研究開発利用活動は難航を余儀なくされた。ようやく光が射し始めるのは六〇年代半ば頃のことである。この章ではそうした夜明け前までの歴史をたどってみたい。

一九五四年三月二日、衆議院予算委員会の席上、一九五四年度予算案に対する自由党、改進党、日本自由党の三党共同修正案が提案された。総額五〇億円の修正案のうち、三億円が科学技術振興費にあてられ、そこに原子炉築造費(二億三五〇〇万円)、ウラニウム資源調査費(一五〇〇万円)、原子力関係資料購入費(一〇〇〇万円)が盛り込まれていた。総額二億六〇〇〇万円の原子力予算が出現したのである。この予算修正案は改進党のイニシアチブにより立案され、自由党および日本自由党の賛成を得て提案されたものであり、最初に改進党が示した予算案(総額九〇億円)では、原子力関係予算に九億円があてられていた。改進党の中曽根康弘、稲葉修、斉藤憲三、川崎秀二らが、原子力予算の作成と根回しに中心的役割を演じたとされる。

その首謀者は不明であるが、中曽根はそれが自分であったと主張している。中曽根は一九五一年頃から原子力に深い関心を寄せ、とくに五三年末の滞米中に、物理学者の嵯峨根遼吉の案内で、カリフォルニア州バークレイにあるローレンス放射線研究所を見学している。この研究所そのものは原子核・素粒子物理の研究所であり、原子炉や核燃料施設を保有していなかったが、所長のアーネスト・ローレンスをはじめとする幹部所員の多くは、アメリカの原爆開発・水爆開発プロジェクトにおいて、技術面・政策面の双方で重要な役割を演じつづけてきた人々であった。ともあれ原子力予算を含む予算修正案はその日の予算委員会を通過し、三月四日には衆議院本会議で可決された。そして一カ月後の四月三日に自然成立したのである。

原子力予算の突然の出現に仰天した日本学術会議の茅誠司会長と、藤岡由夫第三九委員長は、さっそく衆議院および改進党本部に出向き、原子力予算への反対を議員たちに申し入れた。しかし議員たちはこれを拒絶した。とくに中曽根は「学者がボヤボヤしているから札束で学者のホッペタをひっぱたいてやった」と語ったという。中曽根本人はこの「札束」発言をあとで否定しているが、中曽根が正確な表現はともかくとして敵愾心をむき出しにしたのは、茅誠司や藤岡由夫が学者の立場を前面に押し出し、学界では原子炉建造をおこなえる段階に達しておらず、学界内のコンセンサスを得るのも困難であると主張したからである。いわば売り言葉に買い言葉である。中曽根はすぐれた政治的嗅覚によって、アメリカの原子力政策転換の絶好のタイミングをみごとにとらえ、野心的な政治家として原子力予算を提出したのであり、国際情勢にうとく、専門知識にも乏しい学術会議の物理学者たちの意向など、もともと眼中になかったのであろう。

ここで、アメリカの原子力政策転換の絶好のタイミングというのは、次のことをさす。アメリカ政府は、国内における原子力商業利用解禁を求める世論の高まりと、英国の野心的な原子力発電計画の発表（そこでは、プルトニウム生産を目的とする軍用炉である黒鉛減速ガス冷却炉を改良し、発電にも使用できる軍民両用炉として普及させる計画が打ち出された）にうながされ、一九五三年末より政策転換に乗り出した。それは原子力における国際協力の促進と原子力貿易の解禁、ならびに原子力開発利用の民間企業への門戸開放の、二つの骨子からなるものであった。

アメリカの政策転換の突破口となったのが、一九五三年一二月の国連総会におけるアイゼンハワー大統領の「アトムズ・フォア・ピース」（平和のための原子力）演説であった。この歴史的演説でアイゼンハワーが提案したのは、国際原子力機関ＩＡＥＡ（International Atomic Energy Agency）を設置し、そこにおもな核開発国政府が、天然ウランやその他の核物質を供出し、それをＩＡＥＡがみずからの責任において国際的に流通させる、というものであった。

ところがわずかその二カ月後の一九五四年二月一七日、アイゼンハワーは核物質・核技術の国際移転に関して、国連総会で提案したものと大きく異なる政策を特別教書のなかで明らかにした。そこに示されたアメリカ原子力法の改正方針には、二国間ベースで核物質・核技術を相手国に供与するという政策が提唱されていたのである。それは一九五四年八月三〇日に可決された新しい原子力法(一九五四原子力法)のなかに明文化された。このようにしてアメリカで最初に制度化された二国間協定方式に、英国をはじめとする各国はただちに追随し、またたく間に二国間協定の多重ネットワークが世界中に張りめぐらされる結果となった。その一方で、アイゼンハワー大統領のアトムズ・フォア・ピース演説の目玉であった国際原子力機関ＩＡＥＡは、ソ連の慎重な対応により発足が大幅に遅れた。ＩＡＥＡはようやく一九五七年七月に発足したものの、発足当初は核物質・核技術の国際移転の実施はおろか、その監視においてもほとんど実権をもたなかった。ＩＡＥＡが核拡散監視機関として大きな役割を演ずるようになるのは一九七〇年の核兵器不拡散条約発効以後のことである。

ここで日本の原子力予算に話題を戻すと、中曽根がそれを構想し政治的コンセンサスをとりつけたタイミングの良さは、あまりにもみごとなものであった。なぜならそれは、二国間協定方式の考え方がアメリカで正式発表されてから、わずか数日後におこなわれたからである。おそらくアメリカの原子力政策の大きな転換が進行中であることを熟知していた協力者がおり、その個人またはグループが中曽根に的確な情報を伝えたのであろう。それを聞いた中曽根はただちに、補正予算案提出という絶好の機会を利用して、日本の原子力開発を立ち上げるための決定的な一歩をしるすことに成功したのである。

日本学術会議で原子力論議をリードしてきた科学者たちに欠けていたのは、そうした政治的センスの良さと、それをただちに行動に移す敏速さであった。アメリカの原子力事情に精通していた人々からみれば、まさに一九五四年二月から三月にかけての時期に、原子力予算提出の機は熟していたのである。中曽根はそうした大きな時代の流れに沿った決定を下した。それにひきかえ日本学術会議の科学者たちは、良きにつけ悪しきにつけ国際政治にうとかったのである。

また彼ら科学者には、国内政治に関するセンスも欠けていた。彼らが念願していたのは、何としても自分たちの手で、日本の原子力研究の突破口を開きたいということであり、いわばイニシエイター（創始者）としての名誉であった。彼らが欲したのはそれだけであり、決して研究費という物質的利益ではなかった。そもそも彼らは、物理学の研究テーマとしてはずっと以前から先端的でなくなっていた核分裂研究を、今さらみずからの手で進める意思をもたなかった。しかし彼らは科学者以外の人間、それも一介の若手政治家が、イニシエイターとしての名誉獲得を狙っていたことに気づかなかった。その意味では、国際政治のみならず、国内政治にもうとかったといえる。

もっとも当時、民族主義的な核武装論者とみられていた中曽根が、アメリカの核物質・核技術の移転解禁のニュースを聞いて、ただちにアメリカからの核物質・核技術の導入を決断したというのは、常識的にはややわかりにくいストーリーである。なぜならアメリカ依存の核開発路線をとることによって、日本の自主的な核武装がかえって困難となる可能性もあったからである。真の核武装論者ならば、開発初期における多大の困難を承知のうえで自主開発をめざすほうが筋が通っている。当時の中曽根の真意がどこにあったかは不明である。

2　科学界の対応と原子力三原則の成立

　さて、一九五四年三月四日の原子力予算の衆議院での可決を受けて、学術会議は対応策を立てることを迫られ、三月一一日に第三九委員会(藤岡委員長)を招集、さらに三月一八日に原子核特別委員会(朝永振一郎委員長)を招集した。第三九委員会は参議院への働きかけによって学術会議の意向を原子力予算へ反映させるという方針を決めたが、同時に予算成立を前提とした戦術として、科学界のイニシアチブによる原子力憲章の制定によって、政府の原子力政策が危険な方向に進まないよう歯止めをかける方針が次善策として示され、その線に沿った伏見康治の草案がまとめられた。その草案には、原子力研究開発利用の推進、原子力法の制定、原子力委員会の設置など、事業推進を強く支持する前口上につづき、次の七カ条が掲げられていた。

第一条　原子力の平和利用を目的とし、原子兵器についての研究開発利用は一切行わない。
第二条　原子力の研究開発利用の情報は完全に公開され、国民は常に十分の情報に接しなければならない。
第三条　諸外国の原子力に関する秘密情報を入手利用してはならない。
第四条　原子力研究開発利用の施設に参与する人員の選択にあたっては、その研究技術能力以外の基準によってはならない。
第五条　同施設に外国人の投資を許さない。

第六条　原子力の研究開発利用に必要な物資機械の輸入には、通常の商行為の方途以外の道を使ってはならない。
第七条　分裂性物質の国内搬入、国外搬出については、国会の承認を必要とする。

この伏見康治の原子力憲章草案が、その後の「原子力三原則」成文化につながっていくのである。この伏見のアイデアの原型は、一年半前の五二年一〇月にさかのぼることができる。伏見は五二年一〇月一日付で関係者に配付されたメモのなかで、原子力委員会を規制する憲章として「平和」「公開」の二つの原則を設けることを提案しているのである。

ただし伏見と似たアイデアをもち、旺盛な著述活動を通して、伏見よりも先に一般社会に発表していた人物がいた。それは物理学者の武谷三男である。武谷は「日本の原子力研究の方向」(五二年一〇月に発行された『改造』増刊号)と題するエッセーのなかで、次のように指摘した。

「そこで私は原子炉建設にさいして、厳重に次のような条件を前提とすべきで、これは世界に対して声明し、法律によって確認さるべきだと思う。日本人は、原子爆弾を自らの身にうけた世界唯一の被害者であるから、少くとも原子力に関する限り、最も強力な発言の資格がある。原爆で殺された人々の霊のためにも、日本人の手で原子力の研究を進め、しかも、人を殺す原子力研究は一切日本人の手では絶対に行なわない。そして平和的な原子力の研究は日本人は最もこれを行なう権利をもっており、そのためには諸外国はあらゆる援助をなすべき義務がある。ウラニウムについても、諸外国は、日本の平和的研究のために必要な量を無条件に入手の便宜を計る義務がある。日本で行う原子力研究の一切は公表すべきである。また日本で行う原子力研究には、外国の秘密の知識は一切教わらない。また外国と秘密な関係は一切結ばない。日本の原子力研究所の如何なる場所にも、如何なる人の出入も拒否しない。また研究のため如何なる人がそこで研究することを申込んでも拒否しない。以上のことを法的に確認してから出発すべきである」

この引用文では、世界に対する声明に関する部分と、日本の国内法に関する部分が、未分化に混在しているが、後者の部分を抽出すれば、「平和」「公開」「民主」の三原則が浮かびあがってくる。ただしここで「民主」という概念について若干の注意が必要であろう。それはすべての研究者が形式的平等の権利をもち、実質的にも研究能力以外の点で差別されてはならないという意味をもつ概念として、当時の物理学者の間で広く使われていたものである。それが思想信条のちがいによって研究者を差別するなという主張の論拠として援用されたのである。

この武谷のアイデアの特徴は、憲章ではなく法律で「三原則」を定めよと主張している点である。また、「平和利用」(民事利用)を原子力の「光」、軍事利用を原子力の「影」とする単純明快な二分法にもとづき、日本人は、みずからが被った「影」の深さゆえに、「光」を享受する特別の権利と義務をもっている、と主張している点である。この「被爆者」の存在を論拠として原子力の「平和利用」促進を訴える武谷の主張は、当時の人々にとって異端的ではなく、むしろ聞き慣れたものだった。

だがこの主張は多くの点で妥当ではない。まず軍事利用と民事利用は大部分が重なり合っており、両者を区別できるという大前提そのものが妥当ではない。原子力民事利用のための研究について、武谷は無条件にその推進を是としているが、これは当時のこの問題に関する言論全体と見比べてもやや批判精神に欠けるところがある。また、核問題というのは人類社会の存続にかかわる大問題であり、日本が過去の被害国という理由だけで特別の権利をもつというのは妥当ではない。さらに核技術においては、完全な情報公開と施設公開を認めることは、核軍拡や核拡散の観点からみてきわめて危険である。この程度のことを当時の武谷が認識していなかったとは考えにくいが、原子力の未来は必ずや明るいものとなる、そうなってほしいという強い願望が、こうした主張を生み出したのだろう。

さて、日本学術会議の動きに話題を戻すと、五四年三月一一日の第三九委員会につづき、三月一八日に開かれた原子核特別委員会（核特委）では、原子力予算の成立は不可避であるとの前提のもとに、学術会議に原子力問題を扱う委員会をつくることを確認したのち、原子力研究を日本で開始するうえで守られるべき諸条件の議論を、原子力憲章伏見案（前記）をベースとしておこなった。そこでの議論をふまえ朝永核特委委員長は三月二〇日、藤岡第三九委員長に対し「わが国の原子力研究についての原子核物理学者の意見」と題する文書を提出した。

そこにおいて、原子力研究において守るべき三つの「不可欠の原則」が示された。第一は「平和」、第二は「公開」、第三は「民主」（研究能力以外の理由、つまり政治的・思想的理由などにより、研究者を差別しないこと）である。この三原則は、武谷が五二年秋に提唱したものとまったく同じであり、また原子力憲章伏見案の第一条から第四条までに対応するものであった（第五条以降は採用されなかった）。なお推進を支持する提言が一切含まれていない点が、原子力憲章伏見案と大きく異なる。

この朝永報告を受けて第三九委員会は声明文の起章作業を進め、運営審議会の了解を得て学術会議第一七回総会に「原子力の研究と利用に関し公開、民主、自主の原則を要求する声明」を議案として提出した。これは四月二三日に可決され、「原子力三原則」誕生の歴史的モニュメントとなった。ただしそこで示された三原則は、朝永報告のそれと二つの点で異なっていた。第一は「平和」がそれ自体としては原則の地位から外され、三原則の遵守によって維持されるべき目的へと、位置づけを変えたことである。第二は「自主」が新たに追加されたことである。学術会議声明の草案をまとめた伏見康治が、朝永報告における第五条以降(いずれも「自主」原則にかかわる)の削除を不満とし、草案作成者としての地位を利用して、「自主」原則を復活させたものと考えられる。そして「自主」の追加にともない、「平和」が三原則から外される結果となったのである。これは相当に大きな修正であったが、関係者の間からなぜか批判は出されなかった。

この原子力三原則は、やや形を変えて原子力基本法(五六年一月施行)第二条に、「原子力の研究、開発及び利用は、平和の目的に限り、民主的な運営の下に、自主的にこれを行うものとし、その成果を公開し、進んで国際協力に資するものとする」という条文として取り入れられた。その後多くの人々が、日本の原子力開発利用の歴史を描く際、「三原則蹂躙史観」を採用するようになった。そこでは三原則が原子力政策の正しさのほとんど唯一の評価基準とされ、また三原則を提唱し定着させた科学者たちが賢者として描かれてきた。そして政・官・財界は三原則をくり返し蹂躙しながら安易かつ拙速に原子力開発を進めてきたとされてきた。この史観に立つと、原子力開発史は三原則をめぐる政・官・財界と、国民の利益を代弁する良心的科学者集団との攻防の歴史として描かれる。

だがこの史観には三つの大きな欠陥がある。第一は、日本の原子力体制の構造と、その形成・展開のダイナミックスに関する体系的分析が阻害され、「あるべき姿」からのズレという観点からの分析で話が完結することである。「三原則」の提唱・定着過程は確かに、日本の原子力体制の草創期の、一つの重要なエピソードではあるが、それ以上のものではない。つまり日本の原子力体制の形成史は、アメリカのイニシアチブで形成された国際原子力体制の枠内での、電力・通産連合と科学技術庁グループからなる「二元体制」の、形成・展開過程として理解されるべきであり、「三原則」は周辺的エピソードの一つにとどまるのである。

第二に、原子力の「あるべき姿」に関する「三原則」的観念はいちじるしく貧困なもので、政策論のガイドラインとして有効に機能してこなかった。たとえばそれは原子力分野での産業技術政策の適切なあり方について、ほとんど示唆するところがなかった。「三原則」はもともと、国立研究所における原子力研究に対して適用さるべきものと想定されていた。それは核エネルギー事業の商業化という事態を想定しておらず、したがって営利事業に三原則をそのまま押しつけることは無理であった。すなわち「公開」原則は企業秘密保護の原則と抵触し、「民主」原則は企業研究がアカデミック・サイエンス型の研究組織をとらないのでガイドラインとしての意味が乏しく、「自主」原則は、それこそ企業の自主的判断に委ねられるべき事柄であった。じっさい日本の企業は原子力分野で、他のほとんどの産業技術分野と同様に「導入習得路線」を採用したが、この路線の採用は、長期的観点からは決して技術上の対外依存を固定化するものではなく、しかも「自主開発路線」よりもはるかに大きな「成功」を収めたのである。

この史観の第三の欠陥は、原子力体制の草創期の科学界の動きについて、バランスのとれた全体像を描くことを阻害している点である。この時期の科学界の動きは大局的には、政・官・財界のイニシアチブで形成された原子力体制への、科学界の協力・便乗過程として理解することができる。確かに政・官・財界の動きにブレーキをかけようとした科学者も存在したが、彼らは決して科学者の大勢を占めたわけではない。そして三原則は賢者たちの良心的思想というよりもむしろ、物理学者のなかの積極推進論者と批判論者の共通の利害関心のうえに形成されたものであった。それは科学者にこそ原子力政策の決定権があると信じていた彼らが、政治家によってその自尊心をいたく傷つけられたあとに、いかにも賢者的な後始末によってみずからの存在証明を勝ちとるとともに、原子力予算可決という既成事実を、批判論者を含めた科学界の大方が満足できるような線で追認することの大義名分を獲得することへの、共通の利害関心にねざすものであった。物理学者たちはそうした共通の利害関心を満たすべく、いわば政治家以上に政治的に行動したのである。

3　原子力開発利用体制の整備へ向けて

政府は原子力予算の成立以後、あわてて原子力開発利用体制の整備を進め始めた。何しろ原子力予算が可決成立してしまったので、その用途を至急考えなければならなかったのである。その一方で産業界も、海外での原子力ブームの到来を知り、将来の有望なビジネスの一つとして原子力に注目し始めた。さらに政治家のなかにも、中曽根康弘をはじめとして原子力開発利用に強い関心を寄せる人々がいた。彼らのなかには、将来の日本の核武装を念頭においてこの分野に関心を寄せる大物政治家もいたといわれる。一九五四年四月に始まり五五年末に一段落する日本の原子力体制の整備過程において、主導的役割を演じたのは政界・官界・産業界の三者であり、互いに利害関心を異にしつつも、体制整備において共同歩調をとった。一方、学界もアドバイザーとして重要な役割を果たしたが、体制整備に関しては脇役にあまんじた。

まず政府の動きからみていくと、原子力利用準備調査会(一九五四年五月一一日)の設置が重要である。それは内閣に設置され、副総理が会長、経済企画庁長官が副会長をつとめるハイレベルの意思決定機関であり、事務局は経済企画庁が担当した。その委員には大蔵大臣、文部大臣、通産大臣、経済団体連合会(経団連)会長、日本学術会議会長などのメンバーが顔をそろえた。また同調査会には総合部会が設けられ(五四年九月一五日)、そこで実質的な審議がおこなわれた。原子力利用準備調査会は、一九五六年一月に原子力委員会が設置されるまでの二年間にわたり、日本の原子力行政の最高審議機関となった。

原子力利用準備調査会のおこなった最も重要な決定は、日米原子力研究協定の締結と、それにともなうアメリカからの濃縮ウラン受入れに関するものである。日米原子力研究協定の締結のきっかけは、五五年一月一一日のアメリカ政府から日本政府への意向打診である。それは濃縮ウラン供与の提案を含むものであった。ところが日本の外務省はこの打診を三カ月あまりにわたり放置し、それへの対応策の具体的検討を進めなかったばかりか、その事実を国民にも知らせなかった。四月一六日の『朝日新聞』報道により、この件はようやく一部の政府関係者以外の人々の知るところとなり、賛否両論が湧きあがった。日米協定が機密保持条項をともない、学問の自由を破壊するのではないか、との批判が多くの科学者の間から巻き起こった。

そこで原子力利用準備調査会はこの問題について至急検討をおこなうことを余儀なくされ、五月一九日には日米協定締結の提案を受諾すべきだとする決定をおこなった。翌日の閣議了解によるオーソライズを経て、同協定は一九五五年六月二一日に日米両国政府間で仮署名され、一一月一四日に正式署名にいたった。この協定にもとづく濃縮ウランの受入機関として五五年一一月三〇日、財団法人日本原子力研究所(原研)が設置された。原研が財団法人として発足したのは、法律の整備に必要な時間を節約するためであった。なお原研は五六年六月、科学技術庁傘下の特殊法人へと改組されることになる。

政府の原子力行政に関する動きとして、もう一つ記憶しておくべきことは、通産省における原子力予算打合会の設置である(一九五四年六月一九日)。それは原子力予算が通産省工業技術院に計上されたので、その実施に関する重要事項を検討するため、通産省が省議決定にもとづき設置したものである。打合会のおこなった最も重要な決定は、日本初の海外原子力調査団(藤岡由夫団長)派遣(一九五四年一二月出発、五五年三月帰国)を実施したこと、ならびに藤岡調査団報告書をふまえ五五年七月、研究炉建設の「中期計画」(複数の年度にまたがる計画)を、立案したことである。

以上、原子力予算成立後の政府の動きについて略述した。次に産業界の動きについて一瞥しておくと、電力中央研究所傘下の電力経済研究所が新エネルギー委員会を設置し、そこで一九五三年より原子力の勉強会を始めたのが、最も早い動きであるといわれる。なお電力中央研究所の前身は、一九三九年に国策会社として創られた日本発送電株式会社(日発)が、敗戦後の四七年一〇月に設置した電力技術研究所であるが、それは五一年五月の電気事業再編成により、電力九社の寄付金にもとづく財団法人電力技術研究所として新発足（五一年一一月）し、五二年七月に経済研究部門を加えて電力中央研究所へと改組され今日にいたる。電力経済研究所（現在の社会経済研究所の前身）が創られたのは五三年九月のことである。また新エネルギー委員会は五五年六月、原子力平和利用調査会へと改組された。

一九五四年四月の原子力予算成立により、産業界の原子力への関心はさらに高まった。五四年一二月には、原子力に関心をもつ有力企業による原子力発電資料調査会（安川第五郎会長）が結成され、文献資料の収集・紹介に従事するようになった。さらに五五年四月、経済団体連合会（経団連）が原子力平和利用懇談会を設置した。そして、この両者に電力経済研究所を加えた三者が母体となって、五六年三月一日、財団法人日本原子力産業会議（原産）が発足したのである。それは二〇〇六年に日本原子力産業協会へと名称変更し今日にいたる。

このように日本の原子力開発利用は一九五四年春に政・官・財界主導でスタートした。そして以下に述べるように早くも二年後の五六年までに、確固とした推進体制を確立するにいたった。その最大の立役者となったのは、またしても中曽根康弘である。五五年八月、スイスのジュネーブで国際連合主催の原子力平和利用国際会議（第一回ジュネーブ会議と通称される）が開かれた。これは原子力民事利用に乗り出そうという機運が世界的に高まったことを背景に開かれたもので、米ソ両国代表が顔を合わせる四六年以来久々の原子力関係の会議となった。

日本からは科学者のほかに政治家がオブザーバー参加した。原子力調査国会議員団がそれであり、中曽根康弘（民主党）、前田正男（自由党）、志村茂治（左派社会党）、松前重義（右派社会党）の四議員からなる超党派グループであった。原子力調査国会議員団はジュネーブ会議終了後、欧米各地を視察して九月一二日に東京羽田空港に帰着し、その場で共同声明を発表したが、これが原子力体制確立の突破口となった。

国会議員団は帰国後ただちに原子力諸法案制定のための工作に奔走し、一九五五年一〇月一日に両院合同の原子力合同委員会を誕生させた。その委員長は中曽根康弘がつとめ、理事には国会議員団の他のメンバー三名（前田正男、志村茂治、松前重義）に、民主党の斉藤憲三を加えた四名が選ばれ、他に七名の委員が選ばれた。合同委員会は総勢一二名で、民主党・自由党・左派社会党・右派社会党の四党が、平等に三つずつのポストを分け合った。まさに挙国一致体制である（当時の国会議席は四党によりほぼ独占されていた。それ以外には共産党と労農党が若干のポストをもっていたにすぎない）。また衆議院八名、参議院四名というように両院のバランスも考慮された。

原子力合同委員会は精力的に作業を進め、一九五五年一一月五日の第九回会合までに、原子力諸法案の原案の大半を、合同委員会案として決定した。そして一二月一〇日には原子力三法、つまり原子力基本法、原子力委員会設置法、総理府設置法の一部を改正する法律（原子力局設置に関するもの）が国会に提出され、同月一六日に可決された。そしていずれも五六年一月一日から施行された。また原子力三法以外の諸法案も五六年に入って相次いで可決成立した。科学技術庁設置法（五六年三月）、日本原子力研究所法（五六年四月）、原子燃料公社法（五六年四月）などである。これにより原子力諸法案の制定作業は一段落し、原子力行政機関と政府系研究開発機関が、いっせいに出現するはこびとなったのである。

一九五六年五月一九日に設立された科学技術庁は、総理府に当初設置された原子力局を、移管により掌中に収め、日本の原子力行政の中枢をになう事務局となった。日本原子力研究所（原研）と原子燃料公社（原燃公社）はともに科学技術庁傘下の特殊法人として発足したが、前者の主業務は原子力研究全般と原子炉の設計・建設・運転、後者の主業務は核燃料事業全般と定められた。

なお原子力体制の制度的確立へ向けての政・官界の動きに呼応して、産業界も原子力への進出体制を固めた。その代表的エピソードは、前述の日本原子力産業会議（原産）創立（一九五六年三月）であるが、もう一つのエピソードとして、原子力産業グループの発足がある。最初に発足したのは三菱原子動力委員会（五五年一〇月）であり、旧三菱財閥系二三社が参加した。つぎに五六年三月、日立製作所と昭和電工を中心とする一六社からなる東京原子力産業懇談会が発足した。さらに五六年四月、旧住友財閥系一四社による住友原子力委員会がつくられた。五六年六月には東芝など旧三井財閥系三七社による日本原子力事業会が発足した。最後に五六年八月、富士電機・川崎重工業・古河電気工業など旧古河・川崎系の二五社を結集した第一原子力産業グループが結成され、五つのグループがわずか一年間で勢揃いしたのである。

これらグループの中心企業は、住友グループを除いていずれも重電機メーカーであり、それらのメーカーは、戦前からの海外重電機メーカーとの技術提携関係にもとづき、海外からの原子力技術導入をはかるようになるのである。三菱とウェスチングハウスWH社、東芝とゼネラル・エレクトリックGE社の提携関係がそれである。またかつて国産技術中心主義をとってきた日立製作所も、

GE社との間に技術提携関係を結ぶこととなった。ここで興味深いのは、三井・三菱・住友の三大財閥を含む日本の産業界が、こぞって原子力分野に積極的に進出した点である。彼らは原子力産業の採算性が現状においてとぼしく、将来においても不透明であるにもかかわらず、原子力分野にいっせいに進出したのである。

4　二元的な推進体制の形成

さて、原子力三法の成立時（一九五五年一二月）には、商用炉建設に関する具体的構想は存在しなかった。後述の原子力利用準備調査会が五五年一〇月に決定した「原子力研究開発計画」には、「今後一〇年以内に原子力発電を実用化することを目標とする」と記されていたが、そこには研究炉と動力試験炉（電気出力一万kW級）の計画のみが示されていた。ところが年が明けた五六年一月五日、初代原子力委員長の正力松太郎が「五年以内に採算のとれる原子力発電所を建設したい」との談話を発表し、産業界と学界に大きな波紋を投げかけた。正力はその談話で「動力炉の施設、技術等一切を導入するために動力協定を締結する必要がある」と語り、海外からの原子炉購入という構想を示した。

この正力構想は、その四年余前の一九五一年九月に発表されて一大センセーションを巻き起こした日本テレビ放送網設立構想（東京・大阪・名古屋など合計一七局による全国テレビ放送網を、機器と資本を全面的に海外から導入する形で一年以内に形成する構想）と、その考え方においてきわめて似通ったものであった。すなわち正力は第一に、非常に速いテンポで新技術の実用化をはかろうとした。正力は第二に、海外技術の直輸入方式を好んだ。正力は第三に、新技術の実用化をあくまでも民間主導で推進しようとし、官庁主導方式に強い嫌悪感を示した。正力の仇敵はテレビに関しては日本放送協会(NHK)、原子炉に関しては通産省と科学技術庁であった。正力はテレビでは民間放送事業者、原子炉では民営化された電気事業者の立場を代弁したのである。

正力の招聘により一九五六年五月一六日、英国原子力公社UKAEA(UK Atomic Energy Authority)理事、クリストファー・ヒントン卿が来日した。ヒントン卿は、英国製コールダーホール改良型炉(軍用プルトニウム生産炉の技術をベースとする黒鉛減速ガス冷却炉)に関する楽観論を講演会・座談会でくり返しふりまいた。それを受けて原子力委員会は訪英調査団派遣を決定した(八月二一日)。訪英調査団(団長＝石川一郎原子力委員)が出発したのは五六年一〇月一五日であり、一二月に帰国している。石川調査団は五七年一月一七日に正式の報告書を原子力委員長宇田耕一(一九五六年一二月二三日から五七年七月九日まで在職、その前後は五六年一月一日から五八年六月一一日まで正力松太郎が原子力委員長をつとめた)に提出した。その骨子は、コールダーホール改良型炉は技術面・安全面・経済面のいずれに関しても、課題を抱えているがその解決の見通しがあり、したがって「今後さらに検討を加えて満足な結果が得られれば、この型の原子力発電所は日本に導入するに値するものの一つである」というものだった。また報告書はアメリカの軽水炉について将来有望との見解を示しつつも、今すぐに大型軽水炉を導入するのは時期尚早であると述べ、英国炉優先の姿勢を明確にした。これを受けて原子力委員会は五七年三月七日、発電炉早期導入方針を決定し、英国炉導入を前提とした技術的検討を開始した。

ここでクローズアップされてきたのが、英国炉の受入れ主体の問題である。最初に名乗りをあげたのは、全額政府出資の通産省傘下の国策会社、電源開発株式会社（電発）であり、一九五七年二月のことである。また五七年五月になって日本原子力研究所（原研）が立候補の意見を表明した。それとほぼときを同じくして電気事業連合会（電事連）が、電力九社の社長会議において「原子力発電振興会社」設立構想を決定した。それは電気事業者および関連業界を出資者とし、発生電力を電力九社に卸売りする民間会社として構想された。こうして三つ巴の指名獲得競争が始まるかにみえたが、原研は二カ月後に早々と撤退宣言を出した。

その代わりに原研はアメリカ製軽水炉（電気出力一万kW級）を「動力試験炉」として導入する計画を立て、その実現へ向けて動き出したのである。この動力試験炉計画は、原子力委員会がオーソライズした日本最初の「中期計画」のなかに、炉型の指定はなかったにせよ、すでに織り込まれていたものであるが、その後突然、英国の実用発電炉導入の計画が浮上したため、その必要性を疑問視する意見が関係者のあいだで表明されていたものである。もし動力試験炉計画が白紙撤回されれば、その設置主体とみられていた原研の地位が大幅に低下することになる。それをくい止めるために、原研は軽水炉という具体的炉型を前面に押し出して、動力試験炉計画を防衛しようとしたのである。軽水炉ならば英国製コールダーホール改良型との重複投資ではないかとの批判を回避できるという期待も、その背景にあった。この原研の動力試験炉計画の予算案は、産業界・学界等の反対に遭遇し成立が危ぶまれたが、一九五八年度予算で二四億七〇〇〇万円が認められた。

さて、英国炉受入れ主体の問題に話を戻すと、原研の撤退により受入れ主体の候補は、電源開発と電力系民間会社の二者択一、または両者の折衷にしぼられた。これをめぐって一九五七年七月から八月にかけて、政・官・財界の中枢を巻き込んだ激しい論争が展開された。原子力委員会は電力主役・電発脇役の共同事業にするという線で根回しを開始したが、国管論をかかげる政・官界の一部からの激しい抵抗に直面したのである。民営論の旗手は正力松太郎科学技術庁長官（原子力委員長）、国管論の旗手は河野一郎経済企画庁長官であった（両氏とも自由民主党鳩山派に属していた）。正力・河野両氏の間で直接および第三者を介して再三にわたり交渉がおこなわれ、これをジャーナリズムは「正力・河野論争」と呼んだ。この論争は八月末に調停され、九月三日に「実用発電炉の受入れ主体について」という閣議了解が成立した。その骨子は官民合同の「原子力発電株式会社」を設立し、政府（電源開発）二〇％、民間八〇％（電力九社四〇％、その他四〇％）の出資比率とするというものだった。これを受けて日本原子力発電株式会社（原電）が一九五七年一一月一日に誕生した。出資比率をみればわかるように民営論が実質的勝利を収めたのである。

ここにおいて、今日にいたるまでの日本の原子力開発利用の基本的な推進構造が固まった。日本の原子力開発は科学技術庁傘下の特殊法人を中心として始まったのだが、電力業界が商業用原子力発電事業の確立へ向けて乗り出したことにより、開発体制は急速に二元化への道をたどることとなったのである。この一九五七年末時点での分業体制は、電力・通産連合が商業発電用原子炉に関する業務、科学技術庁グループがその他すべての業務、という形になっており、科学技術庁グループが圧倒的に優位にあったが、電力・通産連合はその後、商業用原子力発電システムにかかわる業務を幅広く掌握するようになる。

ところで、前述の一九五六年一月の正力原子力委員長の商業炉早期導入発言を契機として主要電力会社は、メーカーとの密接な関係のもとに、原子力に関する調査研究を進めた。たとえば関西電力は五六年四月に原子力発電研究委員会(略称APT)を組織し、概念設計演習を開始した。それは内外から収集した資料を用いた机上演習であり、取りあげられた炉型の順序は第一段階としてコールダーホール改良型炉GGR(電気出力一五万kW)と加圧水型軽水炉PWR(電気出力一三万四〇〇〇kW)、第二段階として沸騰水型軽水炉BWR(電気出力一八万kW)、第三段階として重水炉HWR(Heavy Water Reactor、電気出力二〇万kW)、第四段階として有機材減速冷却型炉(電気出力二〇万kW)である。さらに関西電力では五七年九月、本店機構として原子力部(二課制)を設置した。

一方、東京電力も一九五五年一一月、社長室に原子力発電課を新設し、また五六年六月に東芝・日立の両グループと協力して東電原子力発電協同研究会(略称TAP)を組織した。それは東電と東芝グループによる第一部会と、東電と日立グループによる第二部会に分かれ、それぞれ概念設計演習を実施した。取りあげられた炉型の順序は第一段階として沸騰水型軽水炉BWR(電気出力一二万五〇〇〇kW)と加圧水型軽水炉PWR(電気出力一三万五〇〇〇kW)、第二段階としてコールダーホール改良型炉GGR(電気出力二五万kW)である。さらに第三段階に入ると大規模な実用軽水炉の総合調査に着手した。

ここで注目されるのは、電力会社が当初から技術導入路線を自明のものと考えていたことである。また概念設計演習の対象機種をみる限り、早くも五〇年代後半の時点で、東京電力が軽水炉を本命視し、関西電力もまた有望視していたという事実である。すでに発電用軽水炉導入の伏線は張られていたのである。

ここで科学界の動きについても、一瞥しておく。日本における原子力体制の整備はすでにみたように、政・官・財界主導の形で進んだが、科学者もまた顧問として重要な役割を演じた。初期において科学者として中心的役割を演じたのは物理学者であった。一九五〇年代までに核分裂研究は物理学の重要テーマではなくなり、工学的性格を強めていたが、日本の工学研究者は原子力研究への参入が遅れたので、核分裂に関する基礎知識をもつ物理学者が初期においては重宝がられたのである。もちろん彼らとて原子力工学に関する専門知識を十分にもっていたわけではなく、ありていにいえば教科書程度の知識しかもち合わせていなかったが、他にその役割を果たしうる集団はいなかった。

原子力利用準備調査会(一九五四年五月発足)には、関係閣僚五名と経団連会長に加え、学術会議の茅誠司と藤岡由夫の二名が任命されたが、両氏はいずれも物理学者であった。両氏はかつて中曽根代議士により、札束でホッペタを叩かれたといわれる本人であるが、それでも気分を害さずに進んで委員となった。こうして全委員の四分の一を物理学者が占めたのである。また原子力委員会(五六年一月発足)の初代委員は四名(常勤二名、非常勤二名)であったが、そのうち二名を科学者(物理学者)が占めている。すなわち藤岡由夫(常勤)と湯川秀樹(非常勤)である。また同じく原子力委員会の初代参与には伏見康治、菊池正士、嵯峨根遼吉の三名(全一五名中)が任命され、半年後には茅誠司も参与に加わった。

物理学者が早くから政府委員会の要職に就いたのに比べ、工学者の進出はやや遅れ、湯川秀樹初代委員の辞職にともなう兼重寛九郎委員の任命(五七年五月)により、最初の原子力委員を送り出すこととなった。ただし原子力委員会の参与および専門委員のレベルでは、当初から工学者がアドバイザーとして物理学者に準ずる地位を占めた。さらに原子力委員会は五七年度以降、多くのアドホックな専門部会を設置した。そこに多数の工学者が関与し、やがて工学者が主導的役割を演ずるようになったのである。確かに工学者は原子力研究解禁のときも、原子力予算出現のときも、ほとんど目立った動きをみせなかった。また原子力予算以前には、原子力研究に乗り出すことにあまり関心を示していなかった。しかし原子力予算が提出された一九五四年頃には、原子力研究は大体において物理学者の守備範囲ではなくなっていた。それに代わって工学者が専門家として中心的役割を果たすのは、当然のなりゆきだった。

こうして物理学者の凋落と工学者の台頭とが同時進行していった。しかし工学者といえども、日本の原子力研究をリードする機会をすでに失いかけていた。なぜなら当時の原子力研究は世界的にはすでに、巨費を投じて実用化をめざすプロジェクトを中軸とするものへと姿を変えており、政府機関や大企業を中心とした事業となっていたからである。学セクターの研究者は官・産セクターの推進するプロジェクトの周辺部において、地味なテーマを追求せざるをえなくなっていたのである。

ところで学セクターの原子力研究は、原子力予算の枠外で実施されることとなった。原子力基本法が制定されようとするとき、国立大学協会(矢内原忠雄会長)から国会への申入れがあり、「原子力委員会設置法第二条第三項の関係行政機関の原子力利用に関する経費には、大学における研究経費を含まないものとする」という付帯決議が衆参両院でつけられたからである。第二条第三項とは、

「関係行政機関の原子力利用に関する経費の見積り及び配分計画に関すること」をさす。この「矢内原原則」により原子力予算が大学研究室に直接支給される道は閉ざされ、大学関係の原子力研究は文部省所管として独立の予算枠によって支えられることとなった。こうして学セクターは、重大な制度的制約を背負わされ、文部省予算の枠内での研究を強いられた。もっとも大学関係者が委託研究・協同研究などの形で官庁系研究所（原研など）や民間企業とかかわりをもつことまで禁じられたわけではない。

なお原子力分野のインターディシプリナーな（多くの学問分野の研究者を糾合した）専門学会として「日本原子力学会」が発足したのは一九五九年であった。それは学術会議のイニシアチブでつくられたものである。五五年八月に発足した原子力特別委員会（略称＝力特委、伏見康治委員長）がその企画母体となった。専門学会は普通、その研究領域に関心をもつ研究者の内発的ネットワークから、自然発生的につくられるものであるが、原子力研究に関してはそのための諸条件が整っていないと力特委は判断し、みずから学会設立の推進者としての役割をつとめたのである。そのために力特委は「大学における原子力研究と原子力科学技術者の養成についてのシンポジウム」を開催し（五六年七月）、さらに三回にわたり「原子力シンポジウム」（第一回＝五七年一月、第二回＝五八年二月、第三回＝五九年二月）を開催した。そして第三回原子力シンポジウムが成功裡に幕を閉じた翌日の五九年二月一四日、創立総会開催にこぎつけたのである。その初代会長には茅誠司が選ばれた。

一方、人材養成に関しては、日本全国各地において原子力学科の新設がおこなわれた。それは学部レベルと大学院レベルの双方で進められた。原子力関係の学部・大学院講座の設置は五六年度（京大および東工大）から始まり、五九年度までに国立大学に新増設された原子力関係講座は、大学院課程七講座、学部課程四九講座に達した。最初に学部レベルの原子力学科を開設したのは京都大学で五八年度のことである（工学部原子核工学科）。一方、大学院レベルの専攻コースを開設したのは大阪大学、東京工業大学、京都大学の三機関で、学部レベルよりも早い五七年度のことである。

なお東京大学では五六年三月に原子力教育研究に関する委員会が矢内原忠雄総長の諮問機関として発足し、理・工・農・医の総力を結集した学部横断的な大学院レベルの原子力研究教育組織の構想を立てた。しかし工学部が独自に原子力工学科づくりに動き出し、他学部委員の反対を押し切って六〇年度にそれを発足させてしまった。これにより東京大学原子力総合大学院構想は自然消滅の形となった。さらに東京大学では四年後の六四年度から、工学系研究科に原子力工学専攻の大学院コースが開設され、ここに学部講座制本位の原子力人材養成コースが完成したのである。

5　原子炉技術に関する必要最小限の解説

ここで若干の紙面を使って、軽水炉や黒鉛減速ガス冷却炉などの原子炉関係の専門用語について、必要最小限の解説を加えておきたい。面倒くさいと思われる読者は、この節を読み飛ばされてもかまわない。

原子炉とは、制御された核反応を持続することができるよう、核燃料その他を配置した装置のことである。この定義は核分裂炉と核融合炉の双方にあてはまるが、以下、核分裂炉のみを考える。

原子炉の物理的機能は、大量の熱エネルギーと、中性子ビームを発生することである。そこから原子炉のさまざまな実用的機能が派生する。すなわち大量の熱エネルギーは、電力等の動力に転換することができる。また中性子ビームは、核燃料生産等に用いることができる。

核分裂炉の主要な構成要素は、①核燃料、②減速材、③冷却材の三つであり、この三つの要素の組み合わせ方に応じて、さまざまの炉型に分類することができる。その他の構成要素として、④制御棒、⑤反射体、⑥遮蔽材、⑦ブランケット、等がある。①〜③の入った原子炉の中心部を、炉心と呼んでいる。炉心は通常、がんじょうな容器のなかに閉じ込められている。

まず核燃料は、核分裂性物質(fissionable material)と、その同位体を主成分とする。代表的な核分裂性物質はウラン235(^{235}U)、プルトニウム239(^{239}Pu)、ウラン233(^{233}U)などである。核燃料は理論的には固体でも液体でもいいが、発電炉や船用炉などの動力炉(power reactor)に使われる核燃料としては、実際上は固体燃料のみを考えれば十分である。液体燃料は今まで、若干の研究炉で使われたにすぎない。固体燃料はさらに金属・合金燃料と、セラミック燃料に分けられる。動力炉では一部を除いてセラミック燃料が使用されている。セラミック燃料にも、酸化物燃料(UO_2等)、炭化物燃料(UC等)、窒化物燃料(UN等)等があるが、酸化物燃料以外は研究段階にある。こうしたセラミック燃料は通常、直径一センチメートル程度のペレット(小円柱)状に成形され、長さ数メートルの燃料棒のなかに収められている。動力炉では通常、燃料棒を数十本から数百本たばねて燃料集合体をつくる。その炉心内には通常、数百体の燃料集合体が収められる。

次に減速材は、核分裂によって生じた高速中性子(1MeVつまり10^{-13}ジュール程度の運動エネルギーを

図2　原子炉の代表的な炉型

中性子種	炉　型	減速材	冷却材	燃　料
熱中性子	軽水炉(LWR)加圧水型(PWR)	H_2O	H_2O	低濃縮ウラン
	軽水炉(LWR)沸騰水型(BWR)	H_2O	H_2O	低濃縮ウラン
	黒鉛減速ガス冷却炉(GGR)	C	CO_2	天然ウラン
	高温ガス炉(HTGR)	C	He	低濃縮ウラン
	黒鉛減速軽水冷却炉(RBMK)	C	H_2O	低濃縮ウラン
	重水炉(CANDU)	D_2O	D_2O	天然ウラン
	重水炉(ATR)	D_2O	H_2O	低濃縮ウラン
高速中性子	液体金属高速増殖炉(LMFBR)	なし	Na	MOX

もつ)を、熱中性子(常温気体分子と同等の運動エネルギーをもつ)にまで減速するための物質である。中性子減速の目的は、中性子の吸収断面積(核分裂性物質への吸収されやすさ)を増やすことである。減速材としては、中性子の速度を落とす減速能力がすぐれており、かつ中性子の吸収の少ない物質が望ましい。軽水(H_2O)、重水(D_2O)、黒鉛(C)などが好んで使用される。このうち軽水は最も減速能力が高いが、中性子の吸収が比較的大きいため、濃縮ウラン燃料と組み合わせなければ使用できない。重水および黒鉛は、天然ウラン燃料と組み合わせてもよい。

最後に冷却材は、核分裂によって生じた熱エネルギーを原子炉から取り出すための物質である。冷却材としては比熱が大きく、熱伝達能力がすぐれているとともに、中性子吸収の少ない物質が望ましい。また中性子の照射によって強い誘導放射能を帯びる性質のない物質が望ましい。よく使われる冷却材は軽水、重水、炭酸ガスなどである。なお高速増殖炉には、ナトリウム等の液体金属が用いられる。

代表的な原子炉の炉型と、その各々で用いられる核燃料、減速材、冷却材の三者の組み合わせについて、表をつくってみた（図2）。

以上のうち、二種類の軽水炉が、世界の発電用原子炉の設備容量のシェアの八〇％以上を占めている。とくに加圧水型軽水炉PWRのシェアは、軽水炉全体の約八〇％に達する。軽水炉以外の炉型は一部の地域でのみ使われるにとどまる。カナダの重水炉CANDU、英国の発展型黒鉛減速ガス冷却炉AGR、旧ソ連の黒鉛減速軽水冷却炉RBMKがそれにあたる。なおいうまでもなくRBMKは、チェルノブイリ原発事故で有名になったものである。原子力発電事業全体のなかで、どの炉型を基幹とし、それにどの炉型をミックスするかの方略を、「炉型戦略」と呼ぶ。大抵の国が全基軽水炉かもしくは軽水炉を基幹とする炉型戦略を採用している。

軽水炉LWRは、減速材と冷却材の双方に軽水を用いる原子炉である。軽水は炉心を通過する際、減速材と冷却材の役割を同時に果たす。軽水炉の主たる特徴は、①濃縮ウランを燃料とすること、②コンパクトで高出力の原子炉となること、③安価で性質のよい軽水を熱媒体とすることなどである。この軽水炉は加圧水型軽水炉PWR（Pressurized Water Reactor）と、沸騰水型軽水炉BWR（Boiling Water Reactor）の二つに大別される。

加圧水型軽水炉PWRの概念図を図3に示す。この加圧水型軽水炉では、炉心を回る冷却水（一次冷却水）を沸騰させないよう、約一五〇気圧の圧力をかける。一次冷却水は蒸気発生器を介して、二次冷却水に熱を伝えそれを沸騰させる。この水蒸気がタービンをまわして発電する。加圧水型軽水炉を最初に開発したのはアメリカであったが、当初の用途は発電用ではなく、潜水艦の動力用であった。コンパクトで高出力という特性が、潜水艦用エンジンとして高く評価されたのである。そ

図3　加圧水型（PWR＝上）と沸騰水型（BWR＝下）の概念図

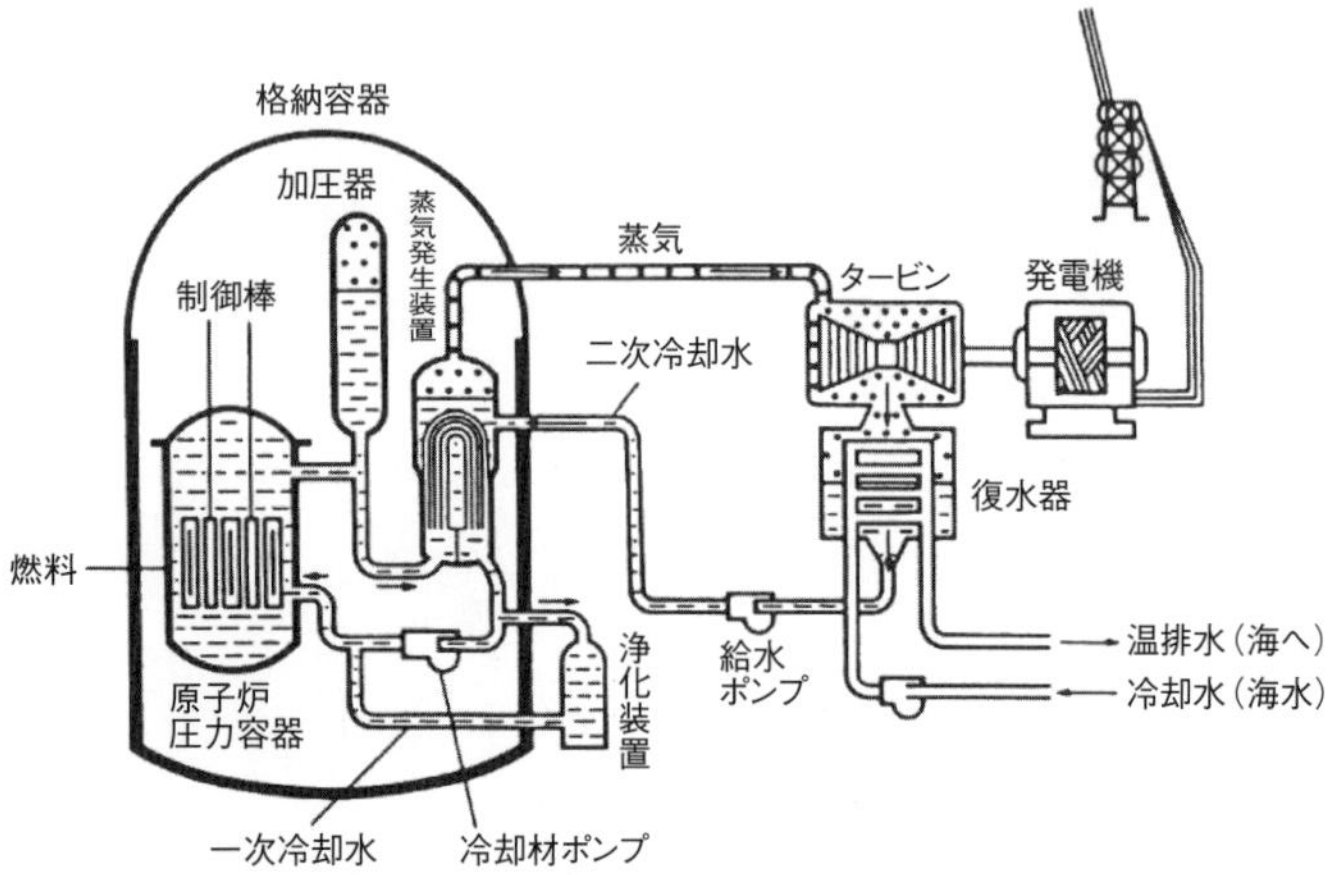

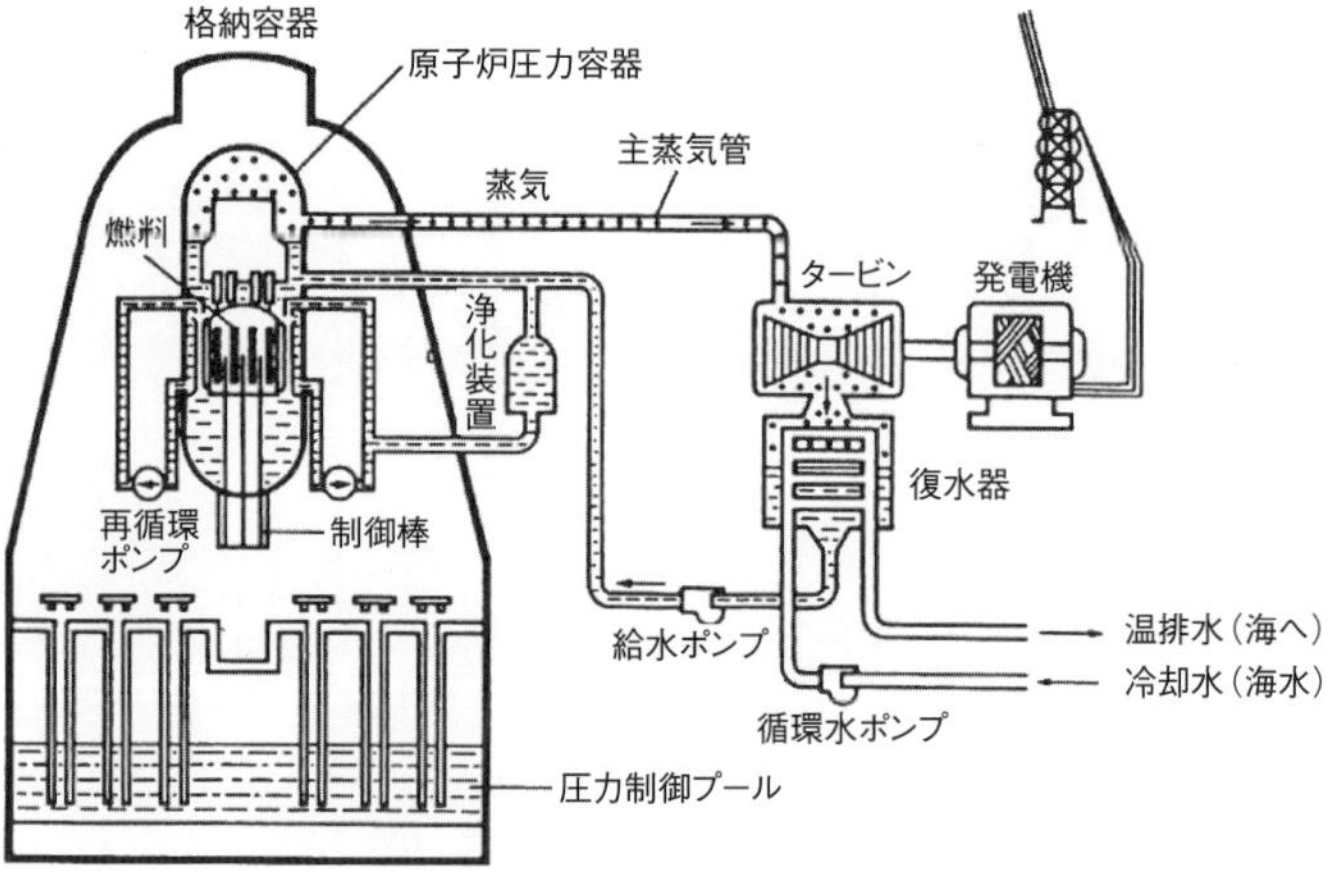

反原発出前のお店著『反原発、出前します！――高木仁三郎講義録』（七つ森書館）より

れが発電用原子炉にも転用されたのであるが、コンパクトで高出力という特性は、経済的にも有利な特性であり、それを最大の強みとして、加圧水型軽水炉ＰＷＲは世界の発電用原子炉の主流となったのである。ただし高圧水を使用するため配管の破断等による冷却材喪失事故には十分な注意が必要である。

もう一つのタイプである沸騰水型軽水炉ＢＷＲの概念図を、同じく**図3**に示す。それは炉心内で冷却水の沸騰が起こるよう、圧力を低め(約七〇気圧)におさえている。沸騰水型軽水炉では原子炉自身が蒸気発生器の役目を果たすので、蒸気発生器や二次冷却水供給系は不要である。こうした設計上の簡素化により、加圧水型と比べてコストダウンが期待されるが、その反面、軽水の減速能率が下がるため出力密度を落とさねばならない。さらに圧力容器内上部に気水分離器を組み込む必要があるため、原子炉圧力容器が巨大なものとなる。また気水分離器を通過できなかった液体の水を再び炉心に送り込むための再循環ポンプを設置する必要がある。それらにより加圧水型に対する経済的優位は相殺される。

ついでに軽水炉以外の炉型についても、ごく簡単に説明しておこう。黒鉛減速ガス冷却炉ＧＧＲ(Graphite-Gas Reactor)――またはＧＣＲ(Gas Cooling Reactor)ともいう――は、黒鉛(炭素)を減速材、二酸化炭素ガス等を冷却材とする。天然ウランを燃料とすることができるので、ウラン濃縮という複雑な工程なしに、容易に原爆材料プルトニウムを製造することができる。燃料棒を運転中に炉心から出し入れできることも、軍用プルトニウム生産炉として好都合である。英国ではまず軍用炉として開発され、のちに発電用も兼ねる軍民両用炉となった。このタイプの最初の原子炉が建設された場所の地名をとって、コールダーホール型とも呼ばれる。その後この技術の延長線上に、英国では濃縮ウランを用いた発展型ガス冷却炉ＡＧＲ(Advanced Gas Reactor)が実用化された。

重水炉ＨＷＲ(Heavy Water Reactor)は、減速材に重水、冷却材に重水または軽水を用いる原子炉である。黒鉛減速ガス冷却炉と同じく天然ウランを燃料とすることができるので、軍用プルトニウム生産炉としても好適である。重水炉の特徴は中性子の利用効率が高いことである。ただし軽水よりも重水のほうが減速能率が落ちるため、原子炉がやや大型化し、重水の製造コストの高さと相まって、経済性に難題をかかえる。カナダがおもな開発利用国であり、そこで開発された重水炉はＣＡＮＤＵ(Canadian Deuterium Uranium)炉と呼ばれる。日本の新型転換炉ＡＴＲ(Advanced Thermal Reactor)は、低濃縮ウランを燃料とする重水減速軽水冷却炉である。

高速増殖炉ＦＢＲ(Fast Breeder Reactor)――高速中性子を用いる増殖炉を意味する――は、燃焼した核分裂性プルトニウムの量を上まわる核分裂性プルトニウムを、燃焼過程において生成すること、つまり核燃料を増殖(breeding)することができる特殊な原子炉である。高速中性子は、核分裂断面積が小さい反面、一回の核分裂で多くの中性子を発生する。それがプルトニウムに吸収されれば、約三個またはそれ以上の中性子を一回の核分裂反応で発生させることができる。そうした性質を利用することにより、核燃料の増殖が可能となるのである。

通常の原子炉ではウラン資源の一％以下しか利用できないが、高速増殖炉では理論的にはその大半を利用でき、ウランは事実上無尽蔵のエネルギー源となる。したがって高速増殖炉は「夢の原子炉」と呼ばれ、原子炉開発の究極目標とみなされてきた。燃料には通常、ウラン・プルトニウムの混合酸化物燃料MOX（Mixed Oxide）を使い、冷却材に液体金属ナトリウムを使う。減速材は使わない。核燃料増殖のためには、ブランケットと呼ばれる天然ウランまたは劣化ウランを詰めた燃料棒状の構造物で炉心全体をおおう必要がある。技術的・経済的困難の大きさゆえに、開発が始まってから半世紀を経た今もなお実用化にいたっておらず、そのための大半の国が開発を断念している。

どのような炉型にせよ、商業発電用原子炉を開発する場合には、次の四段階の開発ステップが設定されるのが普通である。①実験炉（experimental reactor）、②原型炉（prototype reactor）、③実証炉（demonstration reactor）、④商用炉（commercial reactor）の四段階である。「実験炉」とは、特定の炉型の原子炉をつくり、そこで制御された核反応を持続させ、その原子炉の性質を調べるための小型炉をさす。「原型炉」とは、実用化をめざす商業炉と同じ炉型をもち、かつすべての機器・コンポーネントを完備した中型原子炉（電気出力二〇万〜四〇万kW程度）をさす。その成功により、当該の炉型の「技術的実証」が、完了することとなる。「実証炉」は、一九六〇年代末以降になって、新たに設定されるようになったステップである。その登場の背景には、発電用原子炉の一九六〇年代における急激な大型化がある。従来は原型炉と商用炉の出力上の格差は小さかったのであるが、それが三〜四倍に広がった。そこで実証炉というステップを新たに追加したのである。実証炉は商用炉と同程度の電気出力をもち、すべての機器・コンポーネントを完備する。それは一品生産品であるため、それ自体では必ずしも十分な経済競争力をもたないが、量産によるコストダウン効果を見込めば、十分な経済競争力をもつことが必要である。すなわち「経済的実証」が、実証炉の目的である。

6　炉型戦略における試行錯誤

原子炉技術の解説はこの程度で切りあげ、歴史の話をつづけよう。制度的な整備プロセスについてはすでに述べたので、次に具体的な原子力開発利用戦略の推移について、原子炉と核燃料に分けて、この節と次節で、それぞれ概観してみたい。

中曽根原子力予算が、アメリカの原子力政策転換のタイミングをみごとにとらえたものであったことはすでに述べたが、その目玉である原子炉築造費を使って、どのような炉型の原子炉を建設するかについては、まったくの白紙状態から検討が始められた。日米原子力研究協定の話がアメリカから打診される前、つまり一九五五年春頃までは、とりあえず国産研究炉をつくるというのが基本的な考え方であった。当時は濃縮ウラン取得は不可能と考えられていたので、通産省の原子力予算打合会は天然ウラン重水炉を最初の研究炉とする計画を立てた（五四年一二月）。黒鉛炉ではなく重水炉が選ばれたのは、重水炉は黒鉛炉よりもウラン所要量が少なくてすみ、さらに重水のほうが原子炉に必要な超高純度の黒鉛よりも国内生産が容易であると考えられたからである。この天然ウラン重水炉を将来的には実用炉へと育てていこうというのが、当時の多くの関係者の構想であったと思われる。

ところが降ってわいたようにアメリカから、濃縮ウラン付きの研究炉を提供してもよいという話が舞い込んできた。日本の炉型戦略はこれにより大きな影響を受けることとなった。一九五五年一〇月に原子力利用準備調査会が決定した「原子力研究開発計画」（日米原子力研究協定をふまえて五五年七月に原子力予算打合会がまとめた原案に沿ったもの）の骨子は次のとおりであった。そしてこの計画は原子力委員会によって五六年一月に承認されたのである。

(1) 一九五六年度に、ウォーターボイラー（WB）型研究炉（熱出力五〇kW）をアメリカから購入する。なおWB型とは、濃縮ウラン化合物水溶液を用いる均質炉をさす。

(2) 一九五七年度にCP5型研究炉をアメリカから購入する。なおCP5型は濃縮ウランを用いる重水炉であり、CPはシカゴ・パイルの略称である。

(3) 一九五八年度に天然ウラン重水炉（熱出力一万kW）を原研に設置する。これは国産で建設する。

これら三基の研究炉計画はそれぞれ、日本原子力研究所（原研）において、JRR1（五七年八月臨界）、JRR2（六〇年一〇月臨界）、JRR3（六二年九月臨界）として実現をみた。とくにJRR3は国産一号炉となった。なおJRRというのは、JAERI Research Reactor の略称、JAERIは、原研の英語名 Japan Atomic Energy Research Institute の略称である。

この開発戦略の最大の特徴は、日本で最初に建設する二基の研究炉が、濃縮ウランを用いたアメリカ製研究炉となっている点である。アメリカからの濃縮ウラン付きの研究炉購入の道が開けたので、国産重水炉の実用化をめざすという当初の構想が、右記のような方針へと急遽変更され、国産天然ウラン重水炉は、三号炉として建設されることに決定したのである。この計画では、最初の三基の研究炉の炉型以外のことは何も決められていなかったが、濃縮ウランの海外からの導入が可能になったことにより、将来の構想が一気に流動化したといってよい。

さらに一九五六年になると、英国製コールダーホール改良型炉の売り込みと、アメリカ製軽水炉の開発の着実な進展により、日本の炉型戦略のとりうる選択肢はさらに広がった。そうした状況のもとで、五六年一月に発足した原子力委員会は、原子力開発利用の全分野にまたがる包括的な長期計画の策定作業に入った。その結果、五六年九月六日に「内定」されたのが、「原子力開発利用長期基本計画」(五六長計)である。そこで示されたのは、増殖型動力炉の国産化を最終目標とする炉型戦略である。それにいたるまでの「つなぎ」として、民間による商用炉の輸入または国産の可能性が示唆されたが、炉型の指定はなされなかった。なおこの最初の長期計画は、あわただしくまとめられた総論編にあたり、ひきつづき動力炉、核燃料、科学技術者養成の三分野に関する各論編が作成される予定となっていた。しかし長期計画としてまとめられたのは、動力炉に関する各論だけであった。「発電用原子炉開発のための長期計画」がそれである(五七年一二月発表)。

この「発電用原子炉開発のための長期計画」で示された戦略は、五六長計のそれを基本的に踏襲したもので、国産増殖炉実用化を最終目標としているが、「つなぎ」としての導入炉の炉型についての記述が、大幅に具体的となっている。すなわちコールダーホール改良型を第一号の商業用発電炉としつつも、アメリカ製軽水炉の導入について前向きの姿勢をみせ、六〇年代後半にはむしろ軽水炉が、新規に運転を開始する商業用発電炉の主流になるだろうとの見通しを示している。ただし軽水炉もまた、日本原子力研究所(原研)を中心とする開発部隊による国産増殖炉実用化までの「つなぎ」とみなされている点が重要である。なお国内開発の対象としてあげられているのは増殖炉だけであるが、外国製の商用炉についても、原研や国立試験研究機関が国産化促進のための研究を、メーカーと一体となって推進するという方針が提唱されている。

原研による国産増殖炉開発は、次のような経過をたどった。原研がまず開発対象としたのは、熱中性子型増殖炉であり、五〇年代後半から開発が始まった。熱中性子による核分裂反応では一回あたりの中性子発生数が少ないため、増殖を実現することは相当に困難であるが、それでも設計上の工夫により増殖率が一を上回ることは可能であると考えられていた。もちろん増殖率が一を大幅に超える高速増殖炉FBRが増殖炉の本命であることは、世界における関係者の共通認識だったが、次に述べる技術的困難と資源的困難のため、日本ではまず熱中性子型増殖炉の開発が追求されたのである。

高速増殖炉の技術的困難について述べると、高速増殖炉はその物理的・工学的特性からみて非常に高水準の技術が要求され、またナトリウム取扱い技術など在来技術とは異質の技術も必要である。しかもそうした技術に関する情報が軍事機密の壁によってせき止められていた。高速増殖炉は、軍用プルトニウム生産炉として非常にすぐれた性質をもっていたからである。次に資源的困難についていえば、高速増殖炉の実験炉を運転するには、高濃縮ウランまたはプルトニウムを大量に炉心に装荷する必要があるが、それらはそのまま原爆材料に転用できるものであるため、事実上禁輸状態にあり、入手のめどが立たなかった。このように高速増殖炉は当時の日本人の手に届かない「夢の原子炉」であり、熱中性子型増殖炉のほうがはるかに現実的なターゲットだった。

原研では一九五七年から水均質炉AHR(Aqueous Homogeneous Reactor)の基礎研究が始められ、六一年には臨界実験装置が完成した。この水均質炉は濃縮ウランを用いた溶液均質型の炉心の周囲にトリウム溶液ブランケットをおいた二領域型の熱中性子型増殖炉で、アメリカのオークリッジ国立研究所のアイデアとノウハウにもとづくものであった。しかしオークリッジ研究所のプロジェクトが、燃料溶液の不安定性などの諸困難の露見により中止されたため、原研の水均質炉計画も凋落の道をたどった。

一方、半均質炉ＳＨＲ(Semi-Homogeneous Reactor)計画は、水均質炉計画よりもやや遅れて出発した。半均質炉とは二酸化ウラン(またはウランカーバイド)と黒鉛からなる半均質燃料に黒鉛のサヤをかぶせた固体燃料を用い、ヘリウムで冷却する二領域炉であり、固体トリウム・ブランケットを付設すれば増殖炉とすることも可能だとみなされていた。なお冷却材としてヘリウムの代わりに溶融ビスマスを用いる方式も、日本独自のアイデアとして提案され(西堀栄三郎原研理事による)、両方式の並行開発が進められることとなった。原研は五九年一二月、これを所内のプロジェクト研究に指定した。これは電気出力一万ｋＷ程度の実験炉建設を目標としていた点で、日本最初の増殖炉自主開発プロジェクトであった。この原研の計画に対して原子力委員会も積極的評価を与え、原子力開発利用長期計画(六一年二月)のなかで、半均質炉プロジェクトの強力な推進をとなえた。

ところが一九六一年度に入って、半均質炉計画は見直され始めた。原研は六一年一〇月に半均質炉評価委員会(菊池正士委員長)を設置し、六二年三月に報告書を提出させた。その内容は半均質炉計画に対して否定的なものであった。すなわち増殖炉志向とビスマス冷却方式の双方が否定され、ヘリウム冷却高温ガス炉ならば追究する意味はあるとされたが、その実験炉建設の是非に関する結論は見送られ、「原研全体の原子炉開発に関する基本方針の再検討をただちに開始する必要がある」との勧告がつけられた。半均質炉計画のもたつきは原研の内外からの批判を生み出した。そして原研のプロジェクト管理運営能力を疑問視するようになった原子力委員会は、それまで原研に事実上委任していた動力炉開発方針の立案作業を、みずからのイニシアチブでおこなう意思を固めたのである。

ところで原研の管理運営能力は、単に研究開発プロジェクトの実施に関してのみ、疑問視されたのではなかった。一九五九年六月以来ストライキが頻発し、とくに六三年一〇月の動力試験炉ＪＰＤＲ(Japan Power Demonstration Reactor)の運転開始直前のストライキを契機として、労使関係が極度に悪化したため、原研首脳陣の人事面での管理能力の欠如が、クローズアップされたのである。このように原研という組織自体が、政・官界の強い不信感にさらされた。そうした不信感の高まりを受けて六四年一月、衆議院科学技術振興対策特別委員会が、原子力政策小委員会(中曽根康弘委員長)を設置し、「原研問題」の調査に乗り出した。そして三カ月後の六四年四月、特別委員会は統一見解をまとめ、原研改革の基本方針を提示した。こうして「原研問題」はようやく収拾をみたが、それ以後原研は、政府系の原子力開発の中枢機関としての地位を剝奪され、研究所内の管理体制が大幅に強化された。こうして原研の熱中性子型増殖炉の開発計画は、完全な失敗に終わったのである。

ただし原研は、動力試験炉ＪＰＤＲの建設計画については、それを成功裡に進めることができた。ＪＰＤＲの購入は公開入札方式でおこなわれ、ゼネラル・エレクトリックＧＥ社の沸騰水型軽水炉ＢＷＲが選ばれた。ＪＰＤＲは電気出力一万二五〇〇ｋＷの小型炉であるが、発電設備をそなえた日本初の原子炉で、六三年八月に臨界を達成し、同年一〇月二六日に原子力発電に成功した。そしてこの日が閣議決定により「原子力の日」と定められた。原研のＪＰＤＲ導入において指導的役割を果たしたのは、原研理事の嵯峨根遼吉であった。このＪＰＤＲ計画は結果として、日本における軽水炉導入の伏線となった。

次に商用炉導入の動きに目を転ずると、日本原子力発電（原電）は、設立後間もなく訪英調査団（安川第五郎団長）を派遣した（一九五八年一月）。その目的はコールダーホール改良型炉の技術面・安全面・経済面についていっそうの検討を進めることと、原子炉購入の諸条件について英国政府およびメーカーと予備交渉をおこなうことであった。安川調査団報告は五八年四月二一日に発表され、これによりコールダーホール改良型炉導入が本決まりとなった。原電は引き続き英国政府およびメーカーとの協議を進め、英国ゼネラル・エレクトリック社ＧＥＣとの間に、技術援助契約および核燃料購入契約を締結した。なおそうした諸契約の法的枠組を整備するため日本政府は英国政府と原子力協定を締結した（五八年六月署名、一二月発効）。

発電所の立地地点に関して、原電は早くから茨城県東海村の原研敷地に隣接する国有林を候補地に定めた。東海発電所の原子炉設置許可および電気事業経営許可を原電が取得したのは五九年一二月で、六〇年一月に工事が始まった。東海発電所の初臨界は六五年五月四日、営業運転開始は六六年七月二五日である。これにより茨城県東海村は、原研のすべての研究炉と動力試験炉に加えて、日本最初の実用原子力発電炉をも擁する集中立地点となり、文字どおり日本の原子力開発利用のメッカとなった。

いかにして茨城県東海村が日本の原子力開発利用のメッカとなったかの経緯を簡単に整理すると、

その発端は財団法人日本原子力研究所(原研、五五年一一月発足、五六年六月特殊法人へ改組)の発足にさかのぼることができる。原研は発足間もない五五年一二月に土地選定委員会をつくり、神奈川県三浦半島武山地区への集中立地を第一順位、茨城県水戸地区への集中立地を第二順位とする報告書を原子力委員会に提出した。これを受けて原子力委員会は五六年二月一五日、武山を第一候補地として決定したが、そこには当時、米軍基地がおかれていたことから、防衛問題がらみの論争が閣内で起こり、合意成立が困難となった。そこで交通不便や環境整備の遅れ等の悪条件をも顧みず、第二候補地の水戸地区(東海村)への集中立地を、原子力委員会は五六年四月六日に決定したのである。

さて、日本原子力発電東海発電所の操業開始への道は「いばらの道」であった。何よりもまず、建設着工以前の段階から、コールダーホール改良型炉の数々の安全上の疑問点がクローズアップされ、東海発電所の立地条件(米軍水戸対地射爆撃場の隣接地である等)に対する疑問点がそれに重ね合わせられ、一九五〇年代末をピークに白熱した安全論争が起こったのである。その一つの背景には、五七年一〇月一〇日に英国ウィンズケール(従来の地名はセラフィールドだったが、戦後にウィンズケールへと改称され、八〇年代にまた昔の名前に戻った)で、黒鉛減速空気冷却型の軍用プルトニウム生産炉(コールダーホール改良型炉の源流をなす原子炉)が、炉心火災を発端とするメルトダウン事故を起こし、周囲に多量の放射能をまきちらしたという事情があった。

この安全論争でとくに重視されたのは、黒鉛ブロックを積みあげただけの炉心構造をもつコールダーホール改良型炉の耐震性の問題であったが、それ以外にも同型炉の正の反応度係数(温度係数)の問題など、さまざまの疑問が提起された。そうした批判論の急先鋒は素粒子論グループであった。

安全性論争が最高潮に達した五九年夏には原子力委員会主催のコールダーホール改良型原子炉に関する公聴会や、学術会議主催のコールダーホール改良型原子炉の安全性に関するシンポジウムが開かれ、安全性に関する厳しい批判が物理学者から相次いで出された。

安全論争の他にも、東海発電所の建設は困難に見舞われた。工事が始まってからも、炉心部の黒鉛材料の変更（英国製からフランス製へ）や、原子炉圧力容器材料の変更（英国製から日本製へ）という大きな変更がなされ、工事期間延長と建設費増大がもたらされた。最終的な総工費は設置許可申請書提出時（五九年三月）の見積額三四〇億円を大幅に上まわり、四八六億円となったのである。さらに臨界後の試運転中に数々の故障・トラブルが発生し、営業運転が大幅に遅れた。しかも六九年一二月からは英国で鋼材酸化問題がクローズアップされたため、東海発電所は定格電気出力一六万六〇〇〇ｋＷのフル出力運転を断念し、一三万二〇〇〇ｋＷないし一四万ｋＷの出力での運転を余儀なくされたのである。こうした多くの困難続発による信用喪失を、一つの大きな要因として、日本ではコールダーホール改良型炉は一基限りの導入に終わり、商用炉の第二号機以降はすべて軽水炉によって占められることとなった。

このように、制度化と試行錯誤の時代（一九五四～六五年）においては、商用炉の導入計画も、増殖炉の国内開発計画もともに難航を重ね、次の時代につながる成果を生み出すことができなかったといえる。

7　核燃料開発分野における試行錯誤

つぎに動力炉から核燃料へと話題を移し、草創期の開発利用計画について一瞥する。その当初の基本的考え方は、核物質アウタルキー（自給自足）の達成を最終目標とするというものだった。日本政府が核物質アウタルキーをめざした理由はいくつかある。第一に天然資源全般に関する近代日本に浸透したアウタルキー的発想がここでも基底的要因となったと思われる。第二にウランが貿易統制の厳しい戦略物資であることなどから、海外からの輸入に頼るのでは核物質の安定的確保は困難であるとみられていた。第三に日本は明治以降一九六〇年代まで慢性的な貿易赤字国であり、外貨節約が産業政策の金科玉条とされていた。そしてウラン自給率向上は外貨節約のきわめて有効な方策であった。もちろん草創期の日本は、核物質の全量を輸入せねばならなかったが、徐々にウラン自給率を高めること、そして最終的には完全自給を達成することが目標とされたのである。

原子力委員会の五六長計にはこう書かれている。「原子燃料については、極力国内における自給態勢を確立するものとする。このため、国内資源の探査および開発を積極的に行い、あわせて民間における探査および開発を奨励する。また、不足分については海外の資源を輸入し得るよう努力する。なお、将来わが国の実情に応じた燃料サイクルを確立するため、増殖炉、燃料要素再処理等の技術の向上を図る」。これをみると原子力委員会は核物質自給率向上のための主要な手段として、国内ウラン鉱開発と、増殖型核燃料サイクル確立によるウラン資源の有効利用の二つを、考えていたことがわかる。ウラン濃縮に関して五六長計が何も触れていないのは、軽水炉に代表される濃縮ウランを用いる炉型が、将来の発電炉の主流になるとは必ずしも考えられていなかったことによる。

さて、国内ウラン資源の探査および開発は、通産省工業技術院地質調査所ならびに原子燃料公社(原燃公社)によって進められた。地質調査所は最初の原子力予算が割りあてられた関係上、一九五四年度から地質学的調査を開始した。しかし五六年八月に原子燃料公社が創設されるや、原燃公社がウラン資源の探査および開発において、中心的役割を演ずるようになった。なお原燃公社発足とともに、地質調査所が概査、原燃が精査および企業化調査を担当するという縄張りがしかれた。

原子燃料公社は一九五〇~六〇年代を通して、その機関の中心業務としてウラン資源開発に取り組み、人形峠(鳥取・岡山県境)および東濃(岐阜県)の両地区を中心に、精査的探鉱を実施した(両地区とも、地質調査所が一九五五年および六二年に発見したものである)。しかし両地区とも品位および規模が貧弱なため経済性をもたないことがわかり、ウラン自給の見込みがなくなった。それとは対照的に、世界各地でウラン鉱開発が大きく前進したことにより、日本が大量のウランを安価かつ安定的に輸入できる見通しが、五〇年代末までに明るくなった。こうしてウラン自給論は雲散霧消をとげた。そして六〇年代以降、ウラン鉱は全量が輸入でまかなわれることとなった。そうした背景のもとで海外ウラン鉱開発——当時は「自主開発」という奇怪な名称で呼ばれたが、実質的には開発輸入を意味する。この用語法は一時下火になったが二一世紀に入ってから復活している——への関心が、政府および民間の双方で六〇年代後半より高まってくることとなった。

こうしたウラン資源をめぐる国内・国際情勢の変化は、原子力委員会の長期計画にも反映された。

五六長計ではウラン自給論が基調となっていたが、五八年一二月に発表された「核燃料開発に対する考え方」（長期計画の各論編に相当するものだが、年次と事業内容を明確にした計画の策定にいたらなかった）では、自給論のトーンは弱まり、ウランを精鉱の形で輸入して国内で精錬することにより外貨を節約するという方針が前面に出てくる。次の六一長計では、国内資源と海外資源を合わせて考えるという方針に変わり、さらにその次の六七長計では、積極的に海外ウラン資源確保の措置を講ずるという方針に転じた。それと相前後して政府および民間による「開発輸入」方式でのウラン資源確保策が追求され始めたのである。

ところで一九六〇年代には、もう一つの注目すべき動きとして、核物質の民有化が進展した。まず六一年九月には、天然ウランと劣化ウランの民有化が閣議了解により決定され、さらに六八年七月には、特殊核物質（プルトニウム、濃縮ウラン、使用済核燃料）の民間所有を、原子力委員会が決定した。これはアメリカにおける核燃料民有化の流れ、とりわけ六四年八月の核燃料民有化法成立に追随するものであった。これにより電力・通産連合は、核燃料開発利用に関する自律性を獲得したといえる。つまり原子力発電事業の拡大に応じて、それに必要な核物質を自由に調達する権限を獲得したのである。そして電力・通産連合は科学技術庁グループと比べて桁違いの量の核物質を取り扱う立場にあるため、それが日本全体の核燃料開発利用における存在感を高めることは不可避であった。これにより動力炉事業と同じく核燃料事業でも、電力・通産連合は科学技術庁グループの助力を得ずとも、独力で事業を進めていくことができるようになったのである。日本の原子力体制の二元構造は、核燃料民営化によって完成したといえる。

核燃料開発分野におけるこの時期の動きとして、もう一つ触れておかなくてはならないのが、核燃料再処理にかかわる動きである。核燃料再処理とは、原子炉から使用済核燃料を取り出したあと、それに含まれるプルトニウムと減損ウランを化学的に抽出し、それ以外の物質——核分裂生成物、超ウラン元素等——を高レベル放射性廃棄物として分離する工程をさす。この再処理によって初めて、原子炉内で生み出されたプルトニウムを資源として利用することが可能となる。

日本における核燃料再処理技術の開発利用の立ちあがりは、欧米諸国と比べてスローテンポであった。欧米では核兵器用プルトニウム生産計画の一環として、再処理技術の開発利用が早くから進められたが、日本では原子力発電事業の開始にうながされる形で、その関連事業として、再処理に関する政策的検討が始められた。そして商業用原子力発電所の建設計画が一九五〇年代末にスタートしたために、再処理工場建設計画もそれに呼応して、具体化されることとなったのである。

さて、一九五〇年代の日本の原子力計画においては、原子炉開発利用に比べて核燃料開発利用への関心は概して低かった。そして核燃料開発利用の諸分野のなかでも国内ウラン探鉱だけが精力的に進められてきた。したがって五〇年代には、核燃料再処理の実用化へ向けてのプログラムは策定されなかった。すなわち原子力委員会の初めての長期計画(五六長計)には、再処理事業を原子燃料公社(原燃公社)において集中的に実施し、また日本原子力研究所(原研)において基礎研究と小規模の中間試験をおこなう、という役割分担に関する記述が含まれているだけであった。また二年後の五八年一二月にその各論として発表された「核燃料開発に対する考え方」でも具体的な開発計画は示されず、「将来は使用済核燃料の再処理はわが国みずからの手でおこない、プルトニウムおよび減損ウランはふたたび核燃料として利用することを極力考慮すべきである」と述べられたにとどまる。

しかしその直後の一九五九年一月に原子力委員会に設置された再処理専門部会が、具体的検討を開始した。そして六〇年五月の再処理専門部会中間報告において、使用済核燃料を一日あたり三五〇キログラム程度、再処理する能力をもつパイロットプラントの建設が勧告された。これを受けて新しい原子力委員会の長期計画(六一年二月)のなかで、長期計画の前期一〇年間の後半(つまり一九六〇年代後半)に、パイロットプラントを原子燃料公社が建設するという方針が示されたのである。

ところがこの構想はほどなく撤回された。再処理専門部会(大山義年部会長)はその後、海外調査団派遣(六一年四月〜五月)を実施するなどして検討を重ねた結果、再処理技術はすでに実用段階に達したとの認識をもち、外国からの技術導入により実用規模の工場を建設すべきであるとの報告書を一九六二年四月、原子力委員会に提出したのである。再処理施設の規模としては〇・七〜一トン/日という数字が示され、六八年頃までに完成させるという目標年次が示された。これによって日本の再処理事業が技術導入路線を採用することが確定的となった。

さて、再処理専門部会の報告に沿って、原子力委員会は一九六四年六月、「使用済燃料の国内再処理とプルトニウム買上げ措置について」を発表した。そこでは〇・七トン/日(年間二一〇トン、ただしこれは年間三〇〇日の運転を前提とした数値)規模の再処理工場を、一九七〇年より稼動させるという方針が示された。しかし原子力委員会は、商業ベースで再処理事業を実施する自信がなかった。そこで建設資金は政府出資、プルトニウムは政府買上げという方針を提唱した。

だがこれに対して大蔵省が強い難色を示した。日本原電東海原子力発電所(日本初の商業用原子力発電所、コールダーホール改良型炉)の建設決定に際し「原子力発電は実用化の段階にある」という認識がとられた前例にてらし、原子力発電所に付設される再処理施設も実用施設であり、研究開発施設ではありえない、というのが財政当局の論理だった。やむなく原子力委員会はその論理を受け入れ、再処理工場を借入金で建設(ただし設計段階までは政府出資)し、プルトニウム買上げを断念することとした。それ以後の原燃公社およびその後裔にあたる動力炉・核燃料開発事業団(動燃)による工場設計と用地獲得の経緯については、第4章であらためて取りあげることとする。

そうした技術導入路線の推進と並行して、日本原子力研究所(原研)でも一九五七年頃から、さまざまの基礎研究と、再処理試験装置の開発研究が進められた。しかしたび重なる計画見直しに翻弄された結果、そのあゆみは遅々たるものとなった。原研の再処理試験施設がホット試験(使用済核燃料を用いた試験で、実際にプルトニウムが抽出される)にこぎつけたのは六八年三月のことであり、六九年三月までの一年にわたる試験期間中、合計二〇八グラムの精製プルトニウムが抽出されたにとどまる。このように、核燃料再処理計画の立ちあがりの時期において、国内開発のパイオニアとしての役割を果たしたのは原研であったが、その研究内容は実用化との関連のとぼしい小規模な実験研究にとどまり、プロジェクト運営に関しても安定性を欠くものだった。

第4章 テイクオフと諸問題噴出の時代（一九六六〜七九）

1 原子力発電事業のテイクオフ

日本の原子力開発利用体制は一九五七年末頃までに「二元体制」として確立されたが、前章でみたとおり、六〇年代前半までの具体的な開発利用事業は試行錯誤を重ね、その進展ペースは遅々たるものとなった。すなわち原子炉分野では、原研の熱中性子増殖炉開発計画が昏迷し、商業用発電炉第一号として英国から導入されたコールダーホール改良型炉も、商業炉としては技術的にも経済的にも非常に問題の多い原子炉であることが明らかになってきた。また核燃料分野でも、国内ウラン鉱開発は難航を重ね、全量輸入という方向へと次第に動いていった。そしてウラン鉱開発以外のプロジェクトはみな幼稚な水準にとどまっていた。

そうした停滞状態からの脱却が始まったのは、一九六〇年代半ばからである。ようやくこの時代に入って日本の原子力開発利用は、二元体制のどちらの陣営においても、実質的な進展をみせ始めるのである。この章ではそうした日本の原子力開発利用のテイクオフから、厳しい逆風下での上昇をへて、安定飛行状態に到達する一九八〇年頃までの時代を取り扱う。

この時代、電力・通産連合は、発電用軽水炉の建設を進めるとともに、原子力発電事業の着実な拡大を可能にするためのインフラストラクチャー整備に重点をおくようになる。次に科学技術庁グループも、動力炉自主開発ナショナル・プロジェクトの推進体制を確立し、新型転換炉ATR(Advanced Thermal Reactor)および高速増殖炉FBR(Fast Breeder Reactor)の開発に本格的に乗り出すとともに、核燃料関係でも再処理パイロットプラントの建設と、遠心分離法ウラン濃縮技術の開発に、精魂を傾けるようになるのである。ここで注目されるのは、どちらの陣営も一九六〇年代初頭までとってきた従来の路線を、大きく修正している点である。すなわち電力・通産連合は発電用原子炉の導入元を英国からアメリカへと改め、科学技術庁グループもまた、日本原子力研究所(原研)から、動力炉・核燃料開発事業団(動燃)へと、研究開発の主役を交代させたのである。

この節ではまず、電力・通産連合の一九七〇年代初頭までの動きを概観したい。一九六〇年代初頭までの原子力発電は世界的に閉塞状況にあった。原子力発電の将来に関して一九五〇年代前半に喧伝された楽観論は現実によって裏切られ、あまつさえ中東における大油田の相次ぐ発見により原子力発電は石油火力発電に圧倒されるかにみえた。

そうした閉塞状況を一気に打ち破ったのが、一九六〇年代半ばの世界的な軽水炉ブームの到来である。それに火をつけたのはアメリカの軽水炉メーカー、とりわけ沸騰水型軽水炉BWRメーカーのゼネラル・エレクトリックGE社である。同社は六三年に受注したオイスタークリーク原子力発電所（電気出力六〇万ｋＷ）を、初めて原子力委員会ＡＥＣからの補助金なしで建設することを決定したが、その際、電力会社にとって魅力的な原子力発電のコスト見積表と価格表を公表し、軽水炉がすでに石炭・石油火力と十分に対抗できると宣言したのである。ＧＥ社が提案した「ターンキー契約」（turnkey contract）方式もまた、電力会社にとって魅力的であった。それは契約時にメーカーが固定価格方式で受注をおこない、かつメーカーが試運転までの全工程に責任を負う方式であり、工期延長や建設費上昇による余分の出費を電力会社は免除される。また電力会社は技術面にタッチする必要もない。ターンキーには「牢番（看守）」と「完成品としてすぐ使用できる」の二つの意味があるが、電力会社はこの契約方式をとれば、メーカーの作業を見守っているだけでよい。ウェスチングハウスＷＨ社をはじめとする加圧水型軽水炉ＰＷＲメーカーも、ただちにこのＧＥ社のイニシアチブに追随した。

こうした魅力的な価格と契約方式ゆえに、アメリカの電力会社はもとより、ヨーロッパ諸国や日本の電力会社も、競って軽水炉導入に走った。こうして今日の軽水炉絶対優位時代の橋頭堡が築かれたのである。なお国際的には、一九六四年八月から九月にかけてジュネーブで開かれた第三回原子力平和利用国際会議が、アメリカのメーカーの軽水炉宣伝の恰好の舞台となり、多くの国の軽水炉導入の引き金となった。このジュネーブ会議は一九五五年に第一回が開かれ、三年後の五八年に第二回が開かれたが、その後の原子力ブーム冷却により三年ごとという当初のペースを保つことができず、六一年をパスして六四年に第三回が開かれたのであるが、それが原子力発電の商業的テイクオフの晴舞台となったのである。

日本の電力会社も、世界的なブームに追随して軽水炉導入をはかる方針を採用した。それと歩調を合わせて日本の電機メーカーも、アメリカからの技術導入体制を固め、通産省もまた原子力発電事業の円滑な推進のための基盤整備に乗り出すこととなった。こうして電力・通産連合は活気づいたのである。電力・通産連合が導入炉を英国製コールダーホール改良型炉から軽水炉へと乗り換えることには何の困難もなかった。前章で述べたように、日本の政府・電力業界・製造業界はもともと、黒鉛減速ガス冷却炉GGRを発電炉の本命とみなしていたわけではなく、早くから軽水炉の将来性に注目し、その導入のための準備を進めていたからである。

じっさい原子力委員会は二度目の原子力開発利用計画(六一年二月)のなかで、「わが国における実用規模の二号炉としては軽水炉が適当と考える。(中略)その将来性および内外の情勢からみて、この一〇年間にはわが国においても本型式炉が多数設置されるものと思われる」との見解を示していた。この時点で軽水炉はすでにコールダーホール改良型炉と対等以上の評価を国内で確立しており、時がたつにつれてその優位をますます固めていくのである。

アメリカの原子炉メーカーとの技術導入契約締結において、まず一歩先んじたのは、三菱原子力工業である。同社は従来からWH社と密接な提携関係を結んできた因縁上、加圧水型軽水炉PWRを製造するWH社との間に、原子炉に関する技術導入契約を結んだ(一九六一年)。また当時すでに、東芝と日立製作所もまた、やはり過去からの因縁上、沸騰水型軽水炉BWRを製造するGE社との、原子力分野での提携関係をめざしていたのである。東芝・日立両社とGEとの正式の技術導入契約締結は三菱から六年遅れて六七年となったが、それによってBWR導入が遅れたわけではない。

さて、商業用軽水炉導入を最初に決めたのは、すでに英国製改良型コールダーホール型炉の建設を進めていた日本原子力発電（原電）である。六一長計発表の一二日後、原電は取締役会で本州西部地域に軽水型式の第二発電所を建設することを決定した。同社はひきつづき用地選定作業を進め、地元の熱心な誘致を受けて福井県敦賀市に立地を決定した。さらに六三年五月の取締会で事業計画を決定した。

次の検討事項となったのは炉型の選定である。原電はGE社のBWRと、WH社のPWRのいずれかを選定する方針でのぞみ、予備検討をへた一九六五年一月、両社に見積書提出を求めた。原電は両社の見積書を技術面・経済面から検討し、「総合的経済評価」によって六五年九月、GE社のBWRを第一順位とすることに決定した。そして六六年五月、原電とGE社との間に原子炉設備購入契約が締結された。原電敦賀発電所は六九年末に完成し、七〇年三月から営業運転に入った。工事費は最終的には三九〇億円に達したが、これは東海発電所のコールダーホール改良型炉の総工費四八九億円の八〇％にあたる。なお敦賀発電所の電気出力は東海発電所の二・一五倍の三五・七万kWであり、コスト面での軽水炉の圧倒的優位が実証された（単位出力あたり二・七倍）。

一方、電力各社も一九六〇年代に入ると、原電とは独立に原子力発電所の建設構想を策定するようになった。六三年から六四年にかけて電力各社が発表した電力長期計画（一〇年先までのローリングプラン）のなかに、原子力発電所建設計画が相次いで盛り込まれたのである。しかし電力長期計画のなかで正式に公表される以前から、電力各社は原発建設計画を進めており、とくに東京電力と関西電力は六〇年代初頭から、用地の選定と買収を精力的におこなっていた。電力各社はその合同子会社の日本原電に原子力発電事業を一本化させるのではなく、各社ごとにみずから原発事業に乗り出したのである。その背景には高度経済成長の長期化による電力会社の財務基盤の強化があった。電力各社の原子力発電事業への進出により、日本原電の存在理由は不明確となったが、今日まで卸売原子力発電事業者として存続している。

電力各社のなかで軽水炉導入のトップ争いをしたのは関西電力と東京電力であり、それぞれWH社製加圧水型軽水炉PWR(電気出力三四万kW)と、GE社製沸騰水型軽水炉BWR(電気出力四六万kW)を採用することを、一九六六年四月および五月に決定した。関西電力がPWR、東京電力がBWRをそれぞれ選んだ理由は、両型式の原子炉の優劣の判断がつきがたい状況下で、両社とも従来からの企業系列にのっとった選択をしたことにある。「関西電力/三菱グループ/WH社」の系列と、「東京電力/東芝、日立/GE社」の系列がそれである。関西電力と東京電力はその後一貫してPWRとBWRを採用しつづけた。他の七つの電力会社はPWR採用会社(北海道電力、四国電力、九州電力)と、BWR採用会社(東北電力、中部電力、北陸電力、中国電力)に二分された。どの電力会社も二種類の軽水炉を同時に保有する選択をしなかった。

日本原電および電力各社の軽水炉は一九七〇年から続々と操業開始にこぎつけた。日本原電敦賀一号(七〇年三月)、関西電力美浜一号(七〇年一一月)、東京電力福島一号(七一年三月)、関西電力美浜二号(七二年七月)、中国電力島根一号(七四年三月)、東京電力福島二号(七四年七月)、関西電力高浜一号(七四年一一月)、九州電力玄海一号(七五年一〇月)、関西電力高浜二号(七五年一一月)、中部電力浜岡一号(七六年三月)、東京電力福島三号(七六年三月)、関西電力美浜三号(七六年一二月)、四国電力伊

方一号（七七年九月）、東京電力福島五号（七八年四月）、東京電力福島四号（七八年一〇月）、日本原電東海第二（七八年一一月）、中部電力浜岡二号（七八年一一月）、関西電力大飯《おおい》一号（七九年三月）、東京電力福島六号（七九年一〇月）、関西電力大飯二号（七九年一二月）の順で、一九七〇年代の一〇年間に合計二〇基（ＢＷＲ一一基、ＰＷＲ九基）もの商業用原子力発電炉が、次々と産声をあげたのである。年間二基のペースである。なお八〇年代以降は原子炉の大型化にともない年一・五基程度のペースとなったが、毎年の設備容量増加ペースは一五〇万ｋＷ程度を維持した。

ここで注目してほしいのは、二つの炉型の基数が拮抗している点である。こうした結果となった背景には、通産省が産業政策的見地から電力業界に要請して、二つの企業系列にほぼ平等に仕事が割りあてられるように、九電力会社をＰＷＲ採用会社グループとＢＷＲ採用会社グループに分割させたという事情があったと推定される。ちなみに二〇〇〇年末時点で日本において合計五一基の発電用軽水炉が運転中であったが、そのうちＢＷＲは二八基（東京電力一七基、中部電力四基、東北電力二基、中国電力二基、北陸電力一基、日本原電二基）、ＰＷＲは二三基（関西電力一一基、九州電力六基、北海道電力二基、四国電力三基、日本原電一基）である。やはりＢＷＲとＰＷＲの基数は拮抗している。

さて、初期の軽水炉は、アメリカのメーカーを主契約者としていた。東京電力の最初の発電用原子炉――東京電力福島原子力発電所一号機（福島一号）――は、ＧＥ社との間のターンキー契約にもとづいて建設された。ただし圧力容器製造や据付工事下請けなどを国内メーカーが担当したため、国産化率は五六％に達した。一方、関西電力の最初の発電炉――関西電力美浜原子力発電所一号機（美浜一号）――では、ＷＨ社と三菱原子力工業がともに主契約者となった。ＷＨ社は原子炉システムの一次系を、三菱原子力は二次系をそれぞれ担当した。PWRの二次系は火力発電所と同じシステムなので、国内メーカーの担当が可能となったのである。しかし国産化率は福島一号と同程度の六二%にとどまった。

その後、軽水炉の国産化過程は、次のような推移をたどることとなった。まず主契約者はアメリカのメーカーから日米メーカー共同へ、さらに日本メーカーへと移行した。それとともに国産化率は急上昇した。しかし軽水炉は初期の導入炉の五〇万kW級から、八〇万kW級へ、さらに一一〇万kW級へと大型化していった。そして大型化のたびに、その一号炉は日米メーカー共同の受注方式となり、国産化率はそのつど大幅にダウンしたのである。しかし一九八〇年代以降に操業開始した原子炉の国産化率は、おおむね九九%に達している(九〇年代から導入された大型の改良型軽水炉では国産化率が一時落ちたが、二〇〇〇年代から九〇%台にもちなおした)。

2　動力炉・核燃料開発事業団(動燃)の発足

次に科学技術庁グループの七〇年代初頭までの動きを概観してみよう。まず動力炉開発についてみると、科学技術庁グループの取り組みが本格化するのは、一九六〇年代半ばのことである。その端緒を開いた出来事は、原子力委員会における動力炉開発懇談会の設置(一九六四年一〇月)である。これを契機として原子力委員会は、従来までの原研への事実上の委任という方式に見切りをつけ、自らのイニシアチブによる動力炉開発方針の策定に乗り出したのである。その最終報告は六六年三月に「動力炉開発の進め方について(案)」として提出された。

それを受けて原子力委員会は六六年五月、「動力炉開発の基本方針について」を発表した。そこにおいて高速増殖炉FBRと新型転換炉ATRの二元的開発戦略が示され、また新型転換炉の炉型として、重水減速沸騰軽水冷却型炉が指定された。ここでひとこと補足しておくと新型転換炉という概念は六〇年代初頭にアメリカで普及したもので、在来型の商業用発電炉よりもすぐれた特性をもつ原子炉を総称する概念であった。したがって一口に新型転換炉といっても、多くの炉型がその候補となりえたのである。ただし原子力委員会の基本方針の決定後、日本では新型転換炉という言葉は重水減速沸騰軽水冷却型炉をさす言葉として使われるのが通例となった。

この原子力委員会の基本方針においては、高速増殖炉FBRではまず実験炉を建設し、新型転換炉ATRでは在来炉型とのギャップが小さいという理由により、実験炉を省略して原型炉から建設することとされた。なお「動力炉開発の基本方針について」には、高速増殖炉および新型転換炉の開発スケジュールが、次のように明記されていた。まず高速増殖炉FBRでは、実験炉を一九七二年度に完成させ、その四年後の七六年度に原型炉を完成させる。また新型転換炉ATRでは、原型炉を一九七四年度に完成させる。このタイムスケジュールは二年後に原子力委員会が発表した「動力炉・核燃料開発事業団の動力炉開発業務に関する基本方針」(六八年三月決定)でも変更されていない。そのおもな改正点は、FBR原型炉の電気出力二〇万~三〇万kW、ATR原型炉の電気出力二〇万kWという具体的数字があげられた点のみである。

また原子力委員会は動力炉自主開発の開発主体として、新たな特殊法人を一九六七年度をめどに設立する構想を示し、その設立へ向けての努力を開始した。しかし「動力炉開発事業団」の新設という当初の方針は、六七年度予算編成に際し特殊法人の新設は認めないとの閣議決定の壁に阻まれた。そこで原子力委員会は、原子燃料公社を廃止しこれを吸収合併する形で新法人「動力炉・核燃料開発事業団」(動燃)を設立する方針へと転換をはかることとなった。動燃事業団法は六七年七月衆参両院において可決された。その際、自民・社会・民社・公明の四党共同提案による「付帯決議」がなされた。その第一項は「動力炉及び核燃料の開発並びに原子力産業の樹立は、エネルギー政策の推進、科学技術の振興等の見地から、国家的にきわめて重要な課題である。よって、政府はこれを重要国策として経済の変動等に左右されることなく長期にわたり、強力に推進すべきである」というものである。この付帯決議は六〇年代後半の時点で原子力開発推進が政治家の間で挙国一致のコンセンサスだったことを物語る(日本社会党が反対に回るのは七〇年代初頭である)。

動燃が正式に発足したのは事業団法可決から三カ月後の一九六七年一〇月二日である。それ以来、核燃料サイクル開発機構へと改組(九八年一〇月一日)されるまでの三一年間にわたり、動燃は政府系の原子力開発の中枢機関として君臨しつづけた。原子燃料公社の吸収合併という設立時の事情から動燃は、動力炉開発のみならず核燃料開発をも一元的に統轄する強力な機関となったのである。

ここで、動燃を中心として進められることとなったナショナル・プロジェクト運営の基本方式について説明しておく。それは一九六七年一二月に改訂された原子力委員会の新しい原子力開発利用長期計画(六七長計)のなかで定式化されたものであり、次の三つの骨子からなるものだった。第一はナショナル・プロジェクト方式の創設、第二はタイムテーブル方式の採用、第三はチェック・アンド・レビュー制度の導入である。この三者は一体のものである。

すなわちナショナル・プロジェクトとは、開発の目標および期間を明確に定めたうえで巨額の国家資金を投入するプロジェクトであり、タイムテーブル方式を必然的にともなうものである。タイムテーブル方式というのは筆者の用語であるが、そこでは商業化(または実用化)までにクリアしなければならないハードルを段階的に設定し、それぞれのハードルをクリアすべき時期を明確に定めた計画表にしたがって、プロジェクトが進められる。そして一つのハードルをクリアするごとに、それまでの実績や海外の動向をふまえ、次に乗り越えるべきハードルの内容と達成目標時期を見直す(将来性がないと判断されれば、計画自体の中止もありうる)というのがチェック・アンド・レビュー制度の趣旨である。動力炉に関してはその商業化(または実用化)にいたるまでのハードルとして、実験炉、原型炉、商用炉の三段階が設定された(ただし原型炉と商用炉の中間ハードルとして実証炉を加え、全部で四段階とする可能性も、六七長計のなかで示唆されており、実際にもそのようになった)。

右記の基本方針と開発方式にもとづき動燃は、高速増殖炉実験炉常陽(熱出力五万kW、のちに一〇万kW)と、新型転換炉原型炉ふげん(電気出力一六・五万kW)の設計・建設作業に着手した。そして一九七〇年代は、この二つの原子炉建設計画の実行の時期にあたる。FBR実験炉常陽は一九七〇年三月に建設工事が始まり、七七年六月に初臨界に達した。またATR原型炉ふげんは一九七〇年一二月に建設工事が始まり、七八年三月に臨界に達し、七九年三月より本格運転に入った。これらの数字は当初計画から五年の遅れを意味していた。

次に核燃料開発の動きについて概観する。動燃は一九六七年一〇月二日の発足と同時に、原子燃料公社(原燃公社)のすべての業務を引きついだ。ところで解散当時の原燃公社の業務の基幹となっていたのは、ウラン鉱開発および燃料製造技術開発という現業的な業務であり、先端的な研究開発プロジェクトとは縁が薄かった。核燃料再処理にしても当初は、フランスからの技術導入によりパイロットプラントを建設・運転するという現業的性格の業務であると考えられていた。ところが動燃という新機関に組み入れられることにより、核燃料事業は次第に研究開発的な要素を強めるようになった。最初のうち核燃料部門は、先端的プロジェクトを推進する動力炉部門に対して予算面でも威信面でも大差をつけられていたが、七〇年代に入ってからビッグプロジェクト推進体制を整備し始めたのである。その大黒柱となったのは、核燃料再処理とウラン濃縮の二つである。そこでこの節ではこの二つのプロジェクトについて、動燃における草創期の動きを概観しておく。

まず核燃料再処理については、前章でみたように一九六〇年代半ばまでに、実用規模の再処理工場(パイロットプラントではない)を原燃公社が技術導入にもとづいて建設する計画が固まった。六〇年代後半から七〇年代初頭にかけての再処理計画は、原燃公社およびその後裔にあたる動燃による、工場設計委託活動と用地獲得活動に終始したといえる。まず工場設計委託活動に関して、原燃公社は六三年一〇月、イギリスのニュークリア・ケミカルプラントNCP社との間に予備設計に関する契約を締結した。この予備設計は六四年末にまとめられた。ついで原燃公社は六四年八月より、詳細設計の海外委託の準備作業に着手した。見積書を提出した二社――NCP社およびフランスのサン・ゴバン・ヌクレール(SGN)社――のなかから原燃公社が選んだのはSGN社であり、同社との設計契約が締結されたのは六六年二月である。この詳細設計の進行中に原燃公社は廃止され、その業務は全面的に動燃に引きつがれた。SGN社の詳細設計の完成は六九年一月である。引きつづき動燃は建設準備作業に入り、七〇年一二月にSGN社および下請会社である日揮(日本揮発油)と建設契約を締結した。このように工場設計委託作業はおおむね順調に進んだ。

それに対し立地準備作業のほうは難航した。原燃公社の事業所は茨城県東海村におかれていたので、再処理工場もそこに建設されることとなった。一九六四年九月に原燃公社から茨城県および東海村に対して正式の申入れがなされた。しかし茨城県議会は同年一二月に反対決議をおこなったのである。最大の反対理由は、米軍水戸対地射爆撃場に隣接する場所に、再処理工場を建設することの安全上の問題点であった。県議会につづき東海村に隣接する勝田市(六五年一月、六七年六月)および日立市(六八年九月)でも市議会の設置反対決議が可決された。さらに茨城県漁業協同組合連合会(茨城県漁連)も二度にわたり反対表明をおこなった(六六年八月、六八年二月)。こうして地元合意問題は難航したが、政府が六九年九月、水戸射爆撃場移転を三〜四年内に実現するとの閣議決定をおこなったことで、打開の道が開かれ(じっさいの返還は七三年三月)、七〇年四月から五月にかけての茨城県知事と科学技術庁との間の交渉で合意が成立した。こうして七一年六月に、東海再処理工場は着工にいたったのである(ただしその後も県漁連の根強い反対が、七四年六月の海中放出管設置同意までつづいた。ようやく七四年一一月に動燃と県漁連の間で漁業補償契約が締結され、ここに立地紛争は終局を迎えた)。

次にウラン濃縮開発の初期の動きをみてみよう。日本のウラン濃縮研究のパイオニアは理化学研究所(理研)であった。理研は敗戦前から「二号研究」の一環として、熱拡散法を用いた研究を進めていたのである。戦後にウラン濃縮研究を再開したのは、なぜか同じ理研であった。理研コンツェルンの解体により理研は昔日の栄光を失い、一九五六年より科学技術庁傘下の特殊法人の一つとなっていたが、そこで東京工業大学の大山義年(理研主任研究員を併任)の提案により、ガス遠心分離器(一・二号機)の試作研究が一九五九年度より開始されたのである(ただし大山は、戦争中の二号研究に関与していないので、人的レベルでの継承性はない)。しかしこのプロジェクトは一九六一年二月の原子力委員会の長期計画により、原子燃料公社に移管されることが決まり、六四年より二台の遠心分離器を用いたアルゴン同位体分離試験が、原子燃料公社で始まった。引きつづきウラン試験用の三・四号機の基本設計が進められ、前者は六七年度より予算がついた。

ところがその建設に難航中の一九六九年三月、かつて原燃公社にみずからの遠心分離法プロジェクトを召上げられた理研が、今度はガス拡散法を用いたウラン濃縮実験に成功した。理研では一九六七年度より、菊池正士・中根良平の二人を中心にガス拡散法実験を始めており、原子燃料公社に一矢を報いたのである。こうして原燃公社と理研との間で、ウラン濃縮開発をめぐる競争関係が生じることとなった。

さて、以上の背景を念頭において、原子力開発ナショナル・プロジェクトとしてのウラン濃縮開発計画の形成について述べることとする。政府が濃縮ウラン問題を重要視するようになるのは、一九六〇年代後半に入ってからである。電力会社が相次いで軽水炉導入に走ったことにより、濃縮ウランの安定供給対策が必要となったからである。政府が考えていた主な対策は購入契約の拡大であったが、国内研究開発を土台とした濃縮ウラン国内生産も、将来おこなう可能性のある対策として位置づけられた。原子力委員会の六七長計には、「将来、濃縮ウランの国内生産を行なうことも考えられるので、これに備えて必要な研究開発を行なうものとする」と記された。

この濃縮ウラン問題は、一九六〇年代末になって風雲急を告げ始めた。原子力発電ブーム到来により、世界的に濃縮ウランの供給不安が高まり、そのなかでヨーロッパ諸国がみずから、ウラン濃縮事業に進出しようとする動きが表面化したからである。その結果として最終的にヨーロッパには二つの国際共同事業が発足する運びとなった。ユーロディフＥＵＲＯＤＩＦ社と、ウレンコＵＲＥＮＣＯ社である。前者はフランスの主導権のもとでイタリア、ベルギー、スペイン、イランの資本参加を得て一九七四年に設立されたもので、フランスのトリカスタンに大型のガス拡散法のウラン濃縮工場を建設した。後者はオランダ、ドイツ、英国の三国によって一九七一年に設立されたもので、三国にそれぞれ遠心分離法のウラン濃縮工場を建設した。

こうした世界情勢の急変を受けて、原子力委員会は濃縮ウラン確保のための総合対策の具体化に乗り出した。そしてその一環としての研究開発政策を具体化すべく、ウラン濃縮研究懇談会（山田大三郎座長）を一九六九年五月に設置し、わずか三カ月で報告をまとめさせたのである。その報告を受けて原子力委員会は、ウラン濃縮研究開発基本計画を決定した。それは一九七〇年度から七二年度までの三年間、ガス拡散法と遠心分離法の双方について、前者については理研および原研に、後者については動燃に研究開発を進めさせる計画であった。原子力委員会の考えは、両方の方式のプロジェクトの研究成果を比較し、かつ国際情勢をにらんで、どちらかの方式を採用するというものだった。

その二者択一の作業を担当したのは、原子力委員会が一九七二年一月に設置を決定した、新しいウラン濃縮技術開発懇談会（武藤俊之助座長）である。そして同懇談会の中間報告（七二年八月）を受けて同月、原子力委員会はウラン濃縮の研究開発に関する基本方針を決定した。その骨子は遠心分離法の強力な推進と、ガス拡散法の基礎研究の継続である。遠心分離法については一九八五年までに、日本において国際競争力のあるウラン濃縮工場を稼動させることが目標として掲げられ、そのパイロットプラント運転開始までの研究開発を、動燃を中心に、原子力特別開発計画（ナショナル・プロジェクト）として強力に推進すべきことが提言された。具体的な研究開発基本計画は、一九七二年一〇月に発表されたウラン濃縮技術開発懇談会の最終報告に示された。そこでは第一段階として遠心分離器開発やカスケード試験（多数の遠心分離器を直列・並列に連結させたシステムを組みあげておこなう試験）などを実施し、それに関するチェック・アンド・レビューを原子力委員会がおこなったうえで、第二段階としてパイロットプラント建設とその総合試験をおこなうことが定められた。

ここで一つ補足しておくと、政府と電力業界は必ずしも国内開発路線に固執していたわけではなく、国際共同事業への参加についても、その可能性を模索していた。すなわち原子力委員会は一九七二年一月、国際濃縮計画懇談会を設置した。また電力業界も七二年三月、電力中央研究所内にウラン濃縮事業調査会を発足させた。この国際共同事業には電力業界のほうが前向きであったといわれる。調査会はヨーロッパの二つのウラン濃縮グループへの参加の可能性について検討するとともに、アメリカとの共同事業の可能性についても交渉をおこなった。だがウラン濃縮国際共同プロジェクトへの日本の参加は、結果的には実現しなかった。こうして日本は単独でウラン濃縮開発を進めることとなった。インド核実験以後、核不拡散の観点からの機微核技術ＳＮＴ規制強化の動きが強まったが、日本のウラン濃縮開発はその直前にスタートした既得権だった。またアメリカが強圧的姿勢に出た場合、日本の核不拡散条約NPT批准への影響も懸念された。

3 核燃料サイクル技術に関する必要最小限の解説

ここで若干の紙面を使って、核燃料サイクル関係の専門用語について、必要最小限の解説を加えておきたい。面倒くさいと思われる読者は、前章でおこなった原子炉関係の用語解説と同様に、読み飛ばしていただいてもかまわない。

核燃料サイクルとは、核燃料の採鉱から廃棄までの全工程を包括的に表現する言葉である。ここで「サイクル」という言葉には、核燃料の循環的再利用の含蓄が込められているが、現在の原子力工学の用語法では、循環的再利用のいかんにかかわらず、核燃料の揺籃《ゆりかご》から墓場までの流れを、核燃料サイクルと呼んでいる。「核燃料サイクル」は、さまざまのタイプがあるが、大きくワンススルー(once-through)方式(一回限りで核燃料を使い捨てにする方式)と、リサイクル方式に分けられる。後者の方式を実施するためには、使用済核燃料の再処理が不可欠である。さらにリサイクル方式は、軽水炉等の非増殖炉を用いるタイプと、高速増殖炉を用いるタイプとに分けられる。前者では、核燃料の有効利用率が最大限数十％ほど高まるにすぎないが、後者では最大限数十倍(つまり数千％)となる。したがってウラン資源有効利用の見地からは、高速増殖炉を用いるリサイクル方式が、理想的な核燃料サイクル方式である。

もちろん総合的にみてどの方式がベストであるかについては、思慮深い検討が必要である。一九七〇年代初頭までは世界の原子力関係者の間で、プルトニウムを高速増殖炉で循環的に拡大再生産する高速増殖炉システムが最終目標であるという共通認識が存在したが、現在ではこのシステムは実現不可能であると多くの関係者が考えるようになっており、ワンススルー方式か、それとも非増殖炉リサイクル方式(ほとんどの場合、軽水炉リサイクル方式)かという二者択一が、多くの国で政策上の争点となっている。

高速増殖炉方式の核燃料サイクルの模式図を**図4**下に示した。他の二つの方式も**図4**を変形することによって表現することができる。すなわちワンススルー方式では、発電後に取り出された使用済核燃料を冷却し、それをそのまま金属製キャスクに詰めて処分場に送る。また軽水炉リサイクル方式では、再処理によってできたプルトニウムをウラン・プルトニウム混合核燃料(MOX燃料)にするまでは**図4**下と同じだが、それを軽水炉用の核燃料集合体とする点が異なる。

さて、核燃料サイクルは、アップストリーム(またはフロントエンド)と、ダウンストリーム(またはバックエンド)の二つの部分に便宜的に分けられる。上流・下流という表現は石油業界用語を転用したものである。アップストリームはウラン鉱石を掘り出してからさまざまの処理を加えた末に原子炉に核燃料を装荷するまでの一連の工程をさす。またダウンストリームは原子炉から使用済核燃料を取り出してから最終的に廃棄するまでの一連の工程をさす。核燃料が原子炉内にある状態はどちらのストリームにも属さない。

アップストリームの主要工程をつぎに列挙する。

図4　高速増殖炉と軽水炉の核燃料サイクル模式図

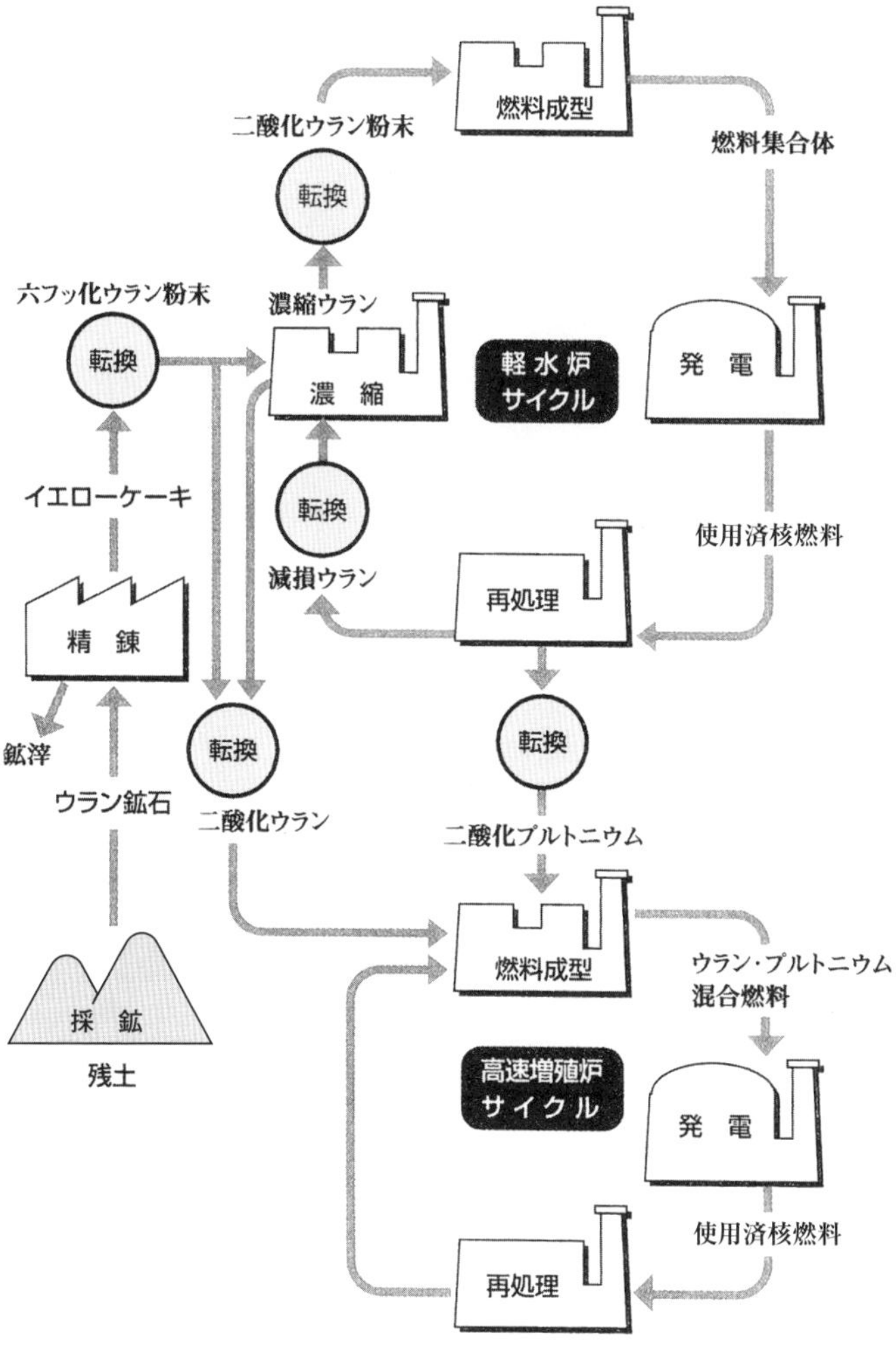

原子力資料情報室編『原子力市民年鑑98』（七つ森書館）を一部修正

(1)採鉱　ウラン鉱山から、天然ウラン鉱石（UO_2とUO_3の混合物）を掘り出す。その際、ウラン鉱石に含まれるラドンの放射線防護をおこなう。

(2)精錬　ウラン鉱石から、イエローケーキ（U_3O_8）を製錬する。イエローケーキのウラン含有量（U_3O_8換算）は、七〇％程度である。それをさらに精錬し、高純度の二酸化ウランとする。

(3)転換　ウラン濃縮工程に入れるためにはこの二酸化ウランを気体状態にする必要がある。六フッ化ウラン（UF_6）のみが、常温常圧（一気圧、五六・四℃）において気体状態のウラン化合物である（天然ウランを用いる原子炉では、(3)から(6)の工程は不要である）。

(4)濃縮　六フッ化ウランを、さまざまの方法で処理することにより、濃縮ウランをつくり出す。

(5)再転換　ウラン濃縮後、六フッ化ウランを再び元の二酸化ウラン（UO_2）に戻す。

(6)成形加工　二酸化ウラン粉末に結合材を加えてプレス成形し、その圧縮体を一五〇〇～一七〇〇℃で焼結し、ペレットを製造する。

(7)燃料集合体製造　ペレットを、被覆材によってつくられた中空の棒に詰め込み、核燃料棒とする。軽水炉の被覆材にはジルカロイ（ジルコニウム合金）が使われる。ステンレスは中性子を吸収しやすいので使わない。核燃料棒を八×八、一七×一七のように束ねて、核燃料集合体とする。

(8)炉心への装荷　新品の燃料集合体はまず外周部に装荷する。次の核燃料交換時に、やや中心部に近いところに移し、最後に中央部にもってくる。

ダウンストリームの主要工程を次に列挙する。

(9)取出し　使用済核燃料を炉心から取り出し、水中を移送して貯蔵プールに入れる。貯蔵プールは通常、原子炉建屋の内部にある。

⑽冷却・貯蔵　少なくとも数カ月の期間をかけて、比較的半減期の短い核分裂生成物を自然消滅させ、放射能レベルを減衰させる。

⑾再処理　使用済核燃料の主成分は減損ウラン、プルトニウム、核分裂生成物等(いわゆる死の灰)の三者であり、これを化学的に分離する工程が再処理である。

⑿廃棄物貯蔵・処分　放射性廃棄物は、核燃料サイクルのすべての工程から発生する。それは気体・液体・固体に分かれるが、気体・液体のものは固体化したり固体に吸着させたりする。また希釈放出することもある。固体廃棄物は、放射能レベルの違いに応じて、高レベルと中低レベルの二種類に分けられる。高レベル廃棄物の処分はやっかいである。

ある工程と次の工程の間は、大抵の場合、輸送をおこなう必要がある。またその前後に一時貯蔵もおこなわなくてはならない。

以上の諸工程のうち、アップストリームにおけるウラン濃縮と、ダウンストリームにおける核燃料再処理が、核燃料サイクル技術の双璧をなす基幹技術とみなされる。なぜならそれらはハイテクの粋を集めた大型施設を必要とするのみならず、核兵器製造とも密接に関係するからである。またこの二つの基幹技術とは別の意味で、高レベル放射性廃棄物処分技術も重要である。なぜならそれに含まれる放射能はなかなか減衰せず、人類史的な長期間にわたって環境負荷をおよぼすリスクが持続するからである。それゆえこれを第三の基幹技術とみなすこともできる。

まずウラン濃縮技術について簡単に解説してみたい。ウラン濃縮法には多くの種類があるが、ほとんどのものは同一の工程（濃縮ユニット）を何度もくり返すことにより、必要な濃縮度（ウラン同位体のなかのウラン235の含有率）のウランを得る方法である（もちろんウラン以外の元素についても同じ考え方が適用できる。たとえばプルトウニム239の含有率を高める技術を、プルトニウム濃縮技術と呼ぶことができる）。一つ一つの濃縮ユニットを段と呼び、くり返し数を段数と呼ぶ。同一の操作を何段もくり返して濃縮ウランを製造するシステムを構築することを、カスケード（滝）を組むという。代表的なウラン濃縮法はそのどれを使っても、任意の濃縮度のウランを得ることができるが、核兵器用の高濃縮ウラン（濃縮度九〇％以上）を生産するには長大な「滝」が必要であり、発電炉用の低濃縮ウラン（濃縮度三〜五％程度）を生産するための「滝」は、相対的に短くてすむ。なおウラン濃縮にともない、濃縮ウランの数倍（発電炉用の場合）から百数十倍（核兵器用の場合）の減損ウランが発生する。

ウラン濃縮に投入される作業量を表現する概念として、「分離作業単位」SWU（Separate Work Unit）が使われる。分離作業量は、ウラン濃縮度と減損ウランの廃棄濃度の双方に依存する。濃縮度が高いほど、大きな分離作業量を必要とし、また廃棄濃度が低いほど、大きな分離作業量を必要とする。たとえば濃縮度三％の低濃縮ウランを一キログラム生産し、廃棄濃度を〇・二％とする場合、それに必要な分離作業量は約四・三SWU kgである。同じ条件で九三％の高濃縮ウラン一キログラムを得るには、約二三五SWU kgの分離作業量が必要となる。

現在、世界で実用技術となっているのは、ガス拡散法と遠心分離法の二つである。ガス拡散法は、圧縮機（コンプレッサー）により加圧した気体状の六フッ化ウラン（UF_6）の速い流れを容器に導き、そこで多孔質膜（UF_6分子を通す程度の穴をもつ）を通過させることによって濃縮する方法である。$^{235}UF_6$ガスのほうが、$^{238}UF_6$ガスよりもわずかに平均運動速度が速いので、多孔質膜を通り抜けやすい。したがって、多孔質膜を通り抜けたウランガスは、濃縮度がわずかに高くなっている。この工程をくり返して濃縮ウランを得るのである。

遠心分離法プラントの基本ユニットは遠心分離機であり、円柱状（縦長）の回転胴（有効長数十センチ）を毎分数万回回転させる。そこに気体状の六フッ化ウランを連続的に注入すると、外周部に質量の相対的に大きな$^{238}UF_6$ガスが、また中心部に質量の相対的に小さな$^{235}UF_6$ガスが、集まりやすくなる。遠心分離機のなかに対流をつくり出し、ウランガスを外周部の上から下へ、さらに底部を通って中心部の下から上へ流れるようにする。中心部の頂から取り出したガスは、濃縮流（^{235}Uの比率が高まったUF_6の流れ）となっており、外周部の底から取り出したガスは、減損流となっている。一台の遠心分離機では濃縮効果はわずかなので、数十段にわたり直列的に遠心分離機を並べ、徐々に濃縮度を高めていく方式がとられる。遠心分離法プラントは、数千台から数万台の遠心分離機からなっている。したがって工場を操業（部分操業）しながら徐々に遠心分離機の数を増やし、数年間かけて全面操業に到達させる方法が通常とられる。

この二つの方法の他に、一九八〇年代より新たな方法として原子レーザー法ＡＶＬＩＳ（Atomic Vapor Laser Isotope Separation）の実用化研究が、アメリカ、フランス、日本などで進められた。それはウラン原子核のまわりを取り巻く電子のエネルギー準位が、^{235}Uと^{238}Uとでわずかに異なること（これを同位体シフト効果という）、したがって励起準位がわずかに異なることを利用して、両者を分離するものである。具体的にはまず金属ウラン蒸気にレーザーを照射し、^{235}Uの軌道電子のみを励起する

(そのようにレーザーの波長を選ぶ)。次にそれが基底状態に戻らないうちに第二のレーザーを照射して電離をおこなう。そして最後にイオンとなった^{235}Uを電磁気的に回収する。このレーザー法を用いれば、わずか一回で軽水炉用の低濃縮ウランを得ることができる。しかしAVLIS法の実用化研究はその後中止された。

次に核燃料再処理技術について簡単に説明する。軽水炉では新品の燃料集合体は約三~四年で寿命が尽き、使用済核燃料として炉外に取り出される。それは減損ウラン(ウラン235の濃度が低下したウラン)、プルトニウム、核分裂生成物、超ウラン元素(TRU)の四つの主成分からなる。最初に一キログラムの三%濃縮ウランを装荷した場合、三~四年後に取り出される使用済核燃料には大体において九六〇グラムの減損ウラン、九グラムのプルトニウム、三〇グラムの核分裂生成物、一グラムの超ウラン元素が含まれている。プルトニウムの約七〇%が核分裂性プルトニウム(^{239}Puおよび^{241}Pu)である。

この四者を化学的に分離する工程が、核燃料再処理である。その方法は「湿式法」(水溶液を用いる方法)と「乾式法」(使用済核燃料を気体状、粉末状、または溶融状態にして取り扱う方法)に二分されるが、後者は実験的研究の段階にとどまる。前者の一種であるピューレックスPUREX(Plutonium Uranium Recovery by Extraction)法が、現在まで広く使われてきた。それは、次の工程からなる。

(1)前処理工程　まず使用済核燃料の燃料棒を、適当な長さに機械的に切断し、溶解槽に送って濃硝酸で溶解する。

(2)抽出工程　主工程にあたり、リン酸トリブチルTBP(Tributyl phosphate)が抽出剤として使われる。使用済核燃料の濃硝酸溶液にTBPを混ぜ、硝酸濃度等の化学的条件を巧みに調整することにより、有機相（TBP）にウランとプルトニウムを、水相に核分裂生成物と超ウラン元素を集めることができる（第一抽出サイクル）。次に有機相に含まれるプルトニウムを、水相に抽出（逆抽出という）することにより、ウランとプルトニウムを相互に分離する。さらに有機相に残ったウランを逆抽出して水相に移行させる。抽出・逆抽出は、水相と有機相の界面反応であるから、界面の面積が大きいほど、また攪拌がよくなされるほど、物質移動速度が大きくなる。そのための代表的な多段抽出装置として、ミキサセトラがある。それは、モーター駆動攪拌機で両相を混合するミキサ室と、混合後の両相を静置して密度差により分離するセトラ室からなる。

(3)精製工程　ウラン、プルトニウムの双方にそれぞれ不純物として含まれるプルトニウム、ウランを除去し、ネプツニウムを除去し、またわずかに残る不純物であるルテニウム、テクネチウムを除去する。通常は二サイクルからなる。

(4)転換工程　硝酸プルトニウム溶液を、混合酸化物MOXのペレット製造の原料となる酸化物粉末に転換する。プルトニウムだけで転換する単体転換法と、ウランとともに転換する混合転換法がある。

このピューレックス法は、原理的にはいかなる燃焼度の使用済核燃料の再処理にも使うことができるが、使用済核燃料の燃焼度（単位重量あたりの累積発熱量）が高くなるほど、技術的困難が増大する。それはプルトニウム含有量、核分裂生成物含有量、放射能濃度が、燃焼度の上昇につれて、高くなるからである。

最後に放射性廃棄物処分技術について、ごく簡単に説明しておく。放射性廃棄物は固体、液体、気体の三つの相をとるが、液体状・気体状の廃棄物の大部分は、希釈放出されており、一部の液体状・気体状の廃棄物のみが、濃縮・固化されたり、固体に吸着されたりして、最終的に固体廃棄物として処分される。固体廃棄物は高レベル廃棄物と中低レベル廃棄物に二分される。

リサイクル路線をとる場合には、ほとんど全量の高レベル廃棄物は「ガラス固化体」(再処理工場からの廃液、つまり核分裂生成物と超ウラン元素を大量に含む廃液を、蒸発濃縮したのちガラスに溶け込ませ、ステンレス製キャニスターに詰めたもの)となる。ワンススルー路線をとる場合は、使用済核燃料がそのまま高レベル廃棄物となる。それは十分に冷却したのち、頑丈な金属製キャスクに詰めて処分する。いずれの場合でも、数十年程度貯蔵したのち、「地層処分」(地下数百メートルの安定した地層への処分)をおこなうことが、各国関係者の共通の目標となっているが、まだ実用化にいたっていない。

なお再処理廃液については、核種分離・変換技術の研究が各国で進められてきたが、実用化の見通しは立っていない。核種分離技術は、再処理廃液に含まれる長寿命核種(TRU核種など)を、分離抽出する技術のことである。また核種変換技術とは、核種分離技術を前提とした技術であり、長寿命核種に粒子加速器等によりビームを照射し、核分裂・核破砕・光核反応などの核反応を起こすことにより、短寿命ないし非放射性の核種に転換する技術であり、かつて消滅技術と呼ばれた。

また中低レベル廃棄物は、濃縮・焼却などの減容処理をしたあと、セメント等によりドラム缶内で固化する。それを専用の処分施設において陸地処分するのが、各国共通の方式である。いくつかの国が以前、海洋処分つまり放射性廃棄物の海洋投棄をおこなったことがあるが、現在は国際条約で禁止されている。

4　社会主義計画経済を彷彿させる原子力発電事業の拡大

日本で原子力発電所（原発）が、次々と運転を開始したのは一九七〇年代に入ってからである。そしてこの章の冒頭に述べたように、七〇年代に営業運転を開始した発電用原子炉は全部で二〇基を数えた。つまり年平均二基である。八〇年代以後も、日本の原発建設はおおむね年一・五基のペースで進められた（ペースはやや落ちたがサイズは大型化した）。日本の原発設備容量の推移を**図5**に示した。これをみると日本の原子力発電は九〇年代半ばまで、ほとんど「直線的」ともいえる安定したペースで拡大しつづけてきたことがわかる。

これはきわめて興味深い現象である。いかなるビジネスも社会情勢の変化にともなう浮沈を免れず、発展の諸条件に恵まれた時期にはハイペースの成長をするが、そうでない時期には停滞を余儀なくされるものである。じっさい欧米の原発大国（米、仏、独、英）のいずれをみても、原発建設ペースの時間変化は激しい。ところが日本ではあたかも完璧な計画経済が貫徹されているかのごとく、原発の設備容量の「直線的成長」が七〇年代から九〇年代半ばまでの四半世紀にわたりつづいてきた。

これは日本の原子炉メーカーをはじめとする原子力産業にとってきわめて好都合の仕組みであっ

図5　日本の原発基数と設備容量の推移

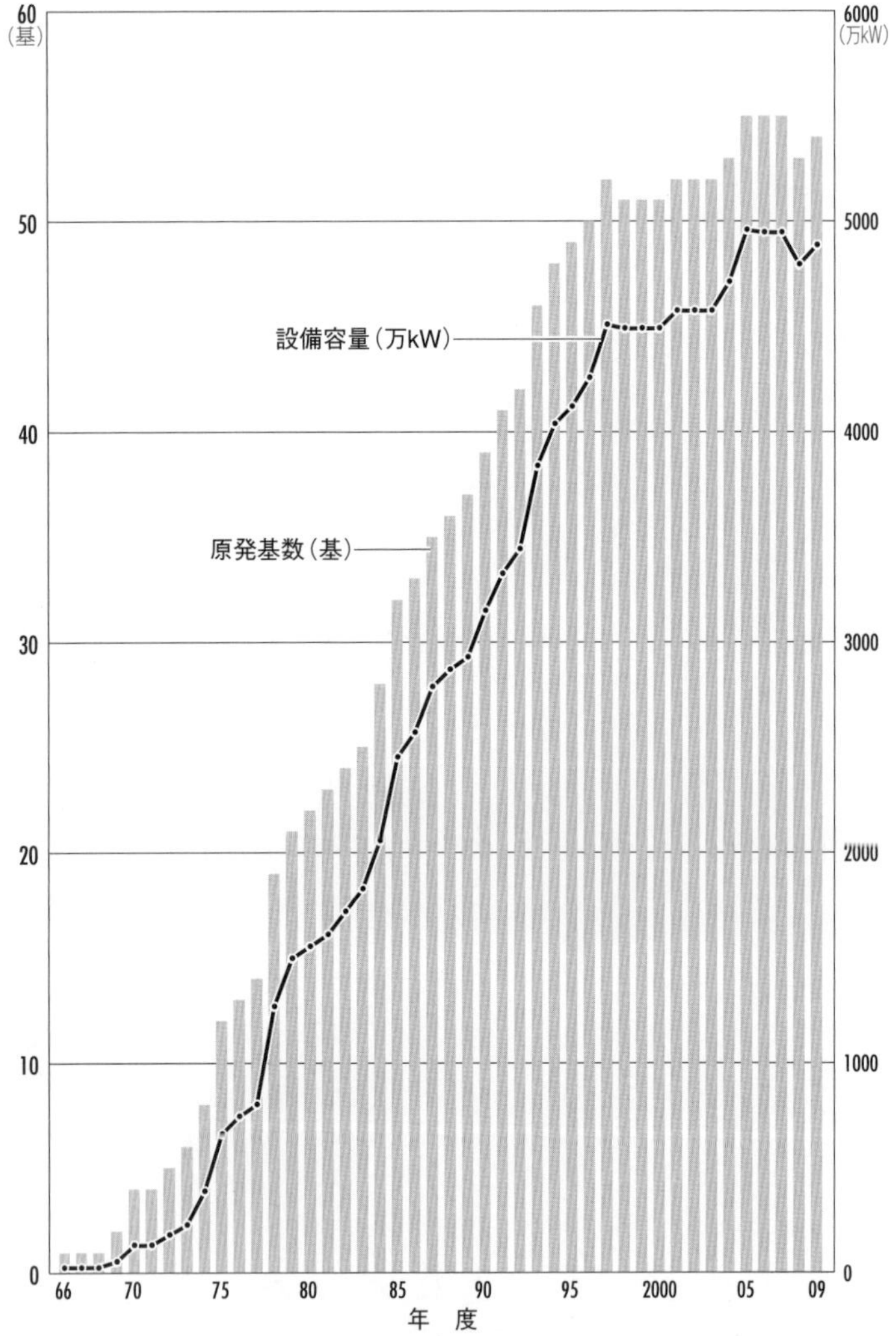

数値は各年度末。平成22年版「原子力施設運転管理年報」(独立行政法人原子力安全基盤機構)より

た。なぜならアメリカとのライセンス契約による貿易規制などのため原発輸出が事実上不可能であった日本メーカーは、もっぱら国内市場の拡大に活路を見出すしかなかったが、国内市場の驚嘆すべき安定成長のおかげで、生産ラインの効率的利用を達成できたからである。

だが二度にわたる石油危機(第一次＝一九七三年、第二次＝一九七九年)をはじめとする経済情勢やエネルギー情勢の七〇年代以降における激変とほとんど無関係に、原発建設が直線的に進められてきたという事実は、何のために原発建設が進んだのかという疑問を惹起せずにはおかない。原発建設はエネルギー安全保障等の公称上の政策目標にとって不可欠であるから推進されたのではなく、「原発建設のための原発建設」が、あたかも完璧な社会主義計画経済におけるノルマ達成のごとく、つづけられてきたようにみうけられるのである。

そうした計画経済をコントロールしてきたのはもちろん通産省である。通産省が一九三〇年代から四〇年代にかけて商工省のちに軍需省として、産業活動の強力な国家統制をおこなったことはよく知られているが、こうした軍国主義時代に確立された国家統制的な産業活動の秩序は、敗戦後も維持された。むしろ軍部が解体されたことにより、通産省(四九年五月までは商工省)は敗戦前よりもさらに独占的な統制権を掌握することとなった。六〇年代以降の海外からの自由化圧力の高まりにより、国家統制的なメカニズムは徐々に緩和されることとなったが、原子力発電は国家統制事業的性格を濃厚に残したまま今日にいたっている。通産省は原子力産業の保護育成のために、沸騰水型軽水炉ＢＷＲと加圧水型軽水炉ＰＷＲをそれぞれ年平均一基程度ずつ建設するよう電力業界に要請し、電力業界がそれに応える形で九社による分担計画をつくり、それを実施してきたと考えられるのである。つまり電力会社は社会主義計画経済のノルマ達成の優等生であった。その国策協力のかいあってか、二〇〇〇年末現在において運転中の商業用原発は、図6に示すように五一基に達したのである。

だがそうした原子力発電事業の「直線的成長」は、何の困難もなしに進められたのではなかった。むしろ日本の原子力発電事業は、一九七〇年代にテイクオフをなしとげて間もなく厳しい逆風に直面し、そのなかをよろめきながら上昇していったのである。原子力発電事業が直面した数々の困難のなかで、日本においてとりわけ重要なのは次の三点であった。

第一は、原子力発電所における故障やトラブルの続発であった。それはアメリカの軽水炉メーカーの宣伝にもかかわらず、軽水炉技術が未完成のものであったことを、関係者および国民全般に知らしめることとなった。日本の発電用原子炉の設備利用率は一九七三年から七九年にかけて、四〇%台から五〇%台を上下したのである。こうした設備利用率低迷の最大の原因は、沸騰水型軽水炉BWRでは、冷却水を送るステンレス鋼配管の応力腐食割れ(高温水下での亀裂発生)、加圧水型軽水炉PWRでは、蒸気発生器伝熱管の損傷によるタービン側への放射能漏れであった。いずれも熱伝達系の事故・故障であった。

これらはいずれも外部への大量の放射能漏洩をもたらすものではなかったが、その修理作業において多くの労働者に放射線被曝を強いるものとなった。またそれは原子力発電の経済性についても、重大な疑義を提起するものであった。なぜなら原発は同規模の火力発電と比較して、資本コストが高く燃料コストが安いため、設備利用率の低迷は発電コストを大幅に押しあげるからである。もち

図6　日本の商業用原子力発電所の立地地点（2000年末現在）

会社名	発電所名	設置時の市町村名	炉型	基数	運転開始
日本原子力発電	東海第二	茨城県東海村	BWR	1	1978
	敦賀	福井県敦賀市	BWR	1	1970
			PWR	1	1987
北海道電力	泊	北海道泊村	PWR	2	1989
東北電力	女川	宮城県女川町・牡鹿町	BWR	2	1984
東京電力	福島第一	福島県大熊町・双葉町	BWR	6	1971
	福島第二	福島県富岡町・楢葉町	BWR	4	1982
	柏崎刈羽	新潟県柏崎市・刈羽村	BWR	7	1985
中部電力	浜岡	静岡県浜岡町	BWR	4	1976
北陸電力	志賀	石川県志賀町	BWR	1	1993
関西電力	美浜	福井県美浜町	PWR	3	1970
	高浜	福井県高浜町	PWR	4	1974
	大飯	福井県大飯町	PWR	4	1979
中国電力	島根	島根県鹿島町	BWR	2	1974
四国電力	伊方	愛媛県伊方町	PWR	3	1977
九州電力	玄海	佐賀県玄海町	PWR	4	1975
	川内	鹿児島県川内市	PWR	2	1984
核燃料サイクル開発機構（参考）	ふげん	福井県敦賀市	ATR	1	1979
	もんじゅ	福井県敦賀市	FBR	1	試験中

ろん今までの電気事業法においては九電力会社による地域分割独占体制が保障され、総括原価方式によって電力会社の総資産の一定の割合（時代によって変化してきた）の事業報酬が約束されてきたので、いくら発電コストがあがっても理論的には電力会社の経営は安泰だが、電気料金値上げが度重なったり、内外価格差が拡大すれば、原子力発電やさらには電気事業そのものが厳しい社会的批判を浴び、制度改革を求める圧力が強まることは避けられないのである。

第二の困難は、原子力発電が一九六〇年代後半以降の公害・環境問題への国民的関心の高まりのなかで、生命・健康上のリスクを有する迷惑施設であるとみなされるようになり、そうした認識の広がりによって原発をはじめとする原子力施設の立地地点の確保がきわめて困難となったことである。各地の立地紛争は大部分が膠着状態におちいったのである。

第三の困難は、原子力発電論争が日常的に展開されるようになったことである。そうした論争の最大のテーマはもちろん安全性問題であったが、それ以外にもさまざまな中小の争点が形成された。そしてそれら中小の争点を重ね合わせてみると、安全性問題と並ぶもう一つの大きな争点として、民主主義の問題が浮かびあがってくる。つまり現実の原子力発電政策・事業が推進当事者以外の意見を考慮せずに一方的な形で進められているだけでなく、原子力発電事業そのものが軍事転用やテロリズムの脅威と隣り合わせである以上、本質的に民主主義と相容れないというのが、大方の批判者たちの共通認識となったのである。

なおローカル・レベルの立地紛争と、ナショナル・レベルの原子力論争の両者が、互いに密接な関係をもちつつ、現在にいたっていることはいうまでもない。

5　反対世論の台頭とそれへの官庁・電力の対応

本節ではまず原子力立地紛争について概観し、ついで原子力発電論争について簡単に述べる。ただし、後者については紙面の都合により、安全論争のみを取りあげる。以上の作業を終えたのち、日本の原子力共同体がそれにどのように対処したかを概観する。

まず立地紛争についてみると、二〇〇〇年末現在の立地地点は**図6**で示したように、全国で一六カ所である。これら原発立地地点の大半は、一九六〇年代に電力会社による立地計画発表がおこなわれ、立地が決定したものである。一九七〇年代以降に立地計画発表がなされ、二〇〇〇年までに原発が動き始めたサイトは、四国電力伊方発電所と、九州電力川内《せんだい》発電所の二カ所だけである。一方、電力会社による立地計画発表がなされるか、または水面下での立地準備作業が進められたにもかかわらず、立地にこぎつけていない地点は多数にのぼる。このように原発新規立地地点の確保が七〇年代以降きわめて困難となった原因は、地元の反対運動の激化にある。とくに地権者・漁業権者の頑強な抵抗により、立地計画が暗礁に乗りあげているケースが多い。

ただし地権者・漁業権者の合意さえ得られれば、それ以外の人々——立地地域住民、都市住民、批判的立場の学識経験者等——がいかに精力的に反対運動を進めても、電力会社の計画とその政府による許認可（原発立地に関する許認可権は中央官庁がほぼ独占している）を見直させることが非常に困難であるというのも、日本の立地過程の特徴である。財産権処分問題の解決後における反対運動は、日本では成算がとぼしいのである。

つぎに具体的な原発立地紛争の経過について簡単にみてみよう。一九五〇年代から六〇年代半ばにかけては熱心な誘致運動が福井県や福島県で展開された一方、立地紛争も起きたが、それらは散発的なものであった。東海発電所につづき六〇年代前半に立地が決定した代表的な原発サイトに、日本原子力発電(原電)敦賀と関西電力美浜がある。どちらも福井県の誘致運動(一九六二年三月に始まる)を発端として誕生したものである。両地区とも用地買収は、県当局の協力のもとで県開発公社がおこなった。また漁業補償協定も県当局の協力のもとで早期に調印された。なお参考までにいうと敦賀サイトは、福井県が最初に提案した川西町三里浜地区(現在福井市)の地質調査結果が思わしくなかったために、その代替サイトとして提案されたものである。当時は原子力発電所の建設用地の代替地を探すことには何の困難もなかった。ちなみに川西町三里浜地区は、地質調査によって原発立地が断念された日本で唯一のケースである。

一方、同時期に立地計画が発表された東京電力福島(一九七四年より福島第一へと改称)の立地過程では、県当局の積極性が一層きわ立っていた。それは福島県の誘致計画発表(六〇年一一月)に端を発する。ここでは福島県開発公社が、用地取得と漁業補償の双方に関する地元との交渉を肩代わりしたのである。これら初期の原発立地地点決定の過程では、まさに絵に描いたような電力会社と県当局との協力関係がみられた。

このように原発立地は順調なスタートを切ったが、一九六〇年代半ばに早くも大規模な立地反対運動が出現した。三重県芦浜地区(南島町＝現在南伊勢町、紀勢町＝現在大紀町の両町にまたがる地区)の運動がそれである。中部電力が六三年一一月、三重県知事に熊野灘沿岸への原発立地構想を伝えたのが事の起こりである。しかし暴力事件をも誘発するような地元住民の激しい反対運動により中部電力は芦浜立地強行を断念し、静岡県浜岡町を新たなサイトに選んだのである。さらに一九七〇年代に入ると原発立地計画は例外なしに大きな反対運動に直面させられるようになり、計画が暗礁に乗りあげるケースが相次いだ。

そうした原子力立地難航への政策的対応として、一九七四年六月に電源三法（発電用施設周辺地域整備法、電源開発促進税法、電源開発促進対策特別会計法の三つの法律の総称）が制定された。その立法化作業を担当したのは電気事業全般の管轄権をもつ通産省であった。電源三法の仕組みは次のとおりである。まず、一般電気事業者（九電力および沖縄電力）から、販売電力量に応じて一定額（一〇〇〇kWhにつき八五円）の電源開発促進税を徴収し、それを電源開発促進対策特別会計の予算とし、それを電源立地促進のためのさまざまの種類の交付金・補助金・委託金、とりわけ発電所を立地する自治体（当該市町村および周辺市町村）への「電源立地促進対策交付金」という名の迷惑料にあてる、というものである。電源三法は原子力のみならずあらゆる発電所を対象とするが、原発には同規模の火力・水力発電所の二倍以上の交付金が支給される仕組みで、実質的に原発立地促進のためにつくられた制度といってよい。

この電源三法は時とともに拡充されてきた。第一に予算規模が目覚ましく伸びた。すなわち電源開発促進税については一九八〇年七月から、従来の電源立地勘定八五円に、電源多様化勘定（研究開発費用）二一五円が加えられた。この導入により電源三法はその性格を一新し、立地促進と研究開発の「二兎」を追う法律となった。そして電源多様化勘定にもとづく研究開発予算は、通産省と科学技術庁の間でほぼ折半の形で山分けされるようになった――二一五円を加えた三〇〇円(一〇〇〇kWhあたり)に値上げされ、さらに八三年度から電源立地勘定一六〇円に電源多様化勘定二八五円を加えた四四五円(一〇〇〇kWhあたり)に、値上げされたのである(その後、原発新増設ペースの大幅スローダウンや、大型研究開発事業の商業段階へのステップアップにより税率が漸減され、二〇一〇年には三七五円となっている)。それとともに自治体への交付金額も大きく伸びた。第二に交付期間と交付対象が拡大されてきた。第三に市町村だけでなく都道府県もまた八一年一〇月から新たに交付金を与えられることとなった。「原子力発電施設等周辺地域交付金」と「電力移出県等交付金」がそれである。だが電源三法は新規サイト確保にはあまり効果はなかった。むしろそれはすでに原子力施設を有する地域への慰謝料として機能してきたといえよう。

ところで七〇年代の原子力をめぐる立地地域紛争のなかで最もマスメディアの関心を集めたのは、原子力発電所よりもむしろ、原子力船「むつ」をめぐる騒動であろう。これについても簡単に触れておきたい。日本では原子力開発の草創期より、原子力船に関する調査研究がスタートしていた。その母体は一九五五年一二月に発足した原子力船調査会、およびその後裔の日本原子力船研究協会(五八年一〇月発足)である。さらに三分の二の資本金を政府が出資する原子力船開発事業団(原船事業団。石川一郎理事長)の発足(六三年八月)により、本格的な開発推進体制が固まり、第一号船建造の検討が始まった。そして排水量八三五〇トンの特殊貨物船(核燃料や核廃棄物の運搬船)として建造されることが決まった。それと並行して定係港選定作業が進められた。定係港には核燃料保管、使用済核燃料保管貯蔵、放射性廃棄物貯蔵などのための専用設備が設置される。ここで重要なのは、総理大臣による原子炉設置許可が、船本体と港湾設備をセットにした形でおこなわれることである。つまり定係港が確定しなければ原子炉設置許可は得られないのである。

原船事業団は定係港の決定を急いだ。同事業団の定係港立地工作は一九六六年から始められた。同事業団は全国二〇カ所ほどの候補地を選び出し、そのなかから横浜市磯子地区を選定した。しかし横浜市は科学技術庁と事業団の再三の要請に拒否回答をした。そこで政府はやむをえず新たな定係港候補地を青森県むつ市（大湊港下北埠頭）とすることを決めた。青森県とむつ市はわずか二カ月後にこれを受諾した（六七年）。船名が「むつ」に決まったのは、その二年後の進水式のときである。

さて、原子力船「むつ」は一九七二年九月までに核燃料装荷を完了し、臨界出力上昇試験への秒読み態勢に入った。だがこれに青森県の漁業団体はいっせいに反発した。それに刺激されて北海道、秋田県の漁業団体までがこぞって反発した。そうした漁業団体の反対を押し切る形で七四年八月二六日、政府と科学技術庁は「むつ」出港を強行した。反対漁民の漁船三〇〇隻が「むつ」を取りかこんだが、台風接近による漁船避難のすきを狙い「むつ」は二六日未明、ついに出港に成功し試験海域に直行した。ところが九月一日の太平洋上での出力上昇試験中、「むつ」は放射線漏れ事故を起こした。政府は大湊港への「むつ」早期帰港を青森県に求めたが、青森県の拒否にあい、四五日間にわたる漂流が始まったのである。ようやく鈴木善幸自民党総務会長の和解工作により、大湊定係港の撤去と和解金支払いを条件に「むつ」帰港が認められた。新定係港さがしは難航したが、ようやく七八年七月、和解金を代償として長崎県佐世保港が修理港（定係港ではない）に決まった。そのあとの動きについてはまた第5章で述べる。

次に原子力安全論争の高まりと、それに対する政府・電力会社の対応について述べる。原子力安全論争の高揚の背景には二つの要因があった。第一は、アメリカを震源地とする世界的な安全論争の激化であり、第二は、日本の原子力発電所における故障やトラブルの続出である。それにより原子力発電所の技術的な完成度の低さが露呈したことが、安全論争の火に油を注いだことはいうまでもない。こうして原子力安全論争は、日本でも一九七〇年代初頭から急速に広がりをみせるようになり、七〇年代半ば以降、ジャーナリズムで日常的に取りあげられる問題の一つとなった。

アメリカにおける安全論争の高揚のきっかけとなったのは、一九六九年以降の、ジョン・ゴフマン及びアーサー・タンプリンによる、放射線防護基準の強化を求めるキャンペーンである。それはインサイダー専門家(二人とも原子力委員会AEC傘下のローレンスリヴァモア研究所の幹部研究者であった)からの異議申し立てゆえに、原子力委員会AECに大きな脅威を与えるとともに、推進論者がそれまで独占してきた「科学的権威」を相対化させる第一歩となった。

さらに一九七一年五月には、原子力委員会がアイダホ国立原子炉試験場でおこなった緊急炉心冷却装置ECCS(Emergency Core Cooling System)――配管のギロチン破断などにより冷却材喪失事故が起こったとき、炉心に大量の水を注入して冷却しメルトダウンを阻止する装置――の作動実験が失敗した。それを契機としてECCS論争が始まり、一九七二年から七三年にかけて原子力委員会AEC主催のECCS公聴会がおこなわれた。そこにおいて批判者サイドで中心的役割を果たしたのは、「憂慮する科学者同盟」UCS(Union of Concerned Scientists)であった。一九六〇年代までのアメリカでは、原子力開発の推進論者と反対論者の間での専門的な技術論争が展開されることはほとんどなかったのだが、ＥＣＣＳ論争を契機として、批判的専門家が輩出するようになり、技術論争が日常茶飯事となった。軽水炉の安全性をめぐるほとんどの主要論点は、この時期までに出そろった。

こうしたアメリカの動向に刺激されて、またその頃から世界各国で商業用軽水炉の建設が本格化したことを背景として、さらに世界的な環境保護思想の台頭の追い風を受けて、原子力安全論争はまたたく間に全世界に飛び火した。日本もその例外ではなかった。この原子力安全論争の台頭期において大きな役割を果たしたのは、若手研究者有志による全国原子力科学技術者連合（全原連）であり、また原水爆禁止日本国民会議（原水禁）であった。前者は科学者・技術者を中心とする専門家による各地の反対運動への支援組織として、また後者は全国の反対運動組織を結びつける情報・連絡センターとして活動するようになった。一九七五年八月には京都で初めての反原発全国集会が開かれ、反原発運動全国連絡会が誕生した。そして翌九月には原子力資料情報室（武谷三男代表、高木仁三郎世話人）が発足した。高木はその後二〇年あまりにわたり、日本における反原発運動のオピニオンリーダーの一人として、精力的に活躍することとなる。

さて、日本の原子力安全論争における一九七〇年代のハイライトは、伊方訴訟である。そこにおいて、法廷という局限された場であったにせよ、原子力発電の安全上の諸問題について、日本で初めて政府・電力業界と反対論者の間で、包括的な技術論争が展開されたのである。四国電力伊方発電所の立地計画は一九七〇年五月に正式発表され、七二年一一月に原子力発電所の設置許可が交付された。そして七三年三月に建設工事が始まった。ここまでは順調なすべり出しだった。しかし着工段階に入って、伊方原子力発電所建設反対八西連絡協議会のメンバーたちが、原子炉設置許可処分の取り消しを求めて松山地方裁判所に行政訴訟を起こした（七三年八月二七日）。これが日本初の原発立地裁判として注目された伊方訴訟である。

この伊方訴訟では、政府がおこなった安全審査の妥当性をめぐって、多くの争点が取りあげられた。発電所の地震・地盤問題、燃料棒の健全性の問題、蒸気発生器細管の損傷問題、原子炉圧力容器の脆化問題、一次系配管の応力腐食割れの問題、緊急炉心冷却装置ＥＣＣＳの有効性の問題、微量放射線のリスク問題、平常時の被曝評価の問題などである。これらの問題について弁護団は法廷で、国側証人（技術専門家を中心とする）をきびしく追及し、安全審査書のなかに根拠の不十分な点が多く含まれていることを立証した。法廷での技術論争では原告住民側が優勢だったという。にもかかわらず一九七八年四月二五日に松山地裁（柏木賢吉裁判長）が出した判決において、原子炉設置許可は政府の裁量であるとして、原告の請求は却下された。

その後、原子力発電に関して数々の裁判が提起されたが、ほとんど原告側の敗訴に終わっている。原告勝訴のケースは二件あるが、いずれも上級審でくつがえされている。そのため、日本では原発訴訟は勝算がとぼしいというのが、関係者の共通認識となっている。にもかかわらず今日まで原発訴訟が絶えないのは、ほとんどすべての許認可権を中央官庁が掌握し、そこでの意思決定に国民が介入する余地がない状況下では、裁判以外に異議申し立ての手だてがないからであり、また裁判はそれなりに国民世論を喚起したり批判的専門家の士気と能力を高めたりする効果をもっているからでもある。

日本の原子力安全論争における一九七〇年代の今一つのハイライトは、スリーマイル島原発事故をめぐる論争である。一九七九年三月二八日にアメリカのペンシルヴェニア州のスリーマイル島TMI（Three Mile Islands）原子力発電所二号炉で起きたメルトダウン事故は、原子炉圧力容器の破壊による放射能の大量放出という大惨事の一歩手前で間一髪食い止められた事故として、世界中に衝撃を与えた。

この事故の顚末を要約しておこう。それは加圧水型のスリーマイル島二号炉の二次冷却系の主給水ポンプが、復水器のトラブルにより停止したことに端を発する。そのとき補助給水ポンプが作動しなかったため、一次冷却系から二次冷却系へと熱を逃がすことができなくなった。そのため一次冷却水の温度・圧力が増大した。そこで一次系の加圧器の圧力逃し弁が開いて、温度・圧力を下げた。ところが圧力逃し弁（直径六センチメートル）が開放固着状態になり、そこから一次冷却水が流出しつづけることとなった。

こうして炉心が空炊き状態となり、緊急炉心冷却装置ECCSが正常に作動した。ところが加圧器についていた水位計が満水状態を表示していたため、運転員がECCSを手動に切り替え、注水量を極度に絞った。その結果炉心では空炊きが進行し、水蒸気が冷却水に大量に混入した。それにより主冷却材ポンプが異常振動を起こしたため、破損を懸念した運転員によりポンプはすべて停止された。こうして炉心の冷却はもはや不可能となり、メルトダウンが始まった。さらに燃料被覆管のジルコニウムと水との反応により大量の水素が発生し、水素爆発による原子炉圧力容器破壊の危険も生じた。

幸いにも間一髪の給水回復措置がとられたことにより、メルトスルーや大規模な水素爆発による原子炉破壊にいたることなく事故は終息したが、大統領委員会（ジョン・ケメニー委員長）や原子力規制委員会ＮＲＣ（Nuclear Regulatory Commission）の推定では、希ガス二五〇万キュリー（九二・五ペタベクレル。ペタは一〇〇〇兆）、ヨウ素一七キュリー（六二九ギガベクレル。ギガは一〇億）の放射能が放出された。放射能放出量では、一九五七年の英国ウィンズケール原子炉の火災事故に次ぐものとなったのである。また周辺住民の避難が実施されるなどアメリカ国民に大きな影響をもたらした。

このＴＭＩ事故は、世界の原子力発電事業にも重大な影響を及ぼした。なぜなら炉心内部の放射能の大部分が環境に放出されるような過酷事故が、実際に起こりうることが、この事故によって実証されたからである。これを境としてアメリカでは電力会社が新たに発電用原子炉を発注することは二一世紀まで皆無となった。またヨーロッパでも原発見直しの世論が高まり、スウェーデンをはじめとする数カ国が、原子力発電から撤退することを決めた。

日本の原子力発電に関する国民世論にも、この事故は無視できないインパクトをおよぼした。日本の原子力関係者は最初、この事故を対岸の火事として位置づけ、日本国内での原発論争に波及させまいとした。原子力安全委員会はＴＭＩ事故発生のわずか二日後の三月三〇日、「事故の原因となった二次系給水ポンプ一台停止、タービン停止がわが国の原発で起きても、ＴＭＩのような大事故に発展することはほとんどありえない」との吹田徳雄委員長の談話を発表したのである。

アメリカから十分な情報を得ていない段階でこのような「安全宣言」を出したことは、結果として重大な失態だった。原子力規制委員会ＮＲＣは七九年四月一二日、バブコック・アンド・ウィルコックスB&W社製の加圧水型軽水炉のECCSのみならず、ウェスチングハウスWH社製のそれも、再点検の必要があると通告したのである。この事件により、一九七八年一〇月に発足したばかりの原子力安全委員会は、「原子力安全宣伝委員会」に他ならないと批判されることとなった。

このNRC通告を受けて、当時日本で運転中だった唯一の加圧水型軽水炉である関西電力大飯一号機の停止が、原子力安全委員会により決定され、安全解析がおこなわれた。他の加圧水型軽水炉八基はいずれも定期検査中だったが、同様の安全解析が加えられた。ただし沸騰水型軽水炉については、炉型が違うとの理由で再点検を免れた。

一九七九年一一月二六日に原子力安全委員会（吹田徳雄委員長）と日本学術会議（伏見康治会長）の共催で開かれた学術シンポジウム「米国スリー・マイル・アイランド原子力発電所事故の提起した諸問題」は、激しい批判を浴びるなかで開催された。原子力開発の推進機関とみられる原子力安全委員会に、中立の立場からの批判的チェック機能を果たすべき日本学術会議が協力することに対する批判論が、研究者や運動家の間で高まり、日本学術会議の執行部は激しい非難にさらされたのである。そして、シンポジウム開催当日の会場は騒然とした空気に包まれることとなった。その議事内容自体に特筆すべき事項はない。通常のパネルディスカッションの形式で、パネリストが各自の見解を、他のパネリストの議論とほとんど嚙み合わせずに披瀝し合っただけのものである。

ここで原子力安全委員会という組織について若干説明しておこう。それは原子力委員会から分離独立する形で一九七八年一〇月四日に設置されたものである。この制度改革のモデルとなったのはアメリカの制度改革である。アメリカでは一九四〇年代から原子力委員会AECが、軍事利用・民事利用の両面で原子力行政を一元的に管轄してきたが、七〇年代に入るや環境保護世論の台頭や原子力安全論争の本格化にともない、原子力の推進と規制を同一機関が担当することへの批判世論が高まった。それはあたかも容疑者と警察官、あるいは被告と裁判官を同一人物が兼ねることに相当するというのがこの批判の趣旨であった。それを受けて七五年初頭に原子力委員会は解体され、エネルギー研究開発庁ＥＲＤＡ（Energy Research and Development Agency）と、原子力規制委員会ＮＲＣが発足した。ＥＲＤＡはその二年後にエネルギー省ＤＯＥ（Department of Energy）に改組され現在にいたっている。

このアメリカの制度改革にならう形で、原子力の安全確保のための規制業務を担当する原子力安全委員会ＮＳＣが、原子力委員会から分離独立したのである。その勧告をおこなったのは、「むつ」事件を受けて七五年に発足した首相直属の原子力行政懇談会（有澤廣巳座長）だった。原子力安全委員会の発足にともない科学技術庁も機構改革を実施し、原子力安全局を新設した。ただし日本の原子力安全委員会は、アメリカの原子力規制委員会ＮＲＣとはその権限と独立性においてまったく異質の機関となった。ＮＲＣが多数の職員を擁する独立の行政委員会で、連邦政府のなかで原子力施設の設置許可の業務を全面的に掌握しているのに対し、日本の原子力委員会は専任スタッフをもたない諮問機関にすぎず、その事務局を原子力推進機関である科学技術庁がつとめ、またその行政的権限も通産省や科学技術庁の判断をオーソライズするだけにとどまった。日本において原発などの原子力施設の建設・運転の許認可権を実質的にもつのは、あくまでも通産省や科学技術庁だったのである。

そろそろ本節のまとめに入ろう。今まで述べてきたように、一九七〇年代日本の原子力発電事業は、三つの大きな困難に直面した。しかしそれらのいずれも、原子力共同体にとって克服不可能なものではなかった。まず第一の故障・トラブルの続発に対しては、電力各社とメーカーが事故・故障対策を講じた結果、一九八〇年代以降の原発設備利用率は六〇%台に乗り、さらに八三年以降は七〇%台に乗ったのである。それ以来日本の原発の設備利用率は七〇%台以上の数字を安定的に維持するようになった(さらに九〇年代後半には八〇%に乗った。しかし二〇〇〇年代に入るや低迷状態に戻ることになる)。

第二の原子力発電所立地紛争の激化に対して原子力共同体がおこなった対応は、電力業界による既設地点での相次ぐ原発増設の推進であった。もちろんそれが可能となったのは、財産権処分問題さえ解決してしまえば、原発建設計画の前に立ちはだかる重大な障害はなくなるという日本特有の事情による。すなわち原発建設計画の許認可権は、原子力発電推進の立場をとる中央官庁(つまり通産省や科学技術庁)がほぼ全面的に掌握しており、国会・内閣・裁判所による官僚機構に対するチェック機能が働かず、地方自治体の法的権限も皆無に等しく、国民や住民の意見を政策決定に反映するメカニズムが不在なので、原子力共同体は財産権処分問題がすでに解決済の既設地点において、円滑に増設計画を進めることができたのである。そのため原発立地県のパイオニアである福井県及び福島県と、後発組の一つである新潟県に原発が集中し、三県で合計三〇基もの商業用原発が、集中立地される結果となったのである(二〇〇〇年末現在)。

第三の原子力発電への批判・反対世論の高揚に対しては、電力・通産連合はそれを無視して事業を推進することができた。なぜなら原子力発電所設置の許認可権はすべて中央政府が掌握しており、それに対する対抗手段を反対運動はもたなかったからである。反対運動が使えた手段は、ローカルな立地反対運動への支援と、裁判に訴えることであったが、前者では新規立地地点の増加を事実上ストップさせることに成功したものの、既設地点については打つ手がなかった。また後者では行政の意向に反する判決を得ることはできなかった。裁判所はほとんどの裁判において行政に有利な判決を下したのである。

こうして原子力発電事業は一九七〇年代のさまざまの困難をしのぐことができた。そして八〇年代以降もおおむね毎年一・五基ずつ、社会主義計画経済的メカニズムにもとづいて原発を増やしつづけることができた。

6　原子力共同体の内部対立激化と民営化の難題

前節では主として電力・通産連合の進める原子力発電事業の直面した困難とその克服過程について概観した（ただし立地紛争との絡みで、科学技術庁グループの進める原子力船開発事業にも言及した）。この節および次節では主として、科学技術庁グループの一九七〇年代における動きをみていきたい。この時代には科学技術庁グループの事業もまたさまざまの困難に逢着し、それへの困難な対応を余儀なくされたのである。第1章で述べたように、科学技術庁グループの抱え込んだ困難のうちとくに重要なものは、電力・通産連合との利害対立の表面化という国内的困難と、核不拡散をめぐる外圧という国際的困難の二つであった。まずこの節では前者について考察し、次節で後者について検討する。

すでにみたように科学技術庁グループは、動力炉・核燃料開発事業団（動燃）を中心に、実用化途上段階の重要技術について、ナショナル・プロジェクト方式で開発を進めてきた。その基幹的プロジェクトは、原子炉関係では新型転換炉ＡＴＲ（Advanced Thermal Reactor）、および高速増殖炉ＦＢＲ（Fast Breeder Reactor）の二つであり、核燃料関係では核燃料再処理とウラン濃縮であった。これら四大プロジェクトはすべて動燃が開発を担当した。一九六〇年代後半から七〇年代半ばにかけて、ＡＴＲ原型炉ふげん、ＦＢＲ実験炉常陽（発電設備をもたない）、東海再処理工場（事実上パイロットプラントに相当）、人形峠ウラン濃縮パイロットプラント、などの建設計画が次々と発足した。それらの施設は実用段階のものと比べて小型であり、建設費も国家予算によって支出することが十分可能であった。

しかし科学技術庁グループの前途は必ずしも希望に満ちたものではなかった。一九七〇年代より電力・通産連合との利害対立が激化してきたからである。電力・通産連合は科学技術庁グループのナショナル・プロジェクトに対して概して好意的ではなく、それらのプロジェクトの引きつぎに難色を示したり、プロジェクト自体を民間事業として引き受ける場合においてもそれまでの日本国内での研究開発成果を利用することを拒否したりしたのである。そうした苦しい状況のもとで科学技術庁グループは、四大ナショナル・プロジェクトすべての生き残りをめざした。

ここでなぜ科学技術庁グループが、それらのプロジェクトを商業化段階まで担当しつづけることが不可能であり、プロジェクトの生き残りのために民営化を必要としたかについて、簡単に説明しておきたい。その理由は二つあった。一つは開発計画の不文律の遵守である。開発計画の不文律というのは、原型炉ないしパイロットプラントの建設までが政府の管轄事項であり、実証炉ないし商業プラントは民間に移管すべきだとする不文律である。この不文律は日本の原子力共同体において一九六〇年代から形成され始め、七〇年代までに確固たるものとなった。つまり民営化なくして四大ナショナル・プロジェクトは、次の開発段階に進むことができなかったのである。

今一つの理由は、右記とも密接に連動するが、財政支出上の制約である。それは実証炉ないし商業プラントに必要な建設費・運転費が、国家予算でまかなうことが事実上不可能なほど、巨額となったということである。政府は七〇年代以降、原子力開発のビッグプロジェクトへの巨額の資金調達のための制度的メカニズムの整備に努力してきたが、一九八〇年に電源三法が改正された際に創設された電源開発促進税の電源多様化勘定をもってしても、資金的に不可能な情勢となってきていた。

以上のような事情のために、科学技術庁と動燃が手塩にかけて育ててきたナショナル・プロジェクトは、民営化しなければ実用技術として開花することが不可能な状態にあったのである。もちろん民営化を実施すれば、それらのプロジェクトの将来は、電力業界の意向によって左右されることとなり、いわば電力業界に拒否権を与える形となる。そして科学技術庁グループは他力本願的な立場におかれる。それは科学技術庁グループにとって不本意な事態である。だがそうした代償なくしては、プロジェクトの開発ステージを前進させることは不可能であり、選択の余地はなかった。それは前進のための最後の政策手段だったのである。

さて、四大ナショナル・プロジェクトのなかで最初に存亡の危機に直面したのは、新型転換炉ATR開発計画である。じつは一九六〇年代半ばの計画発足当初から、このプロジェクトに対する根強い反対論が出されてきた。とりわけ電力業界は一貫して消極的姿勢をとりつづけてきた。高速増殖炉FBRについては未来の原子力発電の主流となるはずだという共通認識が、原子力共同体の内部で確立していたので問題はなかったのだが、新型転換炉については軽水炉と比較してのメリットが不明確であり、しかも発電コストが軽水炉よりも高くなると見込まれていたので、開発不要論が当初から有力であった。なお開発計画の構想段階では、天然ウランも燃料として使用可能なのでアメリカの濃縮ウランへの依存を断ち切ることができるという点がメリットとして強調されたが、ほどなく天然ウランを用いたのでは炉心制御が困難で暴走しやすくなることが判明し、当初喧伝されたメリットは雲散霧消した。

この新型転換炉開発計画に対して初期において脅威をおよぼしたのは、通産省傘下の政府出資国策会社である電源開発株式会社(電発)——一九五二年七月に可決成立した電源開発促進法にもとづいて設立された。なおこの法律により電源開発調整審議会(電調審)も設置された——による、CANDU炉(カナダ型重水炉)、つまり天然ウランを燃料とし、重水を減速材・冷却材とする加圧水型炉の導入構想の発表であった。電源開発は早くから機会あるごとに原子力への進出のチャンスをうかがい、軽水炉以外の炉型の調査を進めてきたが、何回かの挫折を経て一九七五年から、通産省との密接な連携プレイのもとで、CANDU炉導入に向けての活動を開始したのである。通産省の狙いは、CANDU炉導入を契機として、カナダとのエネルギー面での協力関係(天然ウラン供給の保障など)を深めることにより、アメリカ一辺倒の原子力利用からの脱却をはかることであった。また電源開発の狙いはもちろん、原子力発電事業への進出であった。

しかし科学技術庁は、CANDU炉導入論に猛反発した。科学技術庁は新型転換炉ATRの国内開発計画が、ATRと同じ重水炉として類似した特色をもち、しかも天然ウランを燃やせるCANDU炉の導入により、重複投資とみなされて中止されることをおそれた。科学技術庁にとって幸いなことに、電力業界もCANDU炉導入に批判的姿勢をとった。つまりこの原子力共同体の内部紛争で孤立したのは通産省のほうであった。そうした力関係のもとで原子力委員会は七九年八月一〇日、「原子炉開発の基本路線における中間炉について」と題する決定をおこない、CANDU炉導入不要論を示し、CANDU炉論争に終止符を打った。

もちろん対抗馬の挫折によって新型転換炉計画が自動的に安泰となったわけではない。なぜなら民営化時代において中心的役割をになうべき電力業界が、ATRへの消極的姿勢を崩さなかったからである。つまり電力業界はCANDU炉とATRの双方に冷淡だったわけであり、その意味でCANDU炉論争は通産省対科学技術庁の、政府内論争にすぎなかったといえる。電力業界は軽水炉以外のあらゆる非増殖炉に対して否定的立場をとったのである。ところが科学技術庁グループに幸運が舞い込んだ。かつてCANDU炉を推したはずの電源開発が、新型転換炉ATR実証炉の建設・運転主体として名乗りをあげ、原子力委員会から指名されたのである。これにより電源開発はついに、原子力発電事業への進出を果たした。

なお電源開発は国策会社なので、それが新型転換炉実証炉計画を引き受けたことは厳密には民営化とはいえない。しかし研究開発機関から現業機関への移管、また科学技術庁グループから電力・通産連合への移管であることに変わりがない。また電力業界も実証炉の建設費の三〇%の負担を約束した点を考慮すれば、いわば準民営化に相当するとみることができる。

四大ナショナル・プロジェクトのなかで、七〇年代において危機に立たされたもう一つのものは、核燃料再処理計画であった。科学技術庁は動燃に東海再処理工場の建設を進めさせるとともに、その次のステップとして民営商業再処理工場の建設計画の具体化をめざしたが、その事業主体となることに電力業界が難色を示し、科学技術庁との間での交渉が長引いたのである。

再処理民営化のアイデア自体は、原子力委員会の一九六七年の長期計画(六七長計)に登場している。そこには「新たに再処理工場を建設する必要があり、その際、民間企業において行なわれることが期待される」という記述がある。早くも一九六〇年代後半から民営化論が台頭していたのである。原子力委員をつとめた経験をもつ島村武久はこれについて、日本政府と電力業界が双方とも再処理民営化を積極的に主張する理由がなかったことを根拠に、民営化論台頭の不可解さを指摘している(島村武久・川上幸一著『島村武久の原子力談義』、電力新報社、一九八七年、五二〜六三ページ)。

それによると、当時の政府の立場は、国内サイクル論(核燃料サイクルの各部分を、できるだけ国内で実施すべきだとするアウタルキー的考え方)であり、しかも再処理事業は政府系特殊法人(動燃)でおこなうべきだという「国管論」でもあった。一方、電力業界の立場は、再処理事業をどうするかは将来の検討課題であるという消極的なものだったが、政府系特殊法人(動燃)の進める再処理事業に電力業界は拘束されたくないという明確な意思をもっていた。つまりこの段階で電力業界は民営国内再処理工場建設を望んでいたわけではなく、ただ「国管論」に対してのみ難色を示していたにすぎない。

ところが当時、原子力発電の商業化時代の始まり（再処理工場は付属施設とみなされた）と核燃料物質民有化の動きにより、再処理民営化論に有利な環境が生まれていた。その状況下で、政府と電力業界の利害関心をともにそれなりに満たす方式（国内サイクル実現という政府の意向と、国管論否定という電力業界の意向の両立方式）として、民営国内再処理工場建設の方針が、原子力委員会の六七長計に、突如として出現したと思われる。

再処理工場民営化論は原子力委員会が七二年六月に改訂した新長期計画（七二長計）でもくり返された。しかし電力業界は再処理事業のリスクの大きさに尻込みしたのか、重い腰をあげないまま数年が経過した。最終的に電力業界が腰をあげたのは、すみやかに再処理工場計画を具体化せよという政府の圧力にうながされたためとみられる。これについては密室内の交渉ゆえに詳細は不明であるが、原子力業界誌の記者・編集者の経験をもつ伊原辰郎が説得力のある推理を試みている（伊原辰郎著『原子力王国の黄昏』、日本評論社、一九八四年、第四章）。

伊原によると科学技術庁が原子炉設置に関する許認可権――当時は科学技術庁がそれを掌握していた。原子力基本法の一部を改正する法律が七八年六月に可決成立したのちは、商業発電用原子炉に関しては、通産省が許認可権の大半を掌握するようになった――をたてに、再処理事業を電力業界に押しつけようとしたという。電力会社は原子炉設置許可申請書に使用済核燃料の処分方法を記載せねばならないが、当時の原子力政策では処分方法は「国内再処理」によるとの方針がとられていた。ところが東海再処理工場の再処理能力はとうに満杯(電気出力一〇〇万kW級換算で、約七基分しかまかなえない)なので、別の再処理工場(民間第二再処理工場)の建設計画なくしては、原子炉設置許可申請書にある処分方法の項目を埋めることができず、そうなれば科学技術庁は不受理ないし不許可の決定を下すことができたのである。

そうした科学技術庁の許認可権の発動をおそれた電力業界は慌てて「濃縮・再処理準備会」の設置を決定した(一九七四年五月)。しかし電力業界としては海外への再処理委託によりこの問題を回避できると考えていた。だが今度は通産省が再処理の海外委託に対して日本輸出入銀行(輸銀)の融資は出せないと突っぱね、電力業界に民間再処理工場建設を要請したという。こうして電力業界は逃げ場を失い、七五年七月の電力社長会で再処理事業への積極姿勢を表明するにいたったというのである。通産省が国内再処理事業推進の立場をとった理由は不明であるが、海外への再処理委託が国際政治上のさまざまの要因により不安定さを免れないことを、石油危機やインド核実験などの事件を教訓として、関係者たちが痛感していたためと推察される。

ともあれ電力業界は国策協力を決意し、一九七五年七月の電力社長会で再処理事業への積極姿勢を表明するにいたった。これを受けて再処理民営化のための法律制定作業が進められ、ついに七九年六月成立をみた。そして八〇年三月に電力業界の合同小会社として、日本原燃サービスが設立されたのである。これによって再処理事業の民営化という科学技術庁の念願が達成された(なお日本原燃サービスは九二年七月、姉妹会社の日本原燃産業と合併し、日本原燃となった)。こうして電力業界の責任による国内民間再処理工場計画が、八〇年代に入って急速に具体化し始めた。そしてそれは青森県上北郡六ヶ所村における核燃料サイクル施設の集中立地計画の一環として、実現される運びとなるのである。しかしこれについては第5章で考察したい。

日本において国内民間再処理工場の建設が決まった歴史的経緯と、その背景をなす政治的・経済的事情は、以上のとおりである。ただし電力業界は七〇年代後半において、国内民間再処理工場建設を引き受けると同時に、当初からの希望であった海外再処理委託サービス利用への道をも切り開いた。こうして日本の原子力発電所から出される使用済核燃料は、国内と海外の複線方式で再処理されることとなった。それ以前は、日本原子力発電(原電)が、東海発電所と敦賀発電所の使用済核燃料に関して、英国原子力公社UKAEAとの間に再処理委託契約(プルトニウム返還を条件とする)を交わしていただけであった(一九六八年四月および七一年三月)。電力各社が再処理委託サービス利用に向けて一斉に動き出すのは、七〇年代に入ってからであり、それがわずか数年で実を結んだのである。

最初に再処理委託サービス提供を申し出たのは英国核燃料公社BNFL(British Nuclear Fuels Plc)——英国原子力公社の核燃料部門が分離独立したもの——であり(一九七四年)、さらにフランス核燃料公社COGEMA(Compagnie Générale des Matiéres Nucléaires)も同様の申入れをおこなってきた(七六年)。これに応える形で電力各社は、BNFL社(七七年五月)およびCOGEMA社(七七年九月)と相次いで契約を交わしたのである。これにより七八年より年平均数百トンの使用済核燃料が、英仏へ向けて輸送されるようになり、九八年度末までに(原電の旧契約分を含めて)約五六〇〇トンの軽水炉使用済燃料と、約一五〇〇トンのガス炉使用済燃料(プルトニウム含有率は軽水炉のそれの四分の一程度）の輸送がすべて完了している。その後追加契約は結ばれていない。

ともあれ科学技術庁グループは、新型転換炉につづき核燃料再処理の分野でも、ナショナル・プロジェクトの商業化段階への前進の道を開くことができた。なお四大プロジェクトの残る二つ（ウラン濃縮、高速増殖炉）についても、八〇年代に入ってから民営化が順次決定された。ウラン濃縮を担当することとなったのは、日本原燃産業（のちに日本原燃に統合）である。また高速増殖炉を担当することとなったのは、日本原子力発電（日本最初の商業用発電炉の受け皿として一九五七年に発足した）である。これら二つのプロジェクトに関して電力業界は、新型転換炉や再処理の場合とは異なり、民営事業としての受入れに難色を示した形跡はない。それはウラン濃縮事業が金額的に小規模なものであったことと、高速増殖炉が将来の原子炉の大黒柱となるかもしれないという期待が、当時はまだ消え去っていなかったことによると思われる。

なお電力業界にとって、経済合理性を欠落させた四大プロジェクトを引きつぐことは、経営的観点からは好ましいことではなかったが、そのことを承知のうえで、電力業界は国策協力に踏み切った。もちろん莫大な経済的コストを負担するためには、損失補塡メカニズムが不可欠である。地域独占体制という無競争状態のもとで、総括原価方式によって一定の利潤を得ることを保障された電力業界は、電気料金値上げを通産省に認可してもらうことにより、損失補塡を実現することが可能であった。

7　核不拡散問題をめぐる国際摩擦

次に、科学技術庁グループが七〇年代に直面したもう一つの大きな困難である国際摩擦と、それに関する政府等の関係者の対応について概説しておきたい。一九七四年のインド核実験を契機として、アメリカ政府が原子力民事利用にともなう核拡散リスクへの懸念を強め、世界各国に対して民事利用の規制強化を要請してきたことはすでに第1章で述べたとおりだが、アメリカ政府の日本に対する外交攻勢のおもな標的となったのは、東海再処理工場であった。

この東海再処理工場をめぐる日米交渉とその後の動きについて概観する前に、まず原子力民事利用にかかわる核不拡散問題について日本政府がとってきた姿勢について、簡単に整理しておきたい。日本政府の原子力の軍事利用と民事利用のリンケージ問題に対する姿勢は一九七〇年代以降現在にいたるまでほぼ一貫しており、その特徴はつぎの二点に要約される。

第一は、国際原子力機関IAEA（International Atomic Energy Agency）の保障措置（safeguards）制度——核物質の計量管理システム構築と、それが適切に運用されていることを確認するための査察制度の組み合わせからなる——の運用に際し、それに協力的な姿勢をとりつづけてきたばかりでなく、国際的な保障措置制度の整備にも貢献してきたことである。アメリカの核不拡散政策にも忠実に同調してきた。第二は、欧米諸国が開発に着手したありとあらゆる種類のプロジェクトを、日本が国内開発プロジェクトとして進めてきたということである。その結果として日本はあらゆる種類の機微核技術SNTを我が物とし、軍事転用の危険性の高いあらゆる種類の核施設が日本国内に建設されることとなった。しかも日本は自国の原子力民事利用の包括的拡大（つまり核弾頭開発を除くあらゆる種類のプロジェクトの推進）という基本路線に固執し、その発展にとって不利益となるおそれがある場合には、アメリカの圧力に対してさえ頑強な抵抗を示してきた。

まず第一点についていうと、日本はIAEAにその発足当初（一九五七年七月）から加盟してきた。そしてIAEAの保障措置制度の整備に貢献してきた。まず日本政府代表は五八年九月の第二回IAEA総会の席上、日本原子力研究所（原研）の研究炉JRR3に要する天然ウラン燃料の一部をIAEA経由で入手する意思を表明し、これを契機としてIAEA保障措置の具体的運用に関する国際的検討作業が本格化し、六一年一月に最初の保障措置制度が整備されたのである。その後も日本はIAEA保障措置適用国（従来の二国間協定にもとづく保障措置から、保障措置の実施主体をIAEAとする方式に切り替える国）として先駆的役割を果たした。IAEA保障措置適用国となるメリットは、原子力技術の供給国による受領国の原子力事業に対する直接的コントロールを避け、受領国の国家主権を守ることであり、そうした受領国にとってのメリットゆえにこの方式が六〇年代に急速に世界に普及したのである。七〇年代以降も日本政府はIAEAに協力的姿勢をとりつづけ、いわば核不拡散条約NPT体制の模範生としての信用を獲得している。さらに一九七四年五月一八日のインド核実験を契機とするアメリカの新たな国際核不拡散政策のイニシアチブが次々と発動されるなかで、核物質防護条約、ロンドンガイドライン（原子力技術の先進国の間の紳士協定で、核拡散のおそれのある国に対して原子力技術を供与しないことを約束した協定）などの整備を、アメリカと一体となって進めた。またそうした核拡散問題に関する国際的枠組の強化とは別個に、アメリカ独自の強硬な核不拡散外交にも日本政府は協調的姿勢をとってきた。

以上のように日本政府は、アメリカの主導権のもとで整備されてきた国際核不拡散体制とアメリカの核不拡散政策に対して大局的には協調的姿勢を示してきたが、その反面、自国の原子力民事利用の包括的拡大にきわめて精力的に取り組み、そこにおいてアメリカの核不拡散政策との間に外交摩擦を引き起こしてきた。それが日本のプルトニウム民事利用計画推進に対するアメリカ政府の干渉をしのぎ、計画の持続的拡大を達成する原動力となってきた。これが日本政府の姿勢にみられる第二の特徴である。

こうした日本の原子力政策の両義的性格は、戦後一貫して変わっていない。日本の原子力外交政策はアメリカ一辺倒であったと評されることもあるが、それは単純にすぎる。日本政府は自国の原子力民事利用事業にとって、アメリカとの密接なパートナーシップを築くことが有利な場合は、それを最大限活用してきたが、みずからの進める民事利用事業の包括的拡大路線に対してアメリカから圧力がかかったときは、驚異的な忍耐力をもってそれをしのいできたのである。

またアメリカへの過度の依存を避けるために、ヨーロッパ諸国との協力関係をも深めようとしてきた。とくにプルトニウム民事利用については、日米関係よりも日欧関係のほうがはるかに緊密であったといえる。高速増殖炉については国内自主開発路線をとったため国際協力も限定的なものにとどまったが、再処理事業ではフランスからの技術導入により国内工場を建設し、また英仏両国に、再処理サービスを委託してきたのである。さらに日本はヨーロッパ諸国の対米原子力外交の動向を克明に観察し、それに追随するという行動様式をとってきた。たとえば核不拡散条約NPTの署名・批准に際しては、ヨーロッパ諸国の署名・批准がおおむね完了したあとで、またヨーロッパ諸国と同等の国家主権をIAEA保障措置協定のなかで確保できる見通しが立ったあとで、それをおこなったのである。

こうした原子力民事利用の包括的拡大路線への日本の強いコミットメントの背景に、核武装の潜在力を不断に高めたいという関係者の思惑があったことは、明確であると思われる。たとえば一九六〇年代末から七〇年代前半にかけての時代には、NPT署名・批准問題をめぐって、日本国内で反米ナショナリズムが噴出した。NPT条約が核兵器保有国に一方的に有利な不平等条約であり、それにより日本は核武装へのフリーハンドが失われるばかりでなく、原子力民事利用にも重大な制約が課せられる危険性があるとの反対論が、大きな影響力を獲得したのである。とくに自由民主党内の一部には、核武装へのフリーハンドを奪われることに反発を示す意見が少なくなかったという。こうした反対論噴出のおかげで日本のNPT署名は七〇年二月、国会での批准はじつに六年後の七六年六月にずれ込んだのである。

さて、動燃の東海再処理工場の問題に話を戻すと、その建設工事は順調に進められ、一九七四年一〇月に、予定より七カ月遅れて終了した。引き続き化学試験(七四年一〇月~七五年三月)、ウラン試験(七五年九月~七七年三月)が実施された。ところがその次の段階にあたるホット試験――使用済核燃料を用いた試験で、実際にプルトニウムが抽出される――に入ろうとする段階になって、アメリカから待ったがかかった。アメリカはインド核実験に驚愕し、国際核不拡散体制の強化に乗り出していたが、とくに七七年一月に発足した民主党カーター政権は、自国における商業用再処理とプルトニウム・リサイクルの無期延期を含む厳しい核不拡散政策を発表した（七七年四月）。それと相前後してカーター政権は同盟国に対しても、プルトニウム民事利用の抑制政策への同調を求めてきた。

とりわけ日本に対しては、日米原子力協定（一九六八年改訂）第八条C項を論拠として、東海再処理工場のホット試験の見直しを求めてきた。第八条C項によれば、アメリカ製濃縮ウランの使用済核燃料が再処理の対象となる限り（当時は濃縮ウランは一〇〇％アメリカから輸入していた）、再処理工場の運転についてはアメリカの同意が必要であった。これを受けて七七年四月から九月まで三次にわたり、日米再処理交渉が展開された。

そこで最大の争点となったのは「混合抽出法」（プルトニウムを単体抽出せず、他の物質と混ぜたまま抽出する方法）の採用の是非と、いかなる混合抽出法を採用するかという問題である。日米間の激しい論争の末に決まったのは、ウラン溶液とプルトニウム溶液を一対一の比率で混合したものから直接、混合酸化物ＭＯＸ（Mixed Oxide）をつくる、という方針であった。ただしその技術が完成するまで暫定的に東海再処理工場の運転を認めるという付帯条件がつけられた。こうして七七年九月に日米間で合意が成立し、共同声明が発表された。これにより東海再処理工場の操業は可能となったが、二年間九九トンまでという操業制限がつけられた。

この日米合意のあと七七年一〇月から、カーター米大統領の呼びかけにより、核不拡散の観点から核燃料サイクル事業のあり方を再検討するための、国際核燃料サイクル評価ＩＮＦＣＥ（International Nuclear Fuel Cycle Evaluation Program）と呼ばれる国際プロジェクトが二年半にわたって進められた（一九八〇年二月まで）。そこでの最大の争点はプルトニウム民事利用の是非とあり方であったが、それに関して明確な結論が出ないまま玉虫色の結論が下された。これは実質的には、日本およびヨーロッパ諸国がプルトニウム民事利用計画を引きつづき推進していくことを、アメリカ政府が不本意ながら容認したことを意味していた。日本政府はアメリカ政府の外交的圧力をしのぎ切ったのである。こうして科学技術庁グループの核燃料サイクル関連の四大プロジェクトは、民営化による開発ステージ前進を実現させたのみならず、国際摩擦をもひとまず乗り越えることに成功したのである。

第5章　安定成長と民営化の時代（一九八〇〜九四）

1　軽水炉発電システムにおける「独立王国」の建国

一九七〇年代から八〇年代初頭にかけて、日本の原子力共同体は一つの重要な変容をこうむることとなった。それは電力・通産連合の軽水炉発電システム分野での、科学技術庁からの「独立」にほかならない。それまで電力・通産連合は、軽水炉発電システムの維持拡大のための権限を、みずからの掌中に完全に収めるにはいたっていなかったのだが、一九八〇年までにそれを掌握し、事業運営の自律性を実現したのである。これにより通産省が、軽水炉発電システム全体、つまり発電用軽水炉のみならず、その核燃料サイクルのフロントエンドからバックエンドにいたる全体の管理運営における行政上の全権を掌握し、科学技術庁の直接的介入の余地はなくなった。こうして、電力・通産連合は軽水炉発電システムに関する「独立王国」の建国に成功した。

それと引き換えに科学技術庁グループは、動燃を中心に進められてきたナショナル・プロジェクトを、民営化という形で電力・通産連合に引き取ってもらうことに成功した。八〇年代以降において科学技術庁グループが主役をになうプロジェクトとして残されたのは、高速増殖炉、高速増殖炉用再処理、レーザー法ウラン濃縮、核融合などである。他のプロジェクトにおいては電力・通産連合に主役をゆずり、みずからはそれらを技術的に補佐する脇役に回ることとなった。ただしそのことは必ずしも、科学技術庁グループの原子力開発の凋落を意味するものではなかった。むしろみずからが主役をつとめるプロジェクト群の開発ステージの上昇にともない、予算規模は引きつづき拡大していった。一言でいえば、スクラップ・アンド・ビルドによる発展ということが、科学技術庁グループの新たな組織戦略となったのである。

以上のような基本的認識に立って、これより電力・通産連合による「独立王国」建国にいたるまでの具体的な事実経過を整理してみよう。すでに第2章で述べたように、日本の原子力共同体において、二元的な開発利用体制がその輪郭をはっきりさせたのは、一九五七年においてであった。日本の原子力開発は、科学技術庁傘下の特殊法人を中心として始まったが、電力業界が商業用原子力発電事業の確立へ向けて乗り出したことにより、開発体制は急速に二元化への道をたどることとなった。この草創期の「二元体制」においては、電力・通産連合が商業用発電炉の導入・運転を担当し、他のすべての業務を科学技術庁グループが担当するという縄張りが敷かれた。

そうした縄張りは、時代とともに少しずつ変化していった。それは大局的にみれば、電力・通産連合の縄張りが、少しずつ拡大していったプロセスとしてとらえることができる。ただし科学技術庁グループの縄張りが、時代とともに次第に窮屈なものとなっていったわけでは必ずしもない。科学技術庁グループもまた、実用段階に入った事業について、電力・通産連合への権限委譲を順次進めつつ、それと並行して新たな活動のフロンティアを開いていったのである。

一九六〇年代に入ると、核物質の民有化が実現され、それにより電力・通産連合は、核燃料利用に関する自律性を獲得した。つまり商業用原子力発電事業の拡大に応じて、それに必要な核物質を自由に調達する権限を獲得した。しかしながら一九七〇年代初頭にいたってもなお、商業用原子力発電という電力・通産連合固有の分野においてさえ、科学技術庁の政策的権限は、いぜんとして強大なものであり、それと比べて通産省の権限は限定されたものであった。

それは以下の二点においてきわ立っていた。まず第一に、科学技術庁を事務局とする原子力委員会は、原子力分野での政策決定権を独占的に保有しており、それと対抗できるような意思決定機関は存在しなかった。そのため通産省は原子力委員会の方針に反する形で事業を進めることができなかった。第二に、科学技術庁は発電用原子炉を含め、あらゆる種類の原子力施設の許認可業務を独占的に保有していた。そうした許認可権を保有していたがゆえに、科学技術庁はそれをたてに軽水炉発電政策に口出しすることができたのである。たとえば第4章でみたように、国内民間再処理工場の建設主体となることを電力業界に受諾させるために、科学技術庁は原子力発電所の許認可権を振りかざしたと推定されている。

このように商業用原子力発電事業の分野においてすら、電力・通産連合の自律性は、不十分なものであった。一九七〇年代から八〇年代にかけて電力・通産連合がめざしたのは、軽水炉発電システムの一層の拡大をはかるとともに、それをバックエンド部分も含めた包括的なシステムとして完成させることであり、さらにその管理運営に関する全権を掌握することであった。国家計画の決定権の掌握のための政策的意思決定機関の整備と、軽水炉発電システム全体にわたる許認可権の掌握は、彼らにとって最重要の課題であった。

まず第一の政策的意思決定機関の整備について述べる。通産省が「総合エネルギー対策」を、重要政策の一つとして位置づけるようになったのは一九六二年のことである。この年の五月、産業構造調査会に総合エネルギー部会が設置されたのである。この部会は六三年一二月、石油の低廉かつ安定的な供給を今後のエネルギー政策のかなめとすべきとの報告書を提出した。この総合エネルギー部会は一九六五年、総合エネルギー調査会へと発展的に改組され、二〇〇一年に経産省総合資源エネルギー調査会に改組、今日にいたる。しかしながら初期の総合エネルギー調査会は、原子力政策に関する発言権をほとんどもたなかった。その中心的な検討課題は、石油・石炭政策であった。

そうした事情が大きく変わる契機となったのは、七三年一〇月の石油危機であった。石油危機により、総合エネルギー政策は、単なる通産政策の一分野であるにとどまらず、国家政策の最重点課題の一つとなった。さらに第二次石油危機を契機として、総合エネルギー政策は総理大臣を含む閣僚級の会議によってオーソライズされることにより、最高レベルの「国策」としての権威を獲得したのである。しかも総合エネルギー政策全体のなかで、原子力発電はその地位を大きく向上させた。なぜならエネルギー安全保障ということが、総合エネルギー政策の最重点事項となり、それにともないエネルギー供給における石油依存度の低減と非石油エネルギーの供給拡大が、総合エネルギー政策の重点目標に掲げられたからである。こうした二重の形での大義名分を獲得したことにより通産省は、原子力発電政策を独自の立場から審議できるようになったのである。以上の事実経過をふまえていえば、それまで原子力委員会によって独占されてきた原子力政策の決定機構が、二度の石油危機という事件を契機に、原子力委員会と総合エネルギー調査会の双方が並び立つ二元体制へと、変容をとげたのである。原子力開発利用そのものが二元体制をとって進められてきた以上、政策決定機構が二元的となるのは、ごく自然のなりゆきであった。

なお総合エネルギー調査会の事務局をつとめることとなったのは、石油危機前夜の七三年七月に発足した資源エネルギー庁である。通産省の原子力行政の業務の大部分は、資源エネルギー庁の設置以降、同庁の管轄下でおこなわれることになった。原子力発電機器の技術開発および原子力機器産業の育成強化に関する施策のみが、本省の機械情報産業局の管轄として残された。資源エネルギー庁は単に意思決定機関の事務局をつとめるだけでなく、商業原子力発電行政全体を統括する機関となった。

一九七九年の第二次石油危機を契機として強化された通産省の原子力発電政策における権限について、もう少し説明しよう。第二次石油危機のインパクトを受けて、エネルギーの安定供給確保（いわゆるエネルギー安全保障）が、エネルギー政策の最重点目標となり、「石油代替エネルギー」（石油以外のすべてのエネルギーをさす日本独自の行政用語）の開発・導入の促進が、新たに重点的な政策課題として浮上し、その結果、総合エネルギー政策のなかでの原子力発電の地位がさらに高まることとなった。一九八〇年五月には石油代替エネルギーの開発及び導入の促進に関する法律（石油代替エネルギー法）が成立し、石油代替エネルギーの種類ごとの供給目標が、数字として決められるようになり、それが閣議決定されるという法律上の仕組みが確立した。そうした国策的な将来の供給目標のなかで、原子力発電が特別に高い数値目標を与えられたことはいうまでもない。

こうして総合エネルギー調査会は八〇年代に入るや、原子力委員会に匹敵する実質的な権限を、商業原子力発電システムにかかわる政策に関して、確立したのである。筆者は第4章で、日本の原子力発電の設備容量が七〇年代以降、ほぼ直線的に伸びてきたことを指摘し、その背後に原子力産業の保護育成をめざす通産省の行政指導があったことを示唆した。そして通産省の原子力発電政策は社会主義計画経済のような基本性格をもっていたと結論づけた。この筆者の見解を補足するために、一点つけ加えるならば、社会主義計画経済のような性格は石油危機以後、とりわけ第二次石油危機以後、一段と強化されたのである。通産省が統制経済時代に保持していた強大な産業政策上の権限は六〇年代以降、経済自由化の波に洗われて浸食されていったというのが、産業政策史を学ぶ者にとっての常識である。しかしこと原子力発電分野に限っては、時代の流れと逆行するような動きが、七〇年代から八〇年代にかけて進展したのである。

さて、通産省がエネルギー政策の分野で一九八〇年代以降重点的に進めたのは、電源多様化政策である。これは電気事業分野において、石油火力発電のシェアを減らす一方で、石炭、天然ガス、原子力の三つの基幹的エネルギーのシェアを増やし、さらに再生可能エネルギーを含む新エネルギーの開発導入を促進することなどを骨子とする政策である。電源三法が八〇年に改正された際に創設された「電源多様化勘定」は、この方針にもとづくものである。

通産省の電源多様化政策は実質的に、原子力発電拡大支援政策を中心としたものとなった。たとえばその一環である電源三法制度は、すべての種類の発電所について、その立地を受諾する自治体に補助金を支払う仕組みであるが、実質的には原子力発電所をはじめとする原子力施設の立地促進を主眼としていた。この電源多様化政策のもとで、石油火力発電所の新設は計画中だったものを除いて禁止され、既設分についても燃料の石炭や天然ガスへの転換が奨励された。

それにより、新設される発電所の種類は、石炭、天然ガス、原子力の三者択一ということになった。そして三者ともその発電電力量におけるシェアを八〇年以降、いちじるしく上昇させた。一九八〇年度における九電力会社の発電電力量のシェアをみると、石油四二・五％、石炭三・一％、天然ガス二〇・五％、原子力一七・六％、となっている。それが一九九五年度には、石油一六・九％、石炭八・八％、天然ガス二七・九％、原子力三七・〇％、となったのである。ここで注目されるのは、石炭のシェアがわずか一五年の間に三倍弱となり、原子力のシェアも二倍強となったことである。

しかし石炭、天然ガス、原子力の三者のなかで手厚い政策的支援の対象となったのは原子力だけであった。政府のエネルギー関係予算の大部分が、原子力発電事業に投入され、広報宣伝と住民説得のための努力の大部分が、やはり原子力発電事業に注ぎ込まれたのである。そうした強力な政策的支援なくして、原子力発電の安定成長がつづいたかどうかはきわめて疑わしい。

その一方で、石炭と天然ガスのシェア増大は、政策的支援なしに達成された。このうち石炭については、石油に対する経済的な優位が、普及促進のおもな理由である。また天然ガスについては、経済性において他の燃料と十分競合しうる水準となったのに加え、大気汚染物質をあまり出さないすぐれた環境特性（都市やその近郊に発電所を立地するうえで大きなメリットがある）が高く評価された。

また電力会社のパートナーとしてのガス会社が精力的にその普及促進をはかったことも、追い風効果をもたらした。天然ガスは単位体積あたりの燃焼エネルギーが、従来の都市ガスの主役だった石油ガスと比べて大きいため、既存の設備のままで需要拡大に十分対応できるので、ガス会社にとって魅力的だったのである。このように石炭と天然ガスについては、政策的支援なしにシェア増大が可能であった。なお水力発電については、この時期にはすでに飽和状態にあった。

以上、軽水炉発電システムにかかわる通産省系統の政策的意思決定機関の整備と、その権限強化のプロセスについて、ややくわしく概観してきた。次に第二点として、通産省による許認可体制の確立について簡単に述べておく。一九七五年二月、内閣総理大臣の私的諮問機関として原子力行政懇談会(有澤廣巳座長)が設置され、三四回の審議の末、翌七六年七月に最終答申が提出された。この原子力行政懇談会は、原子力船「むつ」事件(七四年九月)などで露呈した日本の原子力行政の問題点を解消することを主目的として設置されたもので、原子力行政改革の骨子をまとめることを任務としていた。その最終答申には、原子力安全委員会設置の提言とともに、原子炉の安全確保についての行政官庁の責任の明確化をはかるためという理由で、原子炉の種類に応じて、それぞれの許認可権を単一の官庁(発電用原子炉については通産省)に委ねることが提言された。この原子力行政懇談会の答申の骨子は「原子力基本法の一部を改正する法律」として七八年六月に可決成立し、ここに通産省による許認可権の全面掌握が実現したのである。科学技術庁グループ(本庁と原子力船開発事業団)の不祥事に乗じて、通産省が積年の念願を達成したといえる。

こうして七〇年代末から八〇年にかけて、通産省は原子力政策のうち軽水炉発電システム関連事業において「独立王国」としての主権を確立するとともに、その国策としての権威を大いに高揚させた。そして原子力発電所の設置の許認可においても、主導権を確立した。そしてさまざまの政策手段を動員して、軽水炉発電システムの拡大をはかろうとした。通産省がこの時期に進めた政策のなかで重要なのは、国内政策面では原子力発電所の立地促進と、核燃料サイクルのバックエンド部分を中心とするインフラストラクチャー整備の二つであり、国際政策面では対米自立であった。一方、電力業界は、右記の二つの国内政策について、おおむね通産省と共同歩調をとった。しかし対米自立については必ずしも協力的ではなかった。

2　対米自立政策の形成と屈折

ここで対米自立政策の展開について簡単に説明しておきたい。それは自国の原子力発電事業のアメリカへの過度の依存から脱却することにより、国際情勢や日米関係の変化による影響を最小限に食い止めるための政策をさす。つまりエネルギー供給において日米関係をはじめとする国際政治的要因に左右されにくい状態を、原子力分野において実現しようとする政策をさす。

その有力手段の一つは、技術的および資源的な自給自足の達成である。もしそれが実現すれば、仮に貿易や技術移転に対する国際的な規制が強化されても、その影響を回避することができる。ただし技術的・資源的な自給自足をめざすことは、経済的および政治的理由により、しばしば国際関係悪化の要因となる。とくに原子力分野における自立（自給自足の達成）は、軍事分野での自立に準ずる国際政治的意味をもつ。それは他国に干渉されることなしに自国の核武装を進め、他国に軍事転用可能な核技術や核物質を提供することについて、その潜在能力を保有することを意味するからである。それゆえ同盟諸国や周辺諸国からの強い拒否反応を呼び起こす可能性が高い。

政府が国際的自立のために活用しうるもう一つの有力手段は、特定国や特定地域への過度の依存を避け、多くの国や地域との提携関係を築くことである。それにより特定国や特定地域において、日本の原子力開発利用に対する政策が大きく変わり、それにともなう外交的圧力が日本に加えられても、リスク分散効果のおかげで、その影響を小さくすることができるのである。

ところで日本は原子力に関して、アメリカへの過度の依存をつづけてきた。軽水炉はアメリカのメーカーとのライセンス契約にもとづいて導入されており、濃縮ウランもほぼ全量をアメリカからの輸入に頼っていた。また使用済核燃料の再処理についても、その対象がアメリカから輸入した濃縮ウランである限り、アメリカからの強い規制を受ける状況にあった。このように軽水炉本体と核燃料サイクルの双方において、日本はアメリカ一国に強く依存しており、アメリカの意向をうかがいその同意を得ることなしに原子力開発利用を進めることが不可能な立場におかれていた。日米再処理交渉はその氷山の一角であった。そうした日本政府関係者の立場からみれば、アメリカが一九七〇年代半ばに原子力政策を大幅に修正し、核不拡散を重視するようになったことは、核燃料サイクル事業推進にとって重大な脅威であった。原子力の世界は石油の世界とは異なり、資源ナショナリズムの影響力は希薄であったが、アメリカの核不拡散グローバリズムは、それに勝るとも劣らない影響力を行使しうるものとして、強い警戒心の対象となったのである。

そうした状況のもとで日本政府は七〇年代半ば以降、国際的自立を進める政策に高い優先順位を与えるようになった。通産省によるカナダ製重水炉ＣＡＮＤＵ導入構想も、そうした文脈のなかで理解するのが妥当であろう。ＣＡＮＤＵ炉は日米原子力協定とは別の仕組みにおいて導入されるためにアメリカの監視が届きにくく、また天然ウランを燃料とするために、アメリカ製濃縮ウランの使用にともなう規制を受けないのである。ＣＡＮＤＵ炉の導入主体としては、通産省傘下の国策会社である電源開発株式会社が予定されていたが、その導入目的は単に電源開発株式会社の原子力発電事業への進出を実現することだけではなく、アメリカに対する自立性を強めることにもあったと考えられる。

また通産省が国内民間商業再処理工場建設を、科学技術庁とともに電力業界に要請したのも、それが英仏に対する再処理委託と比べて、アメリカの干渉を受けにくい性質のものだったことを大きな理由とすると思われる。一九七〇年代半ばという時代において、通産省は原子力分野でのアメリカの核不拡散グローバリズムを、石油分野での中東諸国の資源ナショナリズムに勝るとも劣らぬ脅威とみなしていたのである。

「軽水炉改良標準化計画」も、そうした文脈のなかで理解するのが適切である。一九七五年に通産省は原子力発電設備改良標準化調査委員会を設置し、三次にわたり軽水炉改良研究を推進した（第一次計画＝一九七五〜七七年度。第二次計画＝一九七八〜八〇年度。第三次計画＝一九八一〜八五年度）。通産省の軽水炉改良標準化計画の狙いは、二つあったと思われる。第一は故障の続発と設備利用率の低迷に悩む既存の軽水炉の欠陥を減らしていくこと、第二は外国技術から脱却し自主技術にもとづく軽水炉を確立することである。このうち設備利用率向上という目標については、第一次・第二次計画の期間中に、電力会社とメーカーが着実に成果をあげ始めたので、第三次計画の目標が「技術自立」となるのは当然のなりゆきであった。第三次計画は「日本型軽水炉」の完成を、スローガンとして掲げたのである。

ところが第三次計画で実施された基幹プロジェクトは、日本の原子炉技術の自立をめざしたプロジェクトではなく、電力会社によって提案された日米共同開発方式（アメリカ企業が開発のイニシアチブを掌握し、日本企業がそれに協力する方式）による「改良型軽水炉」（ABWRおよびAPWR）の開発プロジェクトであった。「日本型軽水炉」というスローガンは看板だおれに終わったのである。そこにいたる経過は不明であるが、おそらくは通産省のテクノナショナリズムが、国内的には技術的独立を達成することの経営上のメリットを認めない電力業界の協力を得られず、国際的にもアメリカの強い抵抗に直面した結果、妥協を余儀なくされたのだと思われる。そうした方針転換に対応して、「日本型軽水炉」という表現は使われなくなった。

それにしても、のちに航空自衛隊次期支援戦闘機開発計画（FSX開発計画）で採用されたのと同じ日米共同開発方式が、一九八〇年代初頭という早い段階で、軽水炉分野でスタートしたということは注目に値する。ただし軽水炉分野の特徴は、アメリカのメーカーと日本メーカーとの力関係が基本的に対等となったことである。この点はFSX開発計画とやや事情を異にする。自国の原子炉発注がなくなったことによる原子力産業の停滞によって苦境におちいったアメリカの原子炉メーカーにとって、日本メーカーをパートナーとすることは、生き残りのための有力な選択肢であった。

改良型軽水炉としては、今日までに沸騰水型のＡＢＷＲ（電気出力一三五・六万ｋＷ）がすでに実用化されている（加圧水型のＡＰＷＲは建設されない可能性がある）。

なお、軽水炉改良標準化計画の後継計画として八七年度より「軽水炉技術高度化計画」がスタートした。そこでは「改良型軽水炉」を超える「次世代軽水炉」の開発が、長期目標としてうたわれている。それは二〇年近くにわたりペーパープランの段階にとどまりつづけたが、二〇〇六年に復活をみることとなった（だが、二〇一一年の福島原発事故により状況は暗転した）。

今までみてきたように、通産省の対米自立政策は、目立った成果をあげることができなかった。にもかかわらずそれによって日本の原子力開発利用が、アメリカの圧力により路線の見直しを強いられたわけではない。それは原子力事業においてアメリカから自立することが、八〇年代において結果的に不要となったためである。厳しい核不拡散政策をとってきたカーター政権に代わって、レーガン政権が八一年一月に登場したために、アメリカの核不拡散グローバリズムの発動は不発に終わったのである。また八〇年代に入ると、軽水炉技術においてアメリカのメーカーとのライセンス契約をあえて破棄することのメリットは、もはや感じられなくなっていた。ライセンス契約は必ずしも海外展開を束縛するものではなく、むしろ日米共同事業という形での海外展開の可能性を開くものとなった。日本の原子力産業は今や、アメリカの原子力産業に首根っこを押さえられた弱い存在ではなくなっていた。むしろアメリカの原子力産業のほうが、解体の危機に直面していたのである。

3　商業用核燃料サイクル開発計画の始動

電力・通産連合の原子力発電事業のなかで、一九八〇年代において目立った進展をみせたのは、商業用核燃料サイクル開発計画である。とくに青森県上北郡六ヶ所村における核燃料サイクル施設の建設が開始されたことは、軽水炉発電のインフラストラクチャー整備の観点から、特筆すべきものであった。それと比べると、もう一つの主要課題である原子力発電所の立地促進については、第4章で述べたように難航がつづき、大きな成果をあげることができなかった。通産省は電源三法制度の拡充を八〇年代以降も進めてきた。また電力業界と通産省は広報宣伝活動に、多大の資金と人材を注ぎ込んできた。しかし原子力発電所の新規サイトの獲得は困難をきわめ、その結果として電力会社は、既存サイトにおける増設という形で、原子力発電の設備容量の増加を実現していくこととなったのである。

この節では、この時期に目ざましい進展をみせた商業用核燃料サイクル開発計画の展開について、その経過をあとづける。軽水炉・再処理路線をとる場合、商業用核燃料サイクル施設の基幹をなすものは、ウラン濃縮工場、核燃料再処理工場、高レベル放射性廃棄物処分施設の三つである。また中低レベル放射性廃棄物処分施設も重要である。なお核燃料再処理工場の付属施設として、使用済核燃料や高レベル放射性廃棄物の中間貯蔵施設が設けられるのが普通である。もちろんそれらの施設をすべて日本国内に建設する必要はない。ウラン濃縮と再処理については、それを海外に委託することも可能である。放射性廃棄物についても、外国に引き取ってもらったり、あるいは公海の海底などに投棄することも、理論的には可能である、ただしそれは今日までに、国際環境法に違反する行為であると考えられるようになり、現実的には採用しがたい選択肢となった。

さて一九八〇年頃の時点で、日本に右記のような商業用核燃料サイクル施設は、一つとして存在しなかった。まずウラン濃縮工場については、遠心分離法ウラン濃縮のパイロットプラントが、岡山県人形峠の動燃事業所において、一九七九年九月より部分操業を開始したばかりであった。それは一九八二年三月に全面操業にいたったが、その分離能力はわずか五〇トンSWU／年にとどまった。それは一〇〇万kW級の原子力発電所一基の燃料すらまかなうことができない能力である(一トンSWU／年という能力は、三%濃縮ウランを天然ウランから年間約二五〇kg生産する能力をさす。電気出力一〇〇万kW級の軽水炉が毎年必要とする約三〇トンの濃縮ウランをつくるためには、約一二〇トンSWUの濃縮役務が必要となる)。また製造コストについても、海外依託コストと比較する以前の段階にあったことはいうまでもない。

次に再処理工場についても、商業化よりもはるか以前の段階にあった。動燃の東海再処理工場は、第4章でみたように日米再処理交渉の妥結(一九七七年)によって、アメリカからホット試験(プルトニウムを実際に抽出する試験)の実施を認められた。ホット試験は七七年九月に始まり、八〇年二月までつづけられた。そして八一年一月より東海再処理工場は本格運転を開始したのである。ところが東海再処理工場は、その計画が始まった六〇年代初頭において商業用再処理工場として計画されたにもかかわらず、六〇年代から七〇年代にかけての原子力発電の拡大にともない、いちじるしい能力不足を露呈していた。その年間処理能力は二一〇トンであり、一〇〇万kW級の原子力炉七基分程度の設計能力にすぎなかった（しかもその後の故障続発により年間二一〇トンというスペックは、年間九〇トンに切り下げられた。これは原発三基分にすぎない）。もし使用済核燃料の全量再処理をめざすのであれば、東海再処理工場とは桁違いの規模の再処理工場を建設する必要が生じていた。

最後に放射性廃棄物処分施設（高レベル、中低レベル）についても、一九七〇年代半ばすぎに検討が開始されたばかりであった。次々と発電用軽水炉が運転を始め、現実に大量の廃棄物を生み出すようになってから、廃棄物の後始末について検討されるようになったのである。ようやく七六年一〇月八日、原子力委員会は「放射性廃棄物対策について」という基本方針をまとめた。そこでは、高レベル放射性廃棄物処分について、二〇〇〇年頃までに見通しを得ることを目標に、調査研究と技術開発を進めるという方針が示された。つまり商業用高レベル廃棄物処分施設の建設は、遠い将来へと先送りされたのである。一方、中低レベル放射性廃棄物については、海洋処分と陸地処分の双方を早急に実施するとの方針が示された。ただし陸地処分について具体的な方針の決定は先送りとされた。本命視されていた海洋処分に関してのみ、試験的な処分を七八年頃から開始することが決められた。

ところが、海洋処分の構想は短期間で頓挫することとなった。全国漁業協同組合連合会（全漁連）をはじめとする漁業者団体が、海洋処分に強く反対したため、科学技術庁は試験的な処分をなかなか実施できなかったのである。そうした状況を打開すべく原子力安全委員会の放射性廃棄物安全技術専門部会は一九七九年一〇月一二日、東京南方九〇〇キロの深さ五〇〇〇メートルの深海底にドラム缶を投棄する方針を示した。だがこれに南太平洋諸国が猛反発したのである。こうして内外からの猛反発を受けた結果、海洋処分構想は立ち往生の状態となった。南太平洋諸国はさらに、ロンドン条約（廃棄物の海洋投棄による海洋汚染の防止に関する条約）締約国会議に、この問題を持ち込んだ。そして八三年の第七回締約国会議で、放射性廃棄物の海洋投棄は一切認めないとの決議がなされた。それ以来、日本の海洋処分構想は立ち消えとなった。そこで原子力関係者は八〇年頃より、陸地処分の本格的な検討を始めた。しかしその先行きは定かではなかった。

以上が一九八〇年代初頭における商業用核燃料サイクル開発の状況である。だがそれからわずか数年の間に、さまざまな商業用施設の建設計画が一気に具体化するのである。核燃料サイクル施設群を青森県に立地する構想が正式に表明されたのは一九八四年四月二〇日のことである。この日、電気事業連合会（平岩外四会長）から青森県（北村正哉知事）に対して、核燃料サイクル施設立地協力要請が提出されたのである。電気事業連合会（電事連）の構想は、核燃料再処理工場、ウラン濃縮工場、低レベル放射性廃棄物貯蔵センターの、いわゆる再処理サイクル三施設を、青森県下北地方に集中立地するというもので、具体的な立地点、各施設の事業主体、各施設の事業計画はこの段階ではまだ提示されなかった。これは「包括要請」と呼ばれる。

電事連はその三カ月後の八四年七月二七日、より具体的な計画を示したうえで、青森県知事と上北郡六ヶ所村（古川伊勢松村長）に、あらためて立地協力要請をおこなった。そこでは立地点は「むつ小川原総合開発地域内」（六ヶ所村）とされ、事業主体は再処理に関しては日本原燃サービス、他の二つに関しては電気事業者が主体となって創設する新会社（日本原燃産業という名称で八五年三月に設立された）とすることが発表された。さらに三施設の事業計画が示された。再処理工場に関しては年間処理量八〇〇トン、建設費七〇〇〇億円、一九九七年頃完成、という見積りが示された。

原子力施設の立地計画に際しては、それが正式に発表されるはるか以前から、地元有力者に対する根回し工作がなされ、土地の買収も進んでいるのが普通である。下北半島もその例外ではなかった。そこでは「むつ小川原総合開発計画」の名のもとで土地買収が進んでいた。ただそれは重化学工業の巨大コンビナート建設が目的とされていた。しかし中曽根康弘首相が八三年一二月八日に青森県でおこなった「下北半島を原子力のメッカとする」という発言を契機として、事態は急速に動き始めた。そして八四年一月一日の『日本経済新聞』のスクープ記事を皮切りに、マスメディアが下北半島における核燃料サイクル基地建設計画について報道し始めた。そうした事前の情報リークによる地ならしをへて、四月二〇日に電事連の「包括要請」がおこなわれ、さらに七月二七日に具体的計画が示されたのである。

この立地協力要請に対して、地元自治体は前向きの対応をみせた。青森県下北半島のむつ小川原総合開発地域内に核燃料サイクル施設を集中立地するという構想は、電力業界が一方的に地元に提案してきたものではない。むしろ、むつ小川原開発株式会社（青森県も出資する第三セクター会社として一九七一年に創立）と、それを後押しする青森県による誘致という性格を併せもっており、その意味で電力業界と地元関係者との密接な連携プレイの産物であったと指摘されている（舩橋晴俊・長谷川公一・飯島伸子編『巨大地域開発の構想と帰結――むつ小川原開発と核燃料サイクル施設』、東京大学出版会、一九九七年、第二章）。

青森県は電事連の立地要請を受けて八月二二日、核燃料サイクル事業の安全性に関する専門家会議を設置し、第一回会合を開いた。それは合計わずか三回の会合を開いたのちに報告書を提出し、安全性は基本的に確立しうるとの結論を出した。それと並行して青森県は、県内各界各層の人々からの意見聴取活動をおこなった。その間、六ヶ所村でも合意形成手続きが急速に進んだ。各地域での住民説明会を経て八五年一月一六日、六ヶ所村議会全員協議会が核燃料サイクル施設の村内立地受諾の決議をおこなった。そして翌一七日、古川村長が、県知事に立地受入れ回答を提出したのである。それを受けて、北村県知事は二月二五日、立地協力要請に応ずる旨の意思表明をおこなった。

こうして県内の合意形成手続きは、わずか半年のうちに大詰めを迎えた。そして青森県議会全員協議会は八五年四月九日、核燃料サイクル基地の立地受入れを決議したのである。それを見届けてから北村県知事は四月一八日、電事連に立地協力要請受諾を正式回答した。この日、青森県、六ヶ所村、原燃二社(日本原燃サービス、日本原燃産業)、電事連(立会人)の五者の間で「原子燃料サイクル施設の立地への協力に関する基本協定書」の署名がおこなわれた(なお原燃二社は九二年七月一日に合併し、日本原燃株式会社となった)。これから先、核燃料サイクル基地建設は一瀉千里に進んだ。八七年八月二八日には、原燃二社とむつ小川原開発との間で、核燃料サイクル施設用地売買契約が締結され、八七年から八九年にかけて次々と、ウラン濃縮工場、低レベル放射性廃棄物貯蔵施設(のちに埋設センターへと改称)、再処理工場の事業許可申請が科学技術庁に提出されるのである。そして八八年から九二年にかけて、政府の事業許可が次々と下され、怒濤のような建設工事が始まることとなる。**図7**に、三つの核燃料サイクル施設の事業許可申請から操業開始までの経過を整理してお

図7　3つの核燃料サイクル施設の建設経過

	事業許可申請	事業許可	操業開始
ウラン濃縮工場	87. 5. 26	88. 8. 10	92. 3. 27
低レベル廃棄物埋設センター	88. 4. 27	90. 11. 15	92. 12. 8
使用済核燃料再処理工場	89. 3. 30	92. 12. 24	未　定

く。

　ここでなぜ、六ヶ所村が、核燃料サイクル基地の立地点として白羽の矢を立てられたかについて説明しよう。それには大きく分けて三つのおもな理由がある。第一の理由は、立地予定地において財産権処分問題がすでに解決していたことである。第二の理由は、下北半島のむつ小川原総合開発地域が、コンビナート誘致の失敗により巨額の負債を抱えており、関係者がその損失補塡のための事業誘致の相手を必死にさがし求めていたことである。第三の理由は、青森県が日本でも有数の原子力施設の集中立地地域となりつつあり、その点で県当局をはじめとする地元自治体の協力を取りつけやすかったことである。

　まず第一、第二の理由について説明する。日本では原子力発電所の新規立地は一九七〇年代以降きわめて困難となった。その最大の要因は地権者・漁業権者の抵抗である。こうした地権者・漁業権者の反対が原発立地の最大の障害となり、それさえ解決すれば事業者にとってこわいものはなくなるという事情は、日本特有のものである。欧米諸国において地権者・漁業権者の反対により原発立地計画が放棄されたケースを、筆者は寡聞にして知らない。そもそも欧米諸国には日本の漁業権に相当する私権がまったく存在しないか、ごく限定的なものとなっている。また土地についての考え方の違いのためか、地権者の居坐りという反対運動の様式が成立しがたいものとなっている。土地・海域に関する私権が、国際的常識からみて過剰に保護され、しかもそれが売買等による莫大な私益の源泉になるという日本の特殊事情が、日本の原子力立地紛争を外国人からみてわかりにくくしている。

欧米の原子力立地紛争の主要な争点が安全問題であるのに対し、日本ではそれ以上に金銭問題が大きな意味をもつのである。ところが六ヶ所村では、むつ小川原総合開発計画のための広大な敷地がすでに青森県の第三セクター会社(むつ小川原開発株式会社)によって確保されており、漁業補償問題も解決済であった。

ここでむつ小川原総合開発計画について、必要最小限の説明をしておこう(くわしくは前掲の舩橋晴俊・長谷川公一・飯島伸子編『巨大地域開発の構想と帰結――むつ小川原開発と核燃料サイクル施設』、第一章をみよ)。下北半島むつ小川原地域は、新全国総合開発計画(六九年五月三〇日閣議決定)のなかで、巨大工業基地として開発すべき地域として指定された。青森県当局や地元財界はむつ小川原開発計画の具体化とその実現に向けて精力的な活動を開始した。東京の経団連や関係各省庁も、むつ小川原開発に積極姿勢をとった。この開発計画がもし成功すれば、鉄鋼・アルミニウム・石油精製・石油化学などの工場群が建ち並ぶ巨大コンビナートが出現する見込みであった。

ところがコンビナートの中核となるべき素材産業は、七〇年代に入るや成長ペースを鈍化させ、過剰設備に悩み始めた。さらに素材産業の停滞を深刻化させたのは、第一次石油危機の勃発であった。こうして早くも七三年頃には、むつ小川原開発計画の前途に赤信号が点滅し始めた。その後も工場進出の話が出ることはなく、開発計画は自然崩壊の形をとることとなった。唯一実現したのは、国家石油備蓄基地のみであった。その結果、むつ小川原開発株式会社の負債は膨らみ、八二年からは一〇〇〇億円の大台に乗った（九三年からは二〇〇〇億円台となった）。だが八〇年代初頭までに用地買収はほぼ完了し、漁業補償問題も決着済となっていた。財産権処分問題という、原子力施設の立地に立ちはだかる最大の障害はすでに消滅していたのである。コンビナートを建設するという前提のもとで財産権処分契約が交わされたという歴史的経緯は、その用地を核燃料サイクル基地へと転用することの障害にはならなかった。それはむつ小川原開発計画の一部修正という法的手続きによって簡単に処理されたのである。立地地域自治体からの転用を理由とする補償増額要求も弱かった。

次に第三の理由としてあげた、青森県が日本でも有数の原子力施設の集中立地地域となり、さらなる原子力施設の立地に対して、融和的な姿勢をとるようになっていたという点について説明する。青森県が最初に受け入れた原子力施設は、原子力船「むつ」の定係港であった（一九六七年）。その後ほどなく東京電力と東北電力が、下北半島東通《ひがしどおり》村に二〇基もの原子力発電所を建設する構想を公表した（九五年に財産権処分問題がすべて解決した）。さらに七六年、下北半島大間《おおま》町に原子力発電所を建設する構想が浮上した。八〇年代に入るや、佐世保で修理をすませた「むつ」の新しい定係港を、下北半島北部太平洋岸のむつ市関根浜に設置する構想が浮上し、一気に実現の運びとなった。このように青森県下北半島は当時すでに「原子力半島」の様相を呈しつつあったが、そのことが核燃料サイクル基地の建設構想を呼び込む誘因となったのである。

こうした電力業界、青森県、政府の三者が一体となっての建設計画の推進に対し、批判的意見をもつ住民が反対運動を展開するようになった。しかしそれは当初、全県的な大きなうねりとはならなかった。しかも反対運動は、建設計画の推進を阻止するための有力手段をもたなかった。財産権処分問題が解決済となってしまっている以上、他のいかなる手段を講じても、建設計画を撤回させる見込みは乏しかったからである。しかし一九八六年四月にソ連で起こったチェルノブイリ原発事故に刺激され、青森県民の間でも、原子力施設の安全性に対する懸念が高まり、八七年頃より核燃反対運動(核燃料サイクル基地の地元立地に反対する運動)が高揚するようになる。そのなかで、財産権処分問題をめぐる攻防とは別の方法で、建設計画の推進にブレーキをかける戦術が浮上してくるのである。

後述するように、チェルノブイリ原発事故のインパクトを受けて、一九八七年頃から都市住民の間で、脱原発世論が高まりをみせるようになった。チェルノブイリ事故について日本人の間では当初、「対岸の火事」とみなす傾向があったが、その翌年に輸入食品の放射能汚染問題が発覚してから、人々はチェルノブイリ事故を身近な問題として認識するようになったのである。原子力施設の立地地域住民に加えて、広汎な都市住民の間でも脱原発世論が高まりをみせたのは、前代未聞のことであった。そうした国民的規模での脱原発世論の高揚を背景として、青森県でも農業者や女性を中心とする核燃反対運動が燃えあがった。

その運動は八九年に大きな飛躍をとげた。八九年七月の参議院議員選挙で、核燃阻止を唱える三上隆雄候補が圧勝したのである。この選挙は消費税導入やリクルート疑惑を契機として有権者が自由民主党政権への反発を強めていた時期におこなわれたが、そうした自由民主党への国民世論の批判の高まりと、核燃反対の県民世論の高まりの相乗効果により、核燃反対候補が圧勝したとみられる。翌九〇年二月の衆議院議員選挙でも、青森県で二名の核燃反対候補が当選した。こうして九一年二月の青森県知事選挙で核燃反対候補が当選する可能性も、夢ではなくなったかに思われた。

そこで核燃反対運動は、反核燃知事を誕生させ、核燃料サイクル基地に関する立地協力協定を破棄することにより、その建設を凍結に追い込むという戦術を立てた。この戦術は、一度許可された立地計画を撤回させる法的効力をもたないが、それでも強力な実質的効力をもつ手だてである。

さて九一年二月の青森県知事選挙では、核燃料サイクル基地建設を先頭に立って推進してきた北村正哉候補が四回目の当選を果たした。自由民主党や電力業界が大量の資金とマンパワーを動員した選挙活動を展開したのに対し、核燃反対運動がそれをしのぐ運動を展開できなかったことが、勝敗を分けたといわれている。この県知事選挙を境として、青森県内での核燃反対運動はその最盛期を過ぎたのである。

4　高速増殖炉およびその再処理に関する技術開発の展開

今までの三つの節で、電力・通産連合の動きについて概観してきた。この節と次節では、もう一方の勢力である科学技術庁グループの動きを概観したい。すでにみたように科学技術庁グループは一九八〇年代以降、動燃を中心に進められてきたさまざまのナショナル・プロジェクトを電力・通産連合に移管しつつ、みずからはスクラップ・アンド・ビルドによる発展をめざすこととなった。なお電力・通産連合に移管された事業についても、その補佐的役割をになう研究開発事業が、科学技術庁グループに残された。

科学技術庁グループが八〇年代以降において取り組んだプロジェクトの主なものは、高速増殖炉開発、高速増殖炉用再処理開発、高レベル放射性廃棄物処分の研究、レーザー法ウラン濃縮開発、核融合開発などである。この節では高速増殖炉開発および高速増殖炉用再処理開発の進捗経過について、次節では他のプロジェクトの進捗経過について、整理しておきたい。

まず最初に、高速増殖炉開発について述べると、それは動燃の歴史上、最大のプロジェクトであり、八〇年代以降も動燃主導のもとで進められた。四大プロジェクトのうち他の三つにおいては、新たな開発ステージの大型施設の建設は八〇年代半ば以降、電力・通産連合に委ねられる形となっていたが、高速増殖炉開発だけは動燃が引きつづき主役をつとめたのである。動燃が高速増殖炉開発に注ぎ込んできた経費の、発足時(六七年度)から九六年度までの三〇年間の累計額は、常陽関係一三一一億円(建設費二八九億円、運転費一〇二二億円)、もんじゅ関係五七七九億円(建設費四五〇四億円、運転費一二七五億円)、関連研究開発費三四二七億円、合計一兆〇五一七億円に達している。これに、もんじゅ建設費への民間拠出金一三八二億円、通産省における関連研究開発費一四五億円を加えると、一兆二〇四四億円となる。

第4章で述べたように、動燃がまず着手したのは、高速増殖炉実験炉常陽の開発計画であった。常陽が臨界試験に成功したのは七年後の七七年四月である。なお常陽に最初に装荷された炉心はMK-I炉心(熱出力五万kW、のちに七万五〇〇〇kW)と呼ばれる、ブランケットを備えた標準タイプのものであったが、のちに高速炉用燃料・材料の照射試験に適したMK-II炉心(熱出力一〇万kW)——ブランケットを備えていない——に換装された。新しい炉心を装荷した常陽は八二年一一月に臨界試験に成功し、八三年八月より定格運転に入った。

一方、常陽の次段階に位置する高速増殖炉原型炉もんじゅについて、動燃は一九六八年頃から設計研究を開始した。それにほぼ一〇年をついやし（調整設計が終了したのは七七年三月）、原子炉設置許可申請が出されたのは八〇年一二月であり、設置許可がおりたのは八三年五月である。もんじゅ（電気出力二八万kW）の建設工事の本格着工はさらに遅れ、八五年一〇月にずれ込んだ。その九年後の九四年四月、もんじゅは臨界試験に成功した。その総建設費は五八八六億円に達したが、先に述べたように関連の費目も加えると、まさにもんじゅは一兆円プロジェクトであった。

なお動燃の発足直後に出された当初計画（六八年三月決定）では、一九七六年度が完成目標年度だったが、それから一八年も遅れる結果となった。

こうした大幅スケジュール遅延の原因はいろいろあるが、その最たるものは当初計画があまりにも楽観的だった点にある。そこではほぼ五年ごとに実験炉・原型炉・実証炉・商用炉の各ステップがクリアされ、八〇年代後半には高速増殖炉商用炉が完成するとの見通しが示されていたのである。このようなタイムテーブルの非現実性は、ひとり高速増殖炉に限らず、日本の原子力開発プロジェクトすべてに共通してあてはまる事実である。

ここで参考までに、高速増殖炉の実用化見通しの後退過程を一瞥しておく。最初にそれが示されたのは原子力委員会の「発電炉長計」（五七年一二月）で、一九七〇年頃とされていた（ただし高速中性子型か、それとも熱中性子型かの指定はなかった）。しかし実質的意味をもつタイムテーブルが初めて掲げられたのは六七長計においてであり、そこには昭和六〇年代初頭（一九八〇年代後半）に実用化を達成すると書かれていた。ところがその後、長期計画が改訂されるたびに、実用化目標時期は加速度的に後退してゆく。すなわち七二長計では昭和六〇年代中(一九九〇年代前半)が目標時期とされた。七八長計では昭和六〇年代後半(一九九〇年代前半)に実証炉臨界を達成し、昭和七〇年代中(二〇〇〇年代前半)に本格的実用化をはかるとされた。八二長計では実用化時期が二〇一〇年頃にずれ込み、さらに八七長計では、二〇二〇~二〇三〇年頃へと実用化時期が一挙に二〇年も後退してしまった。九四長計では、二〇三〇年頃が目標となった。ただし後述のように、もんじゅ事故後に設置された原子力委員会高速増殖炉懇談会答申(九七年一二月)では、実用化目標時期そのものが消去された。

時間がたつにつれて実用化時期までに要する年数がむしろ遠ざかっていく現象を、天文学のハッブルの法則——宇宙膨張にともない、遠方の天体ほど時間とともに地球から遠ざかるスピードをあげ、やがて光速をこえて事象の地平線のかなたに没して、みえなくなってしまうという法則——になぞらえて、実用化時期の「ハッブル的後退」と名づける。これは原子力開発の多くのプロジェクトに共通してみられるものだが、高速増殖炉開発ではとりわけ顕著にみられる。

つぎに高速増殖炉用再処理技術の開発経過について述べる。それは軽水炉の使用済核燃料の再処理技術と同じ手法(ピューレックスPUREX法)を使って実施することが可能であるが、その技術的な難しさは増大するので、専用の施設の開発が必要となる。なぜ高速増殖炉用再処理技術が技術的に難しいかを、まずごく簡単に説明しておこう。

高速増殖炉の中心部は、炉心とブランケットからなる。炉心にはMOX燃料(核分裂性プルトニウムの含有率が一五~二〇%程度のもの)が装荷されている。ブランケットは炉心の燃料棒の上下部分及び外周部分をくまなくおおっている燃料棒状の構造物の集まりであり、そのなかには、天然ウランまたは劣化ウランが詰められている。ブランケットはきわめて分厚いもので、その内容物の総重量は炉心の燃料棒のそれの数倍に達する。ブランケットを設置する目的は、炉心から外に逃げようとする高速中性子をできるだけ多くウラン238に吸収させ、それをプルトニウムに転換することである。もしブランケットを設置しなければ、プルトニウムの増殖は不可能に近い。

高速増殖炉の出力密度は軽水炉のそれの数倍に達する。そのため炉心の使用済核燃料の燃焼度（単位重量あたりの累積発熱量。それは累積核分裂回数に比例する）もまた、軽水炉の数倍となる。軽水炉の使用済核燃料の燃焼度は三万MWD（メガワットデイ）／トン――七二万kWh／kg――程度であるが、高速増殖炉では一〇万MWD／トン程度となる。それにともない核分裂生成物の量も単位重量あたり三倍程度となる。その結果として高速増殖炉の炉心の使用済核燃料は、放射能レベルがきわめて高く、不溶解性物質も多量に含まれることとなる。また相当に高い濃度（核分裂性プルトニウム一五〜二〇％）のMOX燃料を使用するため、プルトニウム含有率も桁違いに高い。したがって再処理工程において予期せぬ連鎖反応が始まらないよう、厳重な臨界管理が必要となる。これが高速増殖炉用再処理技術の困難さの理由である。

ところで、ブランケットの照射済核燃料は、炉心から漏れてくる中性子を吸収するだけなので、核分裂反応はあまり起こさず、燃焼度は低い（一〇〇〇〜二〇〇〇MWD／トン程度）。したがってその再処理は軽水炉の場合と比べてはるかに容易である。ただしそれは核不拡散の観点からは、厳重な注意を要する。なぜならブランケットの照射済核燃料に含まれるプルトニウムは、「兵器級」プルトニウムと呼ばれ、原爆材料として最適のものであり、そこではすべてのプルトニウム同位体のなかで、プルトニウム239の比率が九七〜九八%を占めるからである(その比率が高いほどよい)。

原子炉のなかでプルトニウム239を長時間おいておくと、それは中性子を吸収して核分裂するか、または重いプルトニウム(^{240}Pu、^{241}Pu、^{242}Pu)へと変化していく。これら重いプルトニウムは原爆材料として不都合な性質をもつ。軽水炉や高速増殖炉炉心の使用済核燃料から抽出されるプルトニウムでは、重い同位体が全体の三〇〜四五%程度を占める。これを「原子炉級」プルトニウムと呼ぶが、それは原爆材料としては劣った品質のものである。高速増殖炉ブランケットの照射済核燃料からのプルトニウム抽出が、核拡散の観点から特別の警戒心を国際社会において喚起しているのは、以上のような理由からである(ただし原子炉級プルトニウムでも原爆製造は可能である)。

さて、動燃が高速増殖炉用再処理技術の開発のための調査研究を本格的に始めたのは、一九七〇年代半ばである。ほどなくして、軽水炉用のピューレックス法を改良して高速増殖炉用とするという基本方針が決められた。一九八二年には東海事業所に実験室規模の施設として、高レベル放射性物質研究施設(CPF、Chemical Processing Facility)を完成させ、常陽の照射済核燃料を用いた試験研究を開始した。パイロットプラント規模の施設については、八二年に改訂された原子力開発利用長期計画のなかに初めて、施設の建設計画が盛り込まれた。そこでは一九九〇年代初め頃に運転を開始するという目標が示された。

だがその後ほどなく、当初の開発計画は見直された。高速増殖炉用再処理技術の開発が予想以上に難しいことが関係者の間で認識されたためである。そこで八七年の長期計画では、パイロットプラント規模の施設に先行して、工学規模のホット試験施設（プルトニウムを実際に抽出する試験施設）をまず建設し、その成果をふまえてパイロットプラント建設計画を具体化し、二〇〇〇年過ぎにその運転開始を実現する、という方針へと変更された。この工学規模の試験施設として構想されたのが、リサイクル機器試験施設ＲＥＴＦ（Recycle Equipment Test Facility）に他ならない。九四年の長期計画では、ＲＥＴＦの次のステップとして試験プラント（パイロットプラントに相当する）を建設し、さらにその次のステップとして実用プラントを建設するという方針が示された。そして試験プラントの運転開始目標時期は二〇一〇年代半ばとされた。

ＲＥＴＦは、東海再処理工場に付設されるもので、いわばその前段処理施設にあたる。高速増殖炉の炉心から出る使用済核燃料は、そのままでは東海再処理工場の本体部分では取り扱えないので、それを本体部分で処理できるような溶液へと変えることが、ＲＥＴＦの役割である。なお燃焼度の低いブランケット燃料については溶解したのち、そのまま本体部分へ送り込むことも技術的に可能である。ＲＥＴＦの取扱量は、炉心燃料とブランケット燃料を混合して再処理する場合、年間最大六トンとされている。ただしこれは施設の物理的能力の上限ではなく、一日あたりの最大取扱量（一六〇〜二四〇キログラム）の三〇倍程度でしかない。このように潜在的に大きな処理能力をもつだけあって、その建設費としては一二〇〇億円が予定された。ＲＥＴＦの建設は九四年一二月に許可され、九五年一月より建設が開始された（しかし、もんじゅ事故後、中断された）。

5　科学技術庁グループによる他の開発プロジェクトの展開

前節では、高速増殖炉とその使用済核燃料の再処理技術の開発計画の動きを一瞥した。この節では、それ以外の主要なプロジェクトとして、高レベル廃棄物処分、レーザー法ウラン濃縮、核融合の三者を取りあげる。科学技術庁グループが取り組んだプロジェクトは他にも数多くあるが、それらについては紙面の都合で割愛する。

まず高レベル廃棄物処分の研究について述べると、一九八〇年一二月一九日に原子力委員会放射性廃棄物対策専門部会がおこなった報告「高レベル放射性廃棄物処理処分に関する研究開発の推進について」において、ガラス固化体の地層処分を念頭においた研究開発計画が示され、「試験的処分」の実施にいたるまでのシナリオが提示された。さらに八四年八月七日、同専門部会は「放射性廃棄物処理処分方策について（中間報告）」を提出した。そのなかで一九九〇年代前半頃までに処分予定地を選定し、二〇〇〇年頃から処分を開始するという、今日からみるときわめて楽観的なシナリオが示された。なお処分の実施において中心的な役割をになう機関とされたのは、動燃である。

動燃は、高レベル廃棄物処分施設の候補地として、北海道幌延《ほろのべ》町に目をつけ、町長らと接触を保っていたとみられる。そして一九八四年四月二一日、動燃の高レベル廃棄物貯蔵工学センターの建設計画が明るみに出た。ただちに成松佐恵男町長は、誘致の意思を表明した。これに対して北海道知事の横路孝弘（日本社会党）は誘致反対の意向を表明したが、道議会の多数野党である自由民主党はそれに反発した。横路知事は八五年九月、動燃の立地環境調査の協力要請に拒否回答をしたが、道議会は立地環境調査促進決議をあげてこれに対抗した。その後、現地調査の実施をめぐって推進勢力と反対勢力の抗争がつづいたが、八七年春の統一地方選挙で自由民主党が大敗したことを契機に、立地推進勢力は劣勢に立ち始め、九〇年七月二〇日には道議会もまた、設置反対決議をおこなうにいたった。高レベル廃棄物処分施設の建設計画は、完全な膠着状態におちいった。

こうして、高レベル放射性廃棄物処分事業は、この八〇年代から九〇年代初頭にかけての時代において、ほとんど進展せず、完全な仕切り直しを余儀なくされた。一九九一年一〇月、高レベル放射性廃棄物対策推進協議会ＳＨＰが、電力業界、通産省、科学技術庁、動燃の関係者を中心として発足し、処分事業の具体的な実施方針についての検討を開始した。そうした動燃と事業者の作業が円滑に進められるようサポートし、最終的に国策としてオーソライズするために、九五年九月一二日、原子力委員会に高レベル放射性廃棄物処分懇談会と、原子力バックエンド対策専門部会の二つが、同時に設置された。その後の動きについては第6章であらためて紹介することとする。

次にレーザー法ウラン濃縮開発について述べる。それはウラン235とウラン238、あるいは両者の化合物に関して、その吸収スペクトル（電子エネルギー準位）のわずかな差異を利用して、ウラン235のみをレーザーによって選択的に励起解離させ、それを電気的に分離する方法であり、原子法と分子法の二種類がある。原子法は、すでに第4章で簡単に説明したとおり、金属ウラン蒸気にレーザーを照射してウラン235のみを電離させ、それを電極に回収する方法である。また分子法は、六フッ化ウラン（UF_6）にレーザーを照射して、ウラン235を含むUF_6のみを選択的に励起させ、五フッ化ウラン（UF_5）

とフッ素ガス（F_2）に解離する方法である。五フッ化ウランは固体なので、ガス状の六フッ化ウランから容易に分離回収することができる。

このレーザー法ウラン濃縮に関する研究開発が始まったのは、一九七〇年代半ばのことである。一九七四年にアメリカのローレンスリヴァモア研究所（核兵器設計を主目的とする研究所としてロスアラモス研究所と双璧をなす）が、原子法ウラン濃縮に関する研究成果を公開し、世界的に注目を浴びた。それに刺激されて日本国内でもプロジェクトを立ちあげる機運が盛りあがり、七六年度より日本原子力研究所（原研）が原子法を、同じく科学技術庁傘下の特殊法人である理化学研究所（理研）が分子法を、それぞれ担当することとなった。しかし当時は遠心分離法の立ちあげの時期と重なったので、実験室規模の研究がおこなわれるにとどまった。

レーザー法の開発が本格化したのは、一九八〇年代半ばのことである。原子力委員会はウラン濃縮懇談会を一九八五年一二月に設置し、八六年一〇月に同懇談会は答申をまとめた。そこでは西暦二〇〇〇年頃に三〇〇〇トンSWU／年程度の国内濃縮事業を構築するという目標が示されるとともに、原子法については電気事業者を中心とした研究組合方式（レーザー濃縮技術研究組合）によるプロジェクトを主力とし、それを原研が補佐するという仕組みが提案された。また分子法については、理研に動燃が協力する形で開発を推進するという方針が示された。なおアメリカやフランスで早くから原子法が本命視されていた状況を反映して、原子力委員会も原子法を本命視していた。原子法だけに関して、一九九〇年頃に年間一トンSWU相当の五％濃縮ウランの生産という数値目標が示された。

こうした経緯において注目されるのは、電力業界が早い段階で、原子レーザー法ウラン濃縮の研究開発の主導権を掌握しようとし、しかもそれを実現した点である。このエピソードは、科学技術庁グループ主導の研究開発を進め、その成果を民間に技術移転するという従来の方式に対して、電力業界が拒絶反応を示したものと理解してよいと思われる。電力業界は有望な技術とそうでない技術との取捨選択を、みずからの権限においておこなう道を選んだのである。このようにレーザー法ウラン濃縮開発においては、科学技術庁グループの主導権が早い段階で失われたといえる。

また動燃は、科学技術庁グループのなかでさえ、脇役にまわることとなった。動燃の濃縮部門にとってそれはじり貧状態におちいることを意味していた。なぜなら動燃では、遠心分離法ウラン濃縮開発に関して、研究開発段階の最後のプラントとして原型プラント——年間二〇〇トンSWU、一九八五年一一月建設開始、八九年五月全面操業——の建設が軌道に乗り、「遠心法ウラン濃縮における動燃の役割は終了した」という声が広がっていたからである（中根良平・北本朝史・清水正巳編『日本における同位体分離のあゆみ』、日本原子力学会、一九九八年、二四三ページ）。そのあとを引きつぐ有力候補であったレーザー濃縮というプロジェクトの主役の地位を、動燃は逃したのである。

ウラン濃縮懇談会は一九九二年八月に報告書をまとめた。その内容は、レーザー法開発に関して冷ややかなものとなった。つまり新たな開発ステージへと前進させるのではなく、工学試験や要素技術の開発を進めるべきだと結論づけたのである。こうしてレーザー法ウラン濃縮開発も、実用化への展望を切り開けずに立ち消えとなった。

なお参考までに、原子法レーザー濃縮技術が、核不拡散の観点から特別の警戒を要する技術とみなされていることを付言しておく。そのおもな理由は二つある。第一に、原子法レーザー濃縮プラントは分離係数がきわめて大きいため高濃縮ウランをつくるのに好適である。また同じ能力をもつ他の方式のプラントよりもはるかに小型の装置をつくることができ、電力消費量もさほど多くないため、(スパイ衛星などに探知されず)秘密裡に建設・運転をおこなうことが可能である。第二に、同じ原理を用いて核分裂性プルトニウムを濃縮することもできる。低品質の「原子炉級」プルトニウムを、高品質の「兵器級」プルトニウムへと、容易に転換できるのである。日本がアメリカやフランスと並んで、この原子法レーザー濃縮技術を開発する背景には、核武装の野望があるのではないかという疑惑が、国内外の識者たちから表明されたゆえんである。

最後に、核融合開発の動きについて述べる。(くわしくは、吉岡斉「核融合研究の本格的展開」、中山茂・後藤邦夫・吉岡斉編著『通史　日本の科学技術』第四巻、学陽書房、一九九五年、一九三〜二〇六ページ、および、吉岡斉「大学系の核融合研究」、同第三巻、一九九五年、一三三〜一四五ページ、を参照されたい)。

まず核融合炉の原理について、ごく簡単に説明しておく。核融合反応とは軽い(質量数の小さい)原子核が融合して、より重い(質量数の大きな)原子核を生み出す反応のことで、その際、莫大なエネルギーが発生する。技術的に最も容易に実現できるのは、重水素(D)とトリチウム(T)を融合させる反応で、その結果としてヘリウムと中性子が生ずるとともに、大量のエネルギーが解放される。これをD-T反応という。水素爆弾(水爆)はこのD-T反応を瞬時に大量に発生させるための爆発装置である(DもTも、水素の同位体なので、この名称があてられた)。それに対して核融合炉は、炉内で定常的にD-T反応を発生させ、その熱を取り出して動力や電気に変換する装置のことである。

大量の核融合反応を発生させるには、軽い原子核をある仕切られた空間内に高密度に詰め込み、それを超高温状態にするのが通常の方法である。これを熱核融合という。原子核はプラスの電荷を帯びているので、互いに電気的に反発し合うが、超高温状態にしてその運動エネルギーを大きくしてやれば、電気力による障壁を突破して、互いに融合するチャンスが出てくる。また高密度ならば軽い原子核同士がぶつかり合う確率も増える。したがって核融合燃料を超高温・高密度状態にし、その状態をできるだけ長時間持続させることが、熱核融合により大量のエネルギーを取り出すために不可欠である。超高温状態のもとでは、核融合燃料はプラズマ（電離気体）状態となる。

水爆では原爆の爆発が生み出す電磁波や衝撃波を利用して核融合燃料を瞬時に高温・高密度状態とすることができる。一方、核融合炉では、熱核融合反応を制御された状態で持続させねばならない。そのためには通常、「磁場閉じ込め」と呼ばれる方法が使われる。そこでは核融合燃料を核融合炉の真空容器のなかに入れ、外部からエネルギーを注入して加熱すると同時に、核融合燃料を丈夫な磁気容器のなかに閉じ込めることにより、高温・高密度状態をつくり出す。ところで外部からエネルギーを注入する装置や、堅固な磁気容器をつくり出す電磁石を作動させるには莫大な電力が必要である。そうした核融合炉を動かすための莫大な入力を上回る出力を取り出すには、「自己点火条件」——外部からエネルギーを注入しなくても核融合反応を持続できる条件——を満たす「核融合プラズマ」を発生させる必要がある。「自己点火条件」の目安となるのは、イオン温度二億℃、密度と閉じ込め時間の積が2×10^{20}秒／m^3、程度である。

実用的な核融合発電炉は必ず、「自己点火条件」を達成しなければならない（これを科学的実証という)。そのうえで、工学的な幾多の難題を克服して高い信頼性と安全性を備えたシステムをつくりあげる必要がある(これを工学的実証という)。さらに経済的にも他の発電方式と競争できる水準を達成しなければならない(これを経済学的実証という)。

これより歴史の話に入ると、制御熱核融合研究の最初のブームは、一九五〇年代半ばに訪れた。スターリンの死去にともなう米ソ関係のささやかな雪解けを背景として、それまで水爆研究との関連ゆえに軍事秘密の厚いベールでおおわれていた核融合研究に関する情報を、米英ソの三大核兵器保有国をはじめ、各国が一斉に公開し始めたのである。しかし高温プラズマを効果的に閉じ込める方法がみつからなかったため、核融合研究は「煉獄の時代」に突入した。

そこから脱出するめどが立ったのは一九六〇年代末のことであった。それまで実用的な発電炉へと発展する可能性のある有力な炉型は、一つも存在しなかったが、ドーナツ状の真空容器に強力な磁場を発生する特大コイルを規則的に巻きつけた「トカマク型」と呼ばれる炉型が、世界の核融合研究者の間で本命視されるようになったのである。トカマク型以外の炉型についても、閉じ込め能力の着実な向上が進められるようになり、また「磁場閉じ込め」方式に並ぶものとして「慣性閉じ込め方式」――レーザー等の強力なビームを、核融合燃料を詰めた小さな標的(ペレット)めがけて四方八方から一斉に照射し、超高温・高密度状態をつくり出す方式。つまり「ミニ水爆」を核融合炉内で爆発させる方式――の開発も進むようになったのである。

そうした核融合研究の飛躍の追い風となったのが、七三年の石油危機であった。それを契機として、もし核融合発電が未来のエネルギー供給の切り札となる可能性があるならば、それを追求したいと、先進各国のエネルギー政策関係者たちが考えるようになったのである。それにより世界各国で、新エネルギーのホープとして、核融合研究に巨額の国家予算が投入されるようになった。そして建設費一〇〇〇億円をこえる三台の大型トカマク型装置の建設計画が実現した。欧州共同体ECのJET、アメリカのTFTR、日本原子力研究所のJT60である。いずれも「自己点火条件」を達成する能力をもたないが、その次の開発ステージにおいて建設されるべき核融合装置(「実験炉」と通称される)への踏み石の役割を果たすものと位置づけられた。そして次の「実験炉」段階で、「自己点火条件」を達成することが目標とされたのである。

世界三大トカマク装置は、一九八二年から八五年にかけて相次いで運転を開始し、プラズマ加熱・閉じ込めに関して、期待どおりの成績を収めた。しかしながら八〇年代半ばまでに、世界の核融合研究ブームは、急速に冷却しつつあった。それは主として二つの要因による。第一は、第二次石油危機の嵐が短期間でほどなく過ぎ去り、石油をはじめとする化石燃料の安値安定供給時代が再来したために、将来のエネルギー安定供給に関する危機意識が、世界的に遠のいたことである。新エネルギー開発の政策上の優先順位は大きく低下したのである。

第二は、核融合発電の実用化の困難さが、関係者の間で強く認識されるようになったことである。それは実用化を念頭においた本格的検討をおこなうことを通じて、次第にわかってきたことである。まず明らかになったのは、「自己点火条件」を満たす実験炉を作るには、世界三大トカマクをさらに大幅にスケールアップした装置をつくらねばならず、その建設費(数千億円以上と見込まれた)の調達が困難であるという点である。それと同時に、仮に実験炉の建設・運転に成功しても、それから実用化までの道がきわめて遠いものとなることが、認識されてきた。核融合炉は同じ出力の核分裂炉と比べて、図体が大きくなるのは避けられず、機器の精密さにおいてより厳格な基準を満たす必要があり、超高温と猛烈に強い中性子ビームにさらされるため機器の材料を特別に吟味する必要があり、また頻繁に主要機器を交換しなければならない、などの本質的弱点がわかってきたのである。

そうした状況のもとで各国関係者は、自国または自地域(ヨーロッパの場合)だけのプロジェクトとして実験炉計画を推進することに、躊躇せざるをえなかった。実用化の可能性が疑わしいプロジェクトに、これほどの巨費を投ずることに関して、世論や議会や財政当局の支持が得られる可能性が、疑問視されるようになったからである。この苦境を打開すべく、国際熱核融合実験炉ITER《イーター》(International Thermonuclear Experimental Reactor)の建設計画が、アメリカ、欧州共同体、日本、ソ連(のちにロシア)の四者の国際共同プロジェクトとして、国際原子力機関IAEAの所轄事業として一九八八年から開始された(のちに中国、韓国、インドが加わった)。それは一九八五年にジュネーブで開かれた米ソ首脳会談におけるアメリカの提案に、起源を有するものである。それをソ連が前向きに受け止め、欧州共同体と日本を加えた協議にもとづいて、三年後に正式発足にこぎつけたのである。まず八八年四月から概念設計活動が始まり、九二年七月から工学設計活動が始まった。ただし工学設計活動の終了する予定の九八年七月までに、建設費の大部分を支出するホスト国が名乗りをあげなかったため、工学設計活動はコストダウンを主目的としてさらに三年間延長された。それからの経過を簡単に述べると、二〇〇一年七月に工学設計活動は終了し、それを受けてホスト国(立地地点)の選考に入った。フランス(プロヴァンス地方のカダラッシュ)と日本(六ヶ所村)が最後まで競ったが、二〇〇五年六月にカダラッシュが立地地点に決まった。そして二〇〇七年一〇月に、ITER国際熱核融合エネルギー機構の設立に関する協定が発効した。そしていよいよ二〇〇八年に敷地整備が始まっている。核融合炉が完成して実験が始まるのは二〇一九年頃の予定だったが大幅に遅れる見込みである。

以上に概観した世界の核融合研究の流れに、日本は七〇年初頭までは追随し、七〇年代半ば以降は主役の一人として参加してきた。日本では六〇年代末までは、核融合研究は大学等の研究者を中心としたアカデミックな活動にとどまっていた。しかし「煉獄の時代」から脱却しつつあった世界の趨勢に刺激されて、核融合研究を原子力研究の一環として推進しようとする機運が盛りあがり、一九六九年度より原子力委員会の指定するプロジェクトとして「第一段階核融合研究開発基本計画」がスタートし、日本原子力研究所(原研)がその中心的役割をになうこととなった。

さらに石油危機を契機として、核融合研究はその予算規模を大きく伸ばすことに成功した。世界三大トカマク装置の一角をなす日本原子力研究所の臨界プラズマ試験装置JT60(JAERI TOKAMAK 60)——JAERIは原研の英語名、60は炉心容積が六〇m³であることを示す。のちにJT60は大幅改造され、炉心容積が一〇〇m³となり、名称はJT60Uに改められた——の建設計画が承認され、大学等でも数台の大型核融合装置の建設計画が承認されたのである。このうちJT60の建設は、一九七五年七月の原子力委員会決定において承認され、「第二段階核融合研究開発基本計画」がスタートした。JT60の設計が始まったのは一九七四年度であるが、一九七八年度より建設がスタートし、八五年四月に総工費二三〇〇億円を費やして完成した。

しかし世界での核融合ブームの冷却という状況変化により、日本一国のプロジェクトとしての実験炉建設計画は、なかなか具体化しなかった。原子力委員会核融合会議長期戦略レビュー委員会は一九八一年三月、報告書を提出し、そのなかで核融合実験炉FER（Fusion Experimental Reactor）の建設を提言した。その総開発費は六〇〇〇億円（建設費四五〇〇億円、関連研究開発費一五〇〇億円）と見積もられ、昭和七〇年代初頭（一九九〇年代半ばすぎ）の完成が提言された。これを受けて核融合会議は、原子力委員会に実験炉建設に関する提言をおこなった。しかし原子力委員会の新しい長期計画（八二長計）には、核融合実験炉計画は盛り込まれなかった。長期計画専門部会で反対意見が相次ぎ、それに押し切られたからである。

こうして核融合関係者は一九八〇年代において、JT60の次の開発ステージに進むきっかけを見出せないまま、目の前のプロジェクトに忙殺される日々をすごした。ようやく一九九二年七月二一日、原子力委員会は「第三段階核融合研究開発基本計画」を決定したが、それは事実上、ITER計画への参加をJT60の次の開発ステージとして位置づけるものとなった。

以上、高レベル放射性廃棄物処分、レーザー法ウラン濃縮、核融合の三分野について、科学技術庁グループの研究開発活動の一九八〇年代から九〇年代初頭にかけての動向を概観してきたが、ここから総括的にいえるのは、どのプロジェクトも、実用化への展望を切り開くことに難航したという点である。ここで取りあげなかった他のプロジェクトについても事情は同じである。原子力船開発は、残務整理のような性格のプロジェクトであったし、高温ガス炉の研究開発も、装置の規模を最小限におさえることにより、かろうじて承認されたプロジェクトにすぎないからである。スクラップ・アンド・ビルドによる発展という科学技術庁グループの狙いは、不完全燃焼のまま燻りつづけることとなった。

6　チェルノブイリ原発事故と脱原発世論の高揚

一九八六年四月二六日にソ連（現在ウクライナ）のチェルノブイリ原子力発電所四号炉で起きた核暴走・メルトダウン事故は、史上最悪の原発事故となった。それは後述のように、ベラルーシ・ウクライナ・ロシアの広大な国土に放射能汚染をもたらし、不毛の地とした。またヨーロッパ全土に放射性物質を降らせ、現地の人々の食生活をはじめとする生活全般に大きな打撃を与えた。さらに食品の放射能汚染という形で、日本人を含む全世界の人々の不安をかき立てた。

この事故の顚末を要約しておこう。ＲＢＭＫ１０００型の原子炉は、プルトニウム生産炉としてソ連が開発した軍用炉（黒鉛減速軽水冷却型天然ウラン炉）を原型とし、それを発電炉へ転用したもので、軽水炉ＶＶＥＲと並んで、ソ連の発電用原子炉の主流をなしてきた。だが低出力で正のボイド係数をもつ――出力増加により炉心を通過する冷却水中の泡が増えると、泡の増加が出力のさらなる増加を招き、核分裂反応の暴走的拡大、つまり核暴走事故にいたりやすい性質をもつ――など、安全上問題の多い原子炉であった。チェルノブイリ四号炉では、保守点検のための運転停止に入る直前（最も大量の放射能を内蔵している時期）に、一つの実験がおこなわれた。それは電源が断たれた場合を想定して、予備のディーゼル発電機が立ちあがるまでの約四〇秒の間、タービンの慣性運転を利用して発電し、緊急炉心冷却装置ＥＣＣＳなどに電気を供給することにより、システムの安全性を維持できることを実証するための実験であった。ところが最初に運転員が原子炉の出力を下げすぎてしまったために、実験をおこなうためには、多くの安全装置をはずして低出力で原子炉を運転するしか手段がなくなった。そしてそれが実行された。

かくして実験は開始されたが、タービンへの蒸気供給を停止し慣性運転に入らせたことにより、タービンと接続していたポンプ（ＥＣＣＳを模擬するための臨時の措置だった）の回転が落ち、それによって炉心を流れる冷却水が減少し、その結果として温度上昇と泡の増加が始まった。だが不幸にもＲＢＭＫ１０００型は、低出力で正のボイド係数をもつ原子炉であったので、出力の異常な増加が始まった。そこで運転主任はあわてて緊急停止ボタンＡＺ－５を押し、制御棒を炉心に押し込もうとしたが、その速度は全挿入まで一八〜二〇秒と遅かった。また制御棒の先端部分にある水排除棒が、核分裂連鎖反応を促進する黒鉛でつくられていた。したがって制御棒の挿入が始まってからしばらくの間、反応がかえって促進され、暴走の火に油を注ぐ結果となった。

巨大な爆発によって炉心は粉々に破壊され、原子炉建屋には大穴があいた。追加の爆発が、さらに一〜二回起こった。原子炉の内部では火災が起き、炉心のメルトダウンが進んだ。そして建屋の大穴から「放射性火山」のように、放射能が大量に漏洩しつづける最悪の事態となったのである。さらにメルトダウンした核燃料が、原子炉のコンクリート基部を突き抜けて、その下にあるプールの水と接し、大規模な水蒸気爆発を起こす危険が生じた。もしそれが現実化すれば、内蔵核物質の大半が大気中に放出され、一〜三号炉にも事故処理部隊が近づけなくなり、同時多発的原発事故となったに違いないが、そうした最悪の事態だけは回避された。放射能の大量放出は五月六日までつづいた。

チェルノブイリ事故は、数々の大きな世界的インパクトをおよぼした。それは第一に、ソ連の原子力発電計画に重大な打撃を与えた。いくつかの原発は廃炉を余儀なくされ、進行中だった建設計画も、いくつかが中止されたのである。その後のソ連崩壊とそれにともなう経済的混乱により、旧ソ連諸国の原発計画は九〇年代以降も停滞をつづけている。

チェルノブイリ事故は第二に、多数の死者と被曝者を生み出し広大かつ永久的な不毛地帯をもたらし、大量の難民を生じさせる破局的な事故が起こりうることを実証した。こうした究極的な事故が起きる確率が、事実上無視できる程度であるということを人々に信じさせることが、原子力発電の拡大にとって不可欠の前提条件であったが、今やその前提条件は妥当でないことが立証された。これを契機として多くのヨーロッパ諸国が原子力発電所の新設に関してモラトリアム状態に入った。

さらに第三に、この事故によって、大事故にいたるシナリオとして、冷却材喪失事故ＬＯＣＡ(Loss of Coolant Accident)と並んで、暴走事故もまた現実的であることが、広く認識されるようになった。もちろん両者の結末は同じであり、原子炉建屋の破壊による外部環境への放射能放出と炉心のメルトダウンである(メルトダウン事故と核暴走事故を、過酷事故の二つのタイプとして並べる論者もいた。もちろんこれは事故の結果と原因を混同することによる単純な誤りである)。

ところで暴走事故の危険は、チェルノブイリ型の原子炉だけでなく、高速増殖炉や沸騰水型軽水炉など、他のタイプの原子炉にもつきまとっている。それゆえチェルノブイリ事故は、これらのタイプの原子炉の安全性についても、疑問を投げかける効果をもたらした。高速増殖炉については、ドイツの原型炉SNR300の安全性に関して、立地地点のノルトライン・ヴェストファーレン州政府(社会民主党)が、暴走事故を起こしやすいことを主要な論拠として、運転許可を出さず、連邦政府もそれを却下する決断を下さなかった。そうした膠着状態が続いていた一九八九年、ヴァッカースドルフ再処理工場の建設が中止され、SNR300は宙に浮いた形となり、さらに同年のベルリンの壁崩壊が最後の一撃となり、九一年には廃炉が決定した。

チェルノブイリ事故のもたらした被害については、いまだ全貌が明らかになっていない。それは正確な影響評価のために不可欠な疫学調査という作業そのものの困難さにもよるが、ソ連政府(およびその後継者としてのロシア政府)の秘密主義と情報操作にもよるところが大きい。ソ連政府がそうした姿勢を貫いてきたのは、事故影響をできるかぎり低く見積もるためであったとみられる。また国際原子力機関IAEAも、そうしたソ連政府の姿勢と同一歩調をとってきた。その結果、事故から二〇年以上が経過した現在でも、どれだけの放射能が放出され、どれだけの放射線被曝が起こり、それによりどれだけの急性障害が発生し、どれだけの晩発性障害が発生したかという最も基本的なことに関して、専門家の間でのコンセンサスが存在しない。

たとえばソ連政府報告書(一九八六年夏)では、放射能の放出量について、希ガス五〇〇〇万キュリー(一八五〇ペタベクレル。ペタは一〇〇〇兆)、その他のエアロゾル放射能五〇〇〇万キュリー、合計一億キュリー(三七〇〇ペタベクレル)という値が、八六年五月六日(事故の一〇日後)に標準化した数値として示された。この推定では、炉心内部の希ガス以外の放射能のわずか四%程度しか、外界に拡散しなかったことになる（チェルノブイリ炉に内蔵されていた放射能は、約一二億キュリーとみられる。このうち希ガスが五〇〇〇万キュリー、他が一一億五〇〇〇万キュリーである。希ガスはほぼ全量放出したとみられる。希ガス以外の放射能の放出量が五〇〇〇万キュリーならば、それは希ガス以外の放射能の四%強に相当する。だがその後の調査により原子炉内はほとんど空っぽであることが確認されており、大部分の放射能がどこに行ったのか不明である）。

またソ連政府報告書によると、事故による直接の死亡者は三一名（うち二八名は急性放射線障害による）、急性放射線障害に罹った者は二三七名（全員が発電所職員と消防夫）であるとされている。周辺住民には一件の急性放射線障害も出なかったとされている。しかしこれは疑問視されている。少なくとも数千件の急性放射線障害が、周辺住民の間に発生したとの推定もある。アラ・ヤロシンスカヤによれば、共産党指導部が、急性放射線障害の被害者のカルテに「神経血管疲労」と記すよう医療機関に指示を出していたという（アラ・ヤロシンスカヤ著『チェルノブイリ極秘』、和田あき子訳、平凡社、一九九四年）。また事故処理作業者の間にも、数万人の急性放射線障害が発生したと推定されている（七沢潔著『原発事故を問う――チェルノブイリから、もんじゅへ』、岩波新書、一九九六年、第四章）。

さらにソ連政府報告書は、ウクライナ・ベラルーシ・ロシアの三共和国の七五〇〇万人の住民が受ける総被曝線量を二億五〇〇〇万人レム（二五〇万人シーベルト）と推定した。この場合、国際放射線防護委員会ＩＣＲＰ（International Commission on Radiological Protection）の一九九〇年勧告におけるリスク評価によれば、癌死者は一二万五〇〇〇人となる。また、広島にある財団法人放射線影響研究所ＲＥＲＦ（Radiation Effects Research Facility）の一九八八年報告におけるリスク評価にもとづいて計算すれば、癌死者は三二万五〇〇〇人となる。しかしソ連政府は翌年になって評価をやり直し、総人口被曝量を一二分の一とした。これにより癌死者は計算上、一〜三万人程度におさえられる結果となる。ただし生データと推論過程は、右記の二つの報告書に関して、一切が不明である。すべての生データと推論過程を明示しなければ、客観的な推論として意味がない。

フランスの物理学者ベラ・ベルベオークは、事故直後の八六年五月一日に「この大災害の被害者数の評価を最大限に減らすために、後日専門家たちの国際的企みが行われるであろう」と述べた。現在までの経過は、この予想を裏づけている（ベラ・ベルベオーク、ロジェ・ベルベオーク著『チェルノブイリの惨事』、桜井醇児訳、緑風出版、一九九四年、四一ページ）。

さて、チェルノブイリ事故は日本にも大きな影響をおよぼし、一般市民を幅広く巻き込んだ脱原発世論を高揚させたが、日本政府の原子力政策への影響は小さかった。また国内各地の原発建設計画や、青森県六ヶ所村の核燃料サイクル施設の集中立地計画にも、ブレーキをかけるにはいたらなかった。その点で日本はヨーロッパ諸国と事情を異にする。日本の国土に直接大量の放射能が降り注がなかったために、チェルノブイリ事故のインパクトが、ヨーロッパ諸国と比べて弱いものとなったと思われる。

スリーマイル島（ＴＭＩ）原発事故のときと同じように、日本の原子力開発の関係者たちは、「このような事故は日本では起こりえない」という趣旨の議論をおこなった。とくに、チェルノブイリ型原子炉（ＲＢＭＫ型炉）には格納容器がついていないことを力説し、また正のボイド係数をもつなどの設計上の難点を力説した。またソ連政府が運転員の規則違反を事故原因と断定したことをふまえて、日本の運転員は原子力安全文化を身につけているから大丈夫だと論じた。こうしたチェルノブイリ事故の特異性を強調するキャンペーンに対して、批判的専門家たちは、暴走事故がさまざまのタイプの原子炉で起こりうるものであり、チェルノブイリ級の事故に際しては格納容器や圧力容器が役に立たないことを力説した。また運転員の規則違反という罪状についても、ソ連の原子力開発幹部の責任逃れの理屈にすぎないと指摘した。しかし日本の行政当局は、国内の原子力発電所の安全性を、暴走事故の観点から再点検することに踏み切らなかった。この点に関する限り、TMI事故のときよりも、事故の安全規制行政への影響は小さかった。

にもかかわらずチェルノブイリ事故の国内世論への影響は、短期間で終息することはなかった。事故後半年を過ぎて沈静化しつつあるかにみえた日本国内の反対運動は、輸入食品の放射能汚染問題が次々と報道されるようになった一九八七年一月を契機として、再度の高揚をみせたのである。食品汚染問題をきっかけとして、主婦層を中心とする多くの一般市民が、原発問題を自分の身近の問題として認識するようになった。そうした自然発生的な運動の高まりは、「脱原発ニューウェーブ」などと呼ばれた。そのピークは八八年であり、四国電力伊方原子力発電所の出力調整実験への反対運動をはじめとして、子連れの主婦を中心とした行動が全国各地で展開された。八八年四月二四日にかけて東京日比谷公園で開かれたチェルノブイリ事故二周年の全国集会は二万人の参加者を集めた。

そうした脱原発世論の高揚の火に油を注いだのが、ノンフィクション作家の広瀬隆の活躍であった。広瀬は、『東京に原発を！　新宿一号炉建設計画』(JICC出版局、一九八一年)を皮切りに、一九八〇年代より精力的な原子力批判を展開するようになり、『ジョン・ウェインはなぜ死んだか』(文藝春秋、一九八二年)などの話題作を発表してきたが、チェルノブイリ事故一周年の八七年四月二六日に『危険な話——チェルノブイリと日本の運命』(八月書館)を発表し、たちまち数十万人の読者を獲得した。広瀬のこの作品は原発事故によって放出される放射能の危険性を臨場感あふれる筆致によって訴え、「ヒロセタカシ現象」と呼ばれるほどの大きな反響を巻き起こした。

それから二〇年あまりがすぎた現時点から評価すると、広瀬隆の『危険な話』は先見の明にあふれた作品だったことがわかる。広瀬の最も基本的な主張は、チェルノブイリ事故とその影響に関するソ連政府の報告が基本的にフィクションであり、できるだけ事故の被害を小さくみせるための情報操作が加えられており、それは世界の原子力発電の拡大をめざす国際原子力機関IAEAとの合作であるというものであった。この主張は前述のベルベオークの主張と同趣旨のものであるが、現在までに基本的に反証されていないと考えられる。

「ヒロセタカシ現象」の猛威に驚いたのか、さまざまの論者が一九八〇年代後半、広瀬隆批判を展開した。彼らの立場は一様ではなかったが、広瀬の表現の科学的な不正確さや、根拠とするデータの信頼性の低さを執拗にあげつらうことで、その主張の信憑性を失わせようとした点は、すべての論者に共通して認められる。たとえば日本科学者会議の野口邦和は、「広瀬隆『危険な話』の危険なウソ」を発表した(『文化評論』、一九八八年七月号、一一四〜一四七ページ)。そこには広瀬の文章のなかに少なからず含まれる単純化のための不正確な記述に対する執拗な攻撃がくり返されている。しかし野口の最も基本的な主張は、ソ連報告書をフィクションと断定する広瀬の主張は、広瀬自身がソ連報告書を反証するだけの解析結果を示さない限り、説得力がないという主張であった。つまり野口は事実上、ソ連報告書の内容の全面的な擁護をおこなったのである。ソ連政府による事故情報独占体制のもとで、広瀬がソ連政府の公式見解を反証する解析結果を示すことが不可能であることを承知のうえで、野口はソ連政府を全面的に擁護したのである。

なお一九八八年に最高潮に達した「脱原発ニューウェーブ」も、九〇年代に入るとさすがに鎮静化の方向へ向かった。それは運動が具体的な成果をあげられなかったことによると思われる。青森県下北半島における核燃料サイクル基地建設計画は軌道に乗りはじめ、各地の原子力発電所の建設や運転にも、有効なブレーキがかからなかったのである。一九八八年に提起された「脱原発法制定運動」は、合計三五〇万人の市民の署名を集め、それを国会に提出したが、そうした民意の高まりが政策転換のための具体的な動きへと、つながることはなかった。

ここで脱原発とは、一九八六年のチェルノブイリ四号機事故以来、ドイツで広く原子力発電に関して使われるようになったアウスシュティーク Ausstieg という用語を起源とする。この用語は電車やバスから降りるときの日常語として使われてきたが、ドイツ人はそれを原発から下車するという意味に転用した。脱原発という言葉には、すでに原子力発電が社会のなかで一定の役割を果たしているという事実を認めたうえで、原子力発電からの脱却を図るという意味が込められている。（高木仁三郎『市民科学者として生きる』、岩波新書、一九九九年、一九七ページ）。

7　冷戦終結のインパクトと核不拡散問題の再浮上

こうして日本の原子力共同体は、チェルノブイリ事故を契機に高まった脱原発世論の高揚を、ひとまずしのぎ切ることに成功した。しかし一九八〇年代から九〇年代にかけての原子力共同体は、国民世論の逆風以外にも、さまざまの難題を抱えていた。すでに述べたように、原子力発電所の新規立地はことごとく難航し、研究開発プロジェクト群はおしなべて大幅なスケジュール遅延を余儀なくされていた。それに加えて、新たな二つの難題が浮上してきた。一つは、レーガン政権誕生によって大幅に緩和されていた原子力をめぐる日米摩擦の再燃であり、今一つは原子力共同体内部の二つの勢力の間の不協和音の高まりである。この節では前者について、次節では後者について議論する。

すでにみたようにレーガン政権の発足とともに、アメリカのプルトニウム民事利用に関する外交活動は休止状態に入った。そうした日本の原子力計画に対してきわめて寛容なレーガン政権のもとで、原子力関係者たちがめざしたのは、日米原子力協定の改訂であった。中川一郎科学技術庁長官が一九八二年六月に訪米し、アメリカ政府首脳との会談の席上、話し合いの開始を提案したのが、改訂交渉の発端となった。日本の関係者がめざしたのは、核物質の国際移転に関して従来おこなわれてきた「個別同意」(case-by-case approval)方式を、「包括同意」(prior consents)方式へと改めることであった。

この包括同意方式の最大のメリットは、英仏両国の再処理工場において日本産の使用済核燃料から抽出されたプルトニウムを、日本が英仏両国から返還してもらうとき、従来はアメリカ政府の一回ごとの承諾をとることが必要であったが、新たな方式では、一定の条件が満たされる場合には、それが新協定の締結後三〇年間にわたり、不必要となることであった。これにより日本は英仏両国から、アメリカ政府の干渉を受けずに、プルトニウムを安定的に返還してもらうことができる。このことは日本のプルトニウム政策の自律性を高めるものと考えられた。

こうした日本政府の動きに対して、アメリカ国内では核不拡散グループ(核管理研究所等)や環境保護グループ(グリンピース等)が強く反対した。かなりの人数の連邦議会議員も反対の意思を示した。彼らのおもな反対理由は、核ジャックの危険性と、プルトニウム空輸の最中での墜落事故の危険性であった(当時は核ジャック防止の観点から、空輸がプルトニウムの最も適切な輸送方法とみなされていた)。一九八七年一一月に協定の改訂案に関する日米両国政府の間の署名が完了し、連邦議会に提出されるや、激しい反対論が巻き起こった。しかし連邦議会の反対者は多数派を形成するにいたらず、八八年四月二五日に日米原子力協定は承認された(発効は八八年七月)。ただしプルトニウム空輸のアイデアは、アメリカ国内で強い反対を巻き起こしたことにより、事実上棚上げとなった。そして当面の措置として海上輸送方式が採用されることとなった。

日欧間のプルトニウム輸送問題は、一九九二年になってアメリカ連邦議会で再燃した。日本がプルトニウム運搬専用船「あかつき丸」と、海上保安庁の巡視船「しきしま」を使って、フランスから日本にプルトニウムを輸送する計画を発表したのが、その発端であった。このときもアメリカ国内で反対運動が起き、連邦議会でもこの問題が討議されたが、それはアメリカ政府の日本政府に対する容認の姿勢をくつがえすにいたらなかった。「あかつき丸」は九二年八月二四日に横浜港を離れ、フランスのシェルブール港に到着した。そこで約一・五トンのプルトニウム（うち核分裂プルトニウム約一・一トン）を積み込んだあと、一一月五日に出港し、南アフリカ南岸およびオーストラリア南岸を経由して、九三年一月五日に東海港に到着した。「あかつき丸」はフランスからの帰路、国際環境保護団体グリンピースの船の追跡を受けた。

以上みてきたように、日本のプルトニウム利用推進政策の展開に対して、アメリカ政府は一九八〇から九〇年代初頭にかけて、それを容認しつづけてきた。アメリカ国内の反対意見は有力なものであったが、連邦政府を動かすほどの力をもちえなかったのである。ところが一九九三年に民主党クリントン政権が発足してから、状況にやや変化が生じた。クリントン新大統領は九三年九月二七日、ニューヨークの国連総会の場で、大統領就任後初めて外交・防衛政策について演説し、そのなかで核兵器をはじめとする大量殺戮兵器の不拡散が、アメリカにとって最高の優先順位をもつ政策課題の一つであると述べたのである。このクリントン演説の一つの目玉は、兵器用核物質生産禁止条約（カットオフ条約）の締結を提唱したことであった。

クリントン演説の日にホワイトハウスが発表したファクトシート「核不拡散および輸出管理に関する政策」には、プルトニウム利用に関して、より具体的な政策指針が織り込まれていた。それは核兵器解体および核エネルギー民事利用にともなって発生する兵器用核分裂物質（高濃縮ウラン、プルトニウム）に関して、その世界における備蓄量を最小限まで減らすと同時に、備蓄中の兵器用核分裂物質に対して、万全の国際的な保安体制を構築することを、基本的な目標とするものであった。なおプルトニウムの「純度」つまり^{239}Puの含有率について、クリントン政権は「原子炉級」のプルトニウムも兵器用核物質であるとの見解をとった。日本の原子力関係者のなかには、「原子炉級」プルトニウムは原爆材料に適さないので、兵器用核物質から除外して考えるべきだ（あまり神経質に規制する必要はない）と主張する人々が少なくなかったが、そうした考えはきっぱりと退けられた。またこのファクトシートには、アメリカ自身が軍事利用目的と民事利用目的とを問わず、自国で再処理によるプルトニウム抽出をおこなわないという方針が、明記された。ただし、ヨーロッパ諸国や日本に対しては、プルトニウム民事利用を奨励しないものの、それを引き続き承認するという姿勢が示された。

この一九九三年九月のクリントン演説を契機に、日米の関係者の間でプルトニウム政策をめぐる議論が展開された。それをふまえて日本政府は、余剰プルトニウムを備蓄しないという方針を、原子力政策の基本の一つに据えることとし、それを日本の国際公約として掲げるようになった。一九九四年六月二四日に発表された新しい原子力開発利用長期計画には、以上のような政策修正の骨子が文章化されている。そこでは「余剰のプルトニウムを持たないとの原則を堅持しつつ、合理的かつ整合性のある計画の下でその透明性の確保に努めるとともに、核燃料リサイクル計画の透明性をより高めるための国際的な枠組みの具体化に向けて努力します」と述べられたのである。

そうした「透明性」を高める具体的手段として科学技術庁は、日本のプルトニウムの管理状況（供給・貯蔵・使用状況）に関するデータを、初めて具体的数値として公表するようになった。科学技術

図8　94年長期計画におけるプルトニウム需給見通し

需　要		供　給	
常陽、もんじゅ、ふげん、FBR実証炉、ATR実証炉等	19〜24トン	東海再処理工場および既返還分	4トン
軽水炉MOX燃料利用	50〜55トン	六ヶ所村再処理工場および東海再処理工場	35〜45トン
		海外からの返還分	30トン
累計	69〜79トン	累計	69〜79トン

庁はプルトニウムの管理状況に関して、一九九三年一〇月一日の秋葉忠利衆議院議員(日本社会党)の質問に答える形で、九二年末までのデータを公表した。その後『原子力白書』平成六年版より、このデータが毎年掲載されるようになった。それと相前後して科学技術庁は九一年以降、余剰プルトニウムを出さないという条件を満たすようなプルトニウム需給計画を立て、それを公表するようになった。たとえば右記の一九九四年長期計画には、二〇一〇年頃までの需給に関して、核分裂性プルトニウム換算で、**図8**のような見積りが示された。

日本政府のこれらの措置を評価したのか、クリントン政権はその後、日本のプルトニウム利用政策に干渉することを控えるようになった。高速増殖炉原型炉もんじゅや、高速増殖炉用再処理をおこなうリサイクル機器試験施設RETFの建設・運転に関して、アメリカ政府は従来から容認の姿勢をとってきたが、二〇一一年夏時点までその姿勢に変化はみられない。

このようにアメリカ政府は、日本のプルトニウム政策に対して、必ずしも敵対的な姿勢をとってきたのではない。確かにアメリカ政府は日本を、兵器用核物質の国際管理システムのなかに組み込むために特別の努力を注いだが、それでも日本の進めるプルトニウム開発利用計画そのものの中止を要請することはなかった。それはアメリカ政府が、自国の安全保障と世界平和の維持にとって、日本のプルトニウム開発利用計画の推進が、必ずしも容認しがたいほどの脅威をおよぼすものではないと考えてきたからであると考えられる。

日米同盟が安泰であり、また日本政府が国際核不拡散体制の模範生であると同時に、その強化というアメリカ政府の方針に対して協力的である限りにおいて、日本のプルトニウム開発利用計画の推進は、アメリカ政府にとって容認しうるものであった。むしろRETFに関しては、アメリカから日本への広範な技術提供がおこなわれてきたことが、グリンピースインターナショナルの報告書により判明している(グリンピースインターナショナル著『不法なプルトニウム同盟』、たんぽぽ舎、一九九五年)。そしてアメリカ政府の姿勢を変えさせるほどには、アメリカ国内の反対世論は強力ではなく、連邦議会の多数派を形成しなかったのである。

8 国内における不協和音の高まり

次に国内的な不協和音の高まりについて、動燃が進めてきた四大ナショナル・プロジェクトを中心にみていくこととする。これらのナショナル・プロジェクトは、科学技術庁グループの研究開発活動の大黒柱をなすものであり、電力・通産連合への移管を実現することが科学技術庁グループの悲願であった。そしてその移管のめどは一九八〇年頃までについた。だがその後の電力・通産連合の事業展開は、科学技術庁グループの期待に必ずしも沿わないものとなった。

まず第一に、核燃料再処理についてみると、電力業界が日本原燃サービスを一九八〇年に設立したことにより、民間商業再処理工場の建設計画の策定作業が始まった。しかし具体的な基本方針が日本原燃サービスから表明されないまま、約三年が経過した。日本原燃サービスやその関係各社は当初より、主工程に関してフランスからの技術導入を考えていたが、それを早い段階で正式に発表したのでは「国産技術をベースとする」という方針を打ち出していた科学技術庁の意向を裏切ることとなり、動燃の顔をつぶすことになるので、沈黙していたとみられる。

具体的な計画が示されたのは、青森県下北半島における核燃料サイクル基地の建設構想を電気事業連合会が発表した一九八四年のことである。日本原燃サービスは原子力委員会に対し、年間八〇〇トンの使用済核燃料の処理能力をもつ工場を建設する意向を伝え、その主工程の機器や技術をフランスから導入する方針を表明したのである。ここでフランスの機器や技術というのは、ラアーグ再処理工場で当時建設中のUP3工場（年間処理能力八〇〇トン）の機器や技術を意味していた。これをフランスのエンジニアリング会社のSGN社と、その親会社のCOGEMA社（フランス核燃料公社）――フランス原子力庁の一〇〇％出資会社で、同国の核燃料サイクル事業を独占してきた――から導入しようというのが、日本原燃サービスの構想であった。それは動燃の東海再処理工場と同じやり方であった。なお日本原燃サービスが建設する民間商業再処理工場の処理能力は年間一二〇〇トンというのが関係者の暗黙の了解だったのだが、それが八〇〇トンに切り下げられる形となった。

原子力関係者のなかには、国産技術による再処理事業の実現に固執する人々が少なくなかった。高速増殖炉、新型転換炉、ウラン濃縮のいずれも国産技術による実用化がめざされているのに、再処理だけを技術導入方式で実施するというのは、技術自立・技術立国の考えに固執する人々にとって、承諾しがたい方針であった。とくに動燃の技術者集団にとっては、研究開発における日々の苦労が再処理の実用化に生かされないことは、みずからの存在価値をゆるがすものであった。

だが電力業界は、動燃や国内メーカーの技術力を信用していなかった。そして、すでに電力業界に主導権が移った事業について、電力業界の方針をくつがえすのは不可能だった。動燃は日本原燃サービスと技術協力基本協定を結ぶことにより、六ヶ所村再処理工場の建設計画に若干の影響力をもつことができたが、その役割は脇役としてのそれにとどまった。つまり電力業界は、再処理事業においてきわめて早い段階で、科学技術庁グループからの自立を達成したのである。

第二に、ウラン濃縮については一九八一年八月、原子力委員会ウラン濃縮国産化部会が答申を発表し、そこで動燃から民間に技術移転し、民間による国内事業化を進めるとの方針が示された。また事業化の前段階として、官民協力して原型プラント建設を推進することが決められた。これは八二年の長期計画でオーソライズされた。まず実施されたのは、原型プラントの建設である。その建設は八五年一一月に始められ、八九年五月に全面操業にいたった。このプラントで用いられる遠心分離機は、金属胴のDOP1（前期）およびDOP2（後期）であり、動燃がメーカーと共同で開発したものである。

電力業界は、この遠心分離機を、六ヶ所村ウラン濃縮工場においても採用することを決定した。

また、六ヶ所村ウラン濃縮工場(最終規模一五〇〇トンSWU/年、第一期六〇〇トンSWU/年、第二期九〇〇トンSWU/年)において、第二期の後半(四五〇トンSWU/年)に導入することを目標として、新素材(炭素繊維強化プラスチック)を用いた高性能遠心分離機の共同開発が、動燃と電力業界の共同開発事業として開始された(一九九三年度より九七年度まで、約一〇〇〇台の新素材高性能遠心分離機を用いた実用規模でのカスケード試験が実施された)。さらに同年度より、新素材高性能遠心分離機の一・五〜二倍の分離能力を有する高度化機の共同開発も、一九九八年度までの六カ年計画として始まった。そこでは遅くとも二〇〇三年度までに、高度化機を実用化することが目標とされた。そしてこの高度化機の開発成功によって、国内ウラン濃縮事業が国際競争力をもつようになると期待されたのである(具体的データは公開されていないが、国内ウラン濃縮のコストは、国際的な市場価格の数倍に達するということが、公然の秘密として語られてきた)。このように電力業界はウラン濃縮開発に関して、動燃との共同開発方式を当分つづけていくことを、一九九〇年代前半の段階で、あらためて再確認したのである。

しかしながら第6章で述べるように、一九九七年の動燃改革検討委員会の答申により、動燃のウラン濃縮技術開発業務は廃止されることが決定した。これにより電力業界は、科学技術庁グループからの技術自立を、再処理よりもかなり遅れて、達成することとなった。なお六ヶ所村ウラン濃縮工場に導入される予定だった新素材高性能遠心分離機については、これを導入しないことを電力業界が決定した。高度化機の実用化については、今後の電力業界の判断に委ねられることとなった。その二〇〇〇年代における展開については第7章で論ずる。

第三に、高速増殖炉については、原型炉もんじゅの設計研究が進められていた一九七五年頃より、早くも電気出力一〇〇万kW級の実証炉の設計研究が、動燃において開始された。ところで高速増殖炉実証炉の設置主体を誰にするかに関して、当時すでに関係者の間では、暗黙のコンセンサスが形成されていた。それは実用段階に達した原子力開発プロジェクトは民営化さるべきであるというコンセンサスである。この民営化方針が、高速増殖炉実証炉に関して確定したのは、八二年の長期計画においてである。それに先立つ八〇年頃より電力業界はメーカーの助力を得て、高速増殖炉実証炉の設計研究を開始した。その中心機関となったのは電気事業連合会に八〇年六月設置された高速増殖炉開発準備室である。その後、電気事業者は日本原子力発電(原電)を、実証炉の建設運転主体とするという方針をさだめ、それにともない八五年一一月、設計研究業務を電事連から原電へ移管した。

ここでクローズアップされてきたのが、高速増殖炉開発における政府と電力業界との関係をどのようなものとするかという問題である。原子力委員会としては、実証炉以降の高速増殖炉の建設運転主体を電気事業者に委ねたものの、実用段階に到達するまで国策として高速増殖炉開発を推進する姿勢を変えず、また動燃にも引きつづき研究開発における重要な役割を与えるとの方針を示した。つまり計画立案と開発実施の両面にわたり、政府が国策として主体的に関与し、官民一体の推進体制を堅持するというのである。

しかし電気事業者による高速増殖炉実証炉の設計研究の進捗ペースは遅々として進まなかった。そしてようやく一九九二年一〇月、電事連はトップエントリー方式ループ型炉(電気出力六七万kW)

の予備的概念設計書をまとめ、原子力委員会高速増殖炉開発計画専門部会に提出した。トップエントリー方式とは、原子炉容器・中間熱交換器・主循環ポンプの三者をそれぞれ格納した容器を逆U字管で互いに接続することにより、一次系配管の短縮とコストダウンをはかる方式であり、世界に前例がない。またループ型とは、タンク型と二者択一のものであり、原子炉容器のなかに炉心本体のみを収容する型である。タンク型では炉心本体の他に主循環ポンプや中間熱交換器もみな合わせて収容する。

ここで注目されるのは実証炉と呼ぶにはあまりにも電気出力が小さい点である。それは商業炉のハーフサイズのミニ実証炉なのである。もう一つ重要なのは、トップエントリー方式の採用である。これは今までの世界の高速増殖炉計画で取りあげられなかった新技術であり、技術的実証のために最低数年間を要するものである。

この新方式の採用はもんじゅの原型炉としての存在意義を半減せしめる（なぜならこれによりもんじゅは商用炉の同型炉でなくなる）とともに、開発スケジュールの大幅な遅延をもたらす。にもかかわらずこの方式が採用された背景には、いくつかの事情があると思われる。おそらく最も大きな理由は、時間かせぎである。もともと電力業界は発電コストが高く実用化の見通しが定かではない高速増殖炉の開発に巨費を投ずることに乗り気ではなく、大損をしない程度の参加料を払ってきた。ところが実証炉建設には莫大な資金がかかる。実証炉建設の正式決定はできるだけ引き延ばしたいというのが、電力業界の基本的な考え方であったと思われる。なお電力業界には大義名分もあった。高速増殖炉実証炉の建設費の目やすとして原子力委員会があげているのは、単位出力あたりのコストが軽水炉の一・五倍というもので、これを満たすには電気出力六七万kWの実証炉の場合、総工費三〇〇〇億円程度(もんじゅの半額程度)におさえる必要がある。これをクリアするには大胆な設計合理化が不可欠であり、新方式の採用が不可欠であるという理屈は、十分な正当性をもつものであった。

いずれにせよ電力業界は、高速増殖炉開発に一貫して及び腰の姿勢を示してきた。その結果として実証炉の設計研究が開始された一九七〇年代半ば以降、三〇年以上が経過したにもかかわらず、なお設計研究を進行中という牛歩状態をつづけてきたのである。

第四に、新型転換炉については、ついに電力業界の拒否権が発動され、実証炉建設計画は中止に追い込まれた。プロジェクト自体が中止されるというのは、四大プロジェクトのなかで最初のケースとなった。九五年七月一一日、電気事業連合会(電事連)は、電源開発株式会社(電発)が設置主体となり、青森県大間町に建設を予定していた新型転換炉実証炉(電気出力六〇・六万kW)について、建設計画から撤退する意向を正式に表明した。この新型転換炉実証炉建設計画は、政府三〇%、電力業界三〇%、電源開発四〇%の出資にもとづいて進められてきたが、電力業界が手を引いたことにより、計画続行が困難となった。これを受けて原子力委員会は八月二五日、「新型転換炉実証炉建設計画の見直しについて」を発表し、実証炉の建設中止を決定した。これにより福井県敦賀市で当時運転中の原型炉ふげん(電気出力一六・五万kW)も、その存在理由を失い、かろうじて研究炉として余命をつなぐこととなった(しかし二〇〇三年に廃炉となった)。

電事連が新型転換炉実証炉を見限ったのは、その極端に悪い経済性を嫌ったためである。これは重水を減速材に用い、軽水を冷却材に用いる原子炉であるが、日本の商業発電用原子炉の主流(一九九八年度からは全基)を占める軽水炉と比較して、原子炉の単位出力あたりの図体が大きく、また高価な重水を大量に使用するため、大幅に発電コストが高くなる。じっさい九五年三月に電事連が実施した最新の見積りでは、新型転換炉実証炉の建設費は五八〇〇億円にのぼり、八四年当時の見積り(三九六〇億円)の一・五倍に達した。これは一W(ワット)の定格出力あたり九五七円に相当し、最新型軽水炉の三倍以上の数字である。またこの建設費を前提として試算した発電原価も、一kWhあたり三八円と、やはり軽水炉の三倍以上に達する。これは電力会社の家庭用電気料金(一kWhあたり家庭用で二〇円台前半)をも、大幅に上まわる数字である。

なお電事連は、新型転換炉実証炉の代わりに、その建設予定地だった青森県大間町に、改良型沸騰水型軽水炉ABWR(電気出力一三五・六万kW)——ただし単なるABWRではなく、炉心に装荷する燃料集合体すべてをMOX燃料とするもの——を建設するよう求めた。その正式名称は「全炉心MOX燃料装荷可能な改良型沸騰水型軽水炉」(フルMOX-ABWR)である。これは電力業界にとって一石二鳥の代替案である。日本政府は余剰プルトニウムを出すなというアメリカの圧力を受けて、電力業界に対し軽水炉でのMOX燃料利用(いわゆるプルサーマル計画)を要請し、電力業界はいちじるしいコスト高を承知のうえで、国策協力を約束してきたが、在来型の軽水炉(MOX燃料を炉心全体の三分の一程度までしか装荷できない)よりも、一〇〇%MOX装荷の軽水炉のほうが、同じ量のプルトニウムを焼却するうえで、はるかに少ない基数ですむのである。

この新型転換炉実証炉の建設中止事件は、科学技術庁グループに深い衝撃を与えた。なぜならこれを前例として、高速増殖炉実証炉の建設計画についても、いちじるしい建設コスト・燃料コストの高さを理由として、電力業界が国策協力拒否の意思を表明する可能性が無視できなくなったからである。原子力委員会がここで新型転換炉実証炉に対する電力業界の、経済的理由による拒否権発動を承認した以上、同様のことを高速増殖炉実証炉についても、承認せねばならない前例をつくってしまったのである。しかも高速増殖炉実証炉の建設主体は電力業界自身――電力九社の合同子会社の日本原子力発電株式会社――なので、電力業界には新型転換炉実証炉の場合よりもさらに強い発言権がある。

こうして新型転換炉開発中止事件は、そのドミノ効果（連鎖効果）としての高速増殖炉開発計画の中止を想起させることにより、科学技術庁グループに衝撃を与えたのである。さらに科学技術庁グループを悩ませたのは、高速増殖炉開発の中止のもたらす波及効果によって、科学技術庁グループが育ててきた他のナショナル・プロジェクトが次々と中止に追い込まれる可能性であった。そうしたプロジェクトの代表例は、高速増殖炉用の核燃料再処理技術（リサイクル機器試験施設ＲＥＴＦを中心とする）、核燃料再処理事業とそれに関連する技術開発、国内ウラン濃縮事業とそれに関連する技術開発の三者である。

まずＲＥＴＦは、高速増殖炉開発が中止されれば、自動的に中止となることは避けがたい。次に再処理事業は、プルトニウム増殖と結びつけることなしには、ほとんど意味がなくなるので、これも中止の公算が高い。すでに完成した再処理工場の場合でも、その運転維持費とＭＯＸ燃料の加工費の和は、同じ量の濃縮ウラン燃料の購入費を上回るので、運転の継続は経済合理性に反する。さらに国内ウラン濃縮事業は、経済競争力の欠如にもかかわらず、日本のプルトニウム利用政策の自主性の確保を最大の推進動機として進めてきたものなので、プルトニウム利用政策の中止によって、その大部分の意義を失う。すでに完成したウラン濃縮工場に関しては、運転維持費と天然ウラン購入費だけを支払えばよいので、採算的に必ずしも不利だとはいえないが、これから新しく施設をつくったり、設備を増強することは経済合理性に反する。このように新型転換炉開発中止事件は、単なる一つのプロジェクトの破綻にとどまらず、四大プロジェクトすべての破綻、ひいては科学技術庁グループの原子力開発の歴史的・今日的な存在理由の全面否定、の引き金となりうる事件として、関係者の心を震撼させたのである。

さて、電力業界は最近まで、莫大な経済的損失を承知のうえで、多くの国策的プロジェクトに協力してきた。それは従来の電力料金制度(総括原価方式)では、いかに莫大なコスト割れを起こしても、資産の一定の割合の利潤を確保できるように電力料金を定めることができたからである。この損失補塡メカニズムの存在ゆえに、電力業界は不承不承ではあるが、経済合理性を欠いた「国策」に協力してきた。八〇年代に入って、それまで科学技術庁が政府資金を用いて進めてきた動力炉・核燃料開発分野でのプロジェクトが、軒並み「民営化」され始めたが、その大部分を電力業界が引き受けた。高速増殖炉、核燃料再処理、ウラン濃縮の三者については、合同子会社である日本原子力発電と日本原燃に、直接事業主体をつとめさせ、電源開発を設置主体とする新型転換炉にも、莫大な出資をおこなった(さらにいえば動燃予算も、その相当部分は電源三法により電気料金から徴収される税金によってまかなわれていた。その税金は一kWhあたり四四・五銭にものぼっていた。これは発電原価の五%程度に担当するきわめて高額のものである。その点で電力業界は「民営化」

による業務移管に加えて、動燃事業そのものを支えなければならない立場におかれ、二重の意味で「国策協力」してきたのである。二〇一〇年までに税率や組織名に変更があったが、基本的構造は変わっていない。

こうした「民営化」は、科学技術庁にとっては、財政的限界を突破するための最後の政策手段であった。実証炉や商用プラントに必要な巨額の建設費や運転費を、大蔵省（二〇〇一年より財務省）の承認を得て国家予算から捻出することが、もはや不可能となったため、科学技術庁がプロジェクトの引き継ぎを電力業界に要請し、「民営化」が実施されたのである。これにより科学技術庁はみずからの進めてきたプロジェクトの実用化に関して、他力本願的立場におかれることになり、また電力業界に「拒否権」を与える形となったが、そうした代償なくしてプロジェクトの開発ステージを前に進めることは不可能であり、選択の余地はなかった。しかしこうした国策協力も限界を迎えた。いよいよ電力業界の「拒否権」が、新型転換炉を皮切りにして、発動され始めたのである。

第6章　事故・事件の続発と開発利用低迷の時代

(一)世紀末の曲がり角(一九九五～二〇〇〇)

1　世紀転換期の原子力開発利用の見取図

世紀転換期(およそ一九九五年から二〇一〇年)の原子力開発利用については、「事故・事件の続発と低迷・動揺の時代」だったという全般的な特徴づけができる。二〇〇〇年代半ば頃から日本の原子力関係者は、アメリカから世界に広がった原子力ルネッサンス論を背景として、原子力の将来について強気の見通しを語るようになった。だがそれは本質的に、原子力発電事業や核燃料サイクル事業の実力と著しく乖離した強がりであった。世紀転換期全体をとおして日本の原子力開発利用は低迷・動揺をつづけていたのである。

この世紀転換期における原子力開発利用の主要トレンドは、次の四点である。

(1)原子力施設の事故・事件・災害の続発と原子力開発利用の低迷

(2)原子炉新増設のスローダウンと設備利用率の低迷

(3)国策民営体制のゆらぎとその収束

(4)自民党から民主党への政権交代のインパクト

四つのトレンドの関係は以下のとおりである。第一及び第二のトレンドは一九九〇年代後半から二〇一一年までの一貫した「通奏底音」である。「世紀転換期」は全体として原子力開発利用にとって苦難の時代であった。第三のトレンドは一九九〇年代後半から二〇〇〇年代前半をピークとする改革運動が挫折し、アンシャン・レジーム(旧体制)が生き残るプロセスである。また第四のトレンドは、かろうじて再建されたアンシャン・レジーム再建のもとで二〇〇〇年代後半に台頭した動きである。このように整理すると全体状況がわかりやすい。

この時期は約一五年にわたるので、一括して論ずるよりも約五年ずつ区切って前期・中期・後期の三つの時期に分けて考えたほうが整理しやすい。

○世紀転換期の前期(一九九五年〜二〇〇〇年)

この時期には一九九五年一二月の高速増殖炉もんじゅ事故を皮切りにいくつかの事故・事件が続発し、原子力開発利用への国民の信頼が失墜した。一九九九年のJCOウラン加工工場臨界事故では住民避難区域が設定されるとともに、二名の急性放射線障害の犠牲者を出した。そうした事故・事件の続発を背景として、国民の原子力開発利用への批判が強まり、それを受けて原子力政策の軌道修正がなされたが、その度合いは限定的なものであった。もう一つ重要なインパクトは、そうした一連の事故・事件に深く関係した科学技術庁が解体されたことである。それにより二〇〇一年一月の中央省庁再編において、経済産業省の権力が大幅に強化された。

また一九九五年には電力自由化の動きも始まった。一九九五年には卸売電力の競争入札制が取り入れられ、二〇〇〇年には大口需要家に対する売電事業が自由化された。そして発送電分離という根本的な電力自由化措置の導入が検討され始めた。

さらにこの時代には、原子力発電の拡大ペースが大幅に鈍化した。その背景にはバブル経済の崩壊を発端とする長期不況があった。バブル崩壊のあと数年間は、それまでの惰性から電力消費拡大がつづいたが、一九九〇年代半ば（一九九七年頃）までにはそれも収束し、電力需要は横ばい傾向をたどるようになり、二〇〇〇年代後半まで一進一退の状況となったのである。そしてリーマン・ショック（二〇〇八年九月）を契機として電力消費は大幅に低下し、右肩下がりの時代に入ったと見られる。

○世紀転換期の中期（二〇〇〇年～二〇〇五年）

世紀転換期の中期は二〇〇〇年代前半である。この時期においても事故・事件の続発は収まらなかった。最大の事件は二〇〇二年八月に発覚した東京電力等の原子炉損傷隠蔽事件であった。それは二〇〇三年夏の電力需給に大きな影響を及ぼした。この時期にはまた、事故・事件の続発に加えて電力自由化問題がクライマックスを迎えた。電力自由化は原子力発電に対する大きな抑制要因となるため、この問題の行方は原子力開発利用の将来にとって決定的に重要であった。

この二つの問題が重なったため、二〇〇〇年代前半は原子力開発利用にとって危機の時代となった。だが一九九〇年代後半のような印象的な事故・事件が起こらなかったことも手伝ってか、批判的世論はほどなく鎮静化した。また電力自由化についてはそれを阻止しようとする勢力が勝ち、日本の電力自由化はストップした。これにより原子力開発利用は核燃料サイクルも含めて、引きつづき推進されることとなった。原子力開発利用のアンシャン・レジームが二〇〇五年頃までに再建されたのである。

○世紀転換期の後期(二〇〇五年〜二〇一〇年)

世紀転換期の後期は二〇〇〇年代後半である。この時期には復古調の政府計画が相次いで出された。その代表は二〇〇五年一〇月に策定された内閣府原子力委員会の原子力政策大綱と、二〇〇六年八月に発表された経済産業省総合資源エネルギー調査会電気事業分科会原子力部会の報告書(原子力立国計画)である。それらの政府計画には原子力開発利用の「国策民営」方式による全面的な拡大方針が盛り込まれた。

しかしながらこの時期の原子力発電の実績は、二〇〇七年の東京電力柏崎刈羽原発地震災害などのためきわめて低調であった。原子力発電の設備利用率は平均して六〇%台を低迷した。そして核燃料再処理、高速増殖炉、ウラン濃縮など核燃料サイクル開発利用事業も、おしなべて不振をきわめたのである。

そうした低調な実績とは裏腹に、この時期には原子力ルネッサンスが世界的に到来したという趣旨の宣伝が繰り広げられ、日本でも原子力立国が唱導された。その先兵をつとめるかのように二〇〇六年、東芝がアメリカのウェスチングハウスWH社を買収し、国際原子力ビジネスの主導権を握ろうとする動きをみせた。これを契機に原子炉メーカーの世界的な再編成が起こった。

二〇〇九年に民主党連立政権が誕生したことにより、原子力政策に変化が起こる可能性が生じたが、結果的にはほとんど影響がなかった。そして二〇一〇年になると新成長戦略の目玉となり、オールジャパン方式のフルパッケージ型のインフラ輸出の最有力分野として、原発輸出がクローズアップされるようになり、政府首脳を巻き込んでのセールス活動が展開されるようになった。

その背景には深刻な経済危機があった。二〇〇八年九月にアメリカの投資銀行リーマン・ブラザーズ社が破綻したことをきっかけに世界的な金融恐慌が発生し、実体経済も深刻な打撃をこうむった。日本もその圏外ではなく二〇〇八年度および二〇〇九年度の経済諸指標が大幅に悪化した。電力消費も二〇〇七年度から二〇〇九年度までの二年間で七・一%も低下した。このリーマン・ショックから立ち直るための起爆剤として、原発輸出構想が企てられることとなった。

この世紀転換期については、章の分量が長大になり過ぎることを避けるために、二つの章に分けて論ずる。本章では主として世紀末(一九九五〜二〇〇〇)にピークを迎えた動き、次章では新世紀(二〇〇一〜二〇一〇)にピークを迎えた動きについて論ずる。もちろんピークの前後の時代も扱うので、時間軸が交錯するのは避けがたい。

2　高速増殖炉もんじゅ事故とそのインパクト

一九九五年一二月八日夜、福井県敦賀市にある動燃の高速増殖炉原型炉もんじゅで、二次冷却系からのナトリウム漏洩が起きた。漏洩したナトリウムは空気中の水分や酸素と反応して激しく燃焼し、空気ダクトや鉄製の足場を溶かし、床面に張られた鋼鉄性ライナー上に落下してナトリウム酸化物からなる堆積物をつくった。事故原因については、A、B、Cと合計三ループある冷却系のうち、Cループ配管に差し込まれたナトリウム温度計のステンレス製保護管の先端部が、微小振動をくり返すことによる金属疲労により破断し、その折れた開口部から配管内のナトリウムが保護管の内部を通り、直接配管室の室内に出たものと推定されている。事故の経過について本書でくわしく述べる紙面はないので、他の文献を参照していただきたい（たとえば、もんじゅ事故総合評価会議著『もんじゅ事故と日本のプルトニウム政策——政策転換への提言』、七つ森書館、一九九七年。読売新聞科学部著『ドキュメント「もんじゅ」事故』、ミオシン出版、一九九六年。緑風出版編集部編『高速増殖炉もんじゅ事故』、緑風出版、一九九六年）。

この事故に際して動燃がとった対応行動は、きわめて不適切なものであった。まず第一に、運転者（当直長）の判断の誤りにより、警報が鳴った一二月八日午後七時四七分以降、一時間三三分にわたって原子炉を手動停止せず、ようやく九時二〇分に停止したのに加え、停止後のナトリウムの緊急ドレン（抜き取り）も大幅に遅れたため、適切な措置がなされた場合に比べて数倍（推定七〇〇キログラム)のナトリウムが漏洩したのである。原子炉停止後もナトリウム漏洩はつづき、配管部分のナトリウム抜き取りが終了したのは、夜半過ぎの午前〇時一五分となった。さらにその間、空調システムを停止しなかったために、(放射性物質トリチウムを含む)ナトリウム・エアロゾルが原子炉建屋全体に拡散し、その一部は環境に放出された。こうした運転者による一連の判断の誤りの一因は、マニュアル(異常時作業手順書)の不備であった。またこの事故では周辺自治体への通報の遅れも問題となった。福井県及び敦賀市への通報は事故の約一時間後となったのである。

動燃は第二に、事故情報の意図的な秘匿・捏造をおこなった。動燃は一二月九日午前二時五分(一巻分)と、一六時一〇分(二巻分)の二回にわたり、事故現場のビデオ撮影をおこなったが、公表したのは後者のビデオテープのうち一巻(一一分)を、肝心のナトリウム漏洩部分の映像を削除して編集したものであった。そのことが露見したきっかけは、事故の三日後の一二月一一日の未明(午前三時二五分)に、福井県と敦賀市の職員四人が安全協定にもとづいて強行した立ち入り調査であり、そのとき撮影されたビデオテープにはナトリウム漏洩部分が写っており、事故の深刻さをうかがわせるものであった。

このビデオテープ映像の印象と、動燃が発表していた映像の印象とが、あまりにも食い違うことを福井県などから追及された動燃は、やむなくビデオテープの秘匿・捏造の事実をみとめ、動燃もんじゅ建設所の大森康民所長と佐藤勲雄副所長が隠蔽工作の責任者であったことを明らかにし、両名を含む四名を更迭した(後任の所長には本社企画部長の菊池三郎が、副所長には動力炉開発推進本部次長の鈴木威男がそれぞれ就任した)。また科学技術庁は一月一二日、動燃理事長の大石博の更迭を決めた。

その翌日の一月一三日未明、事故情報秘匿・捏造事件の社内調査の担当者だった動燃総務部次長の西村成生が自殺した。これは動燃の体質による社内調査の難航を、一つの背景とした事件であり、国民の動燃不信をさらに強めた。

この高速増殖炉原型炉もんじゅ事故と、それに付随して起こった事故情報秘匿・捏造事件のインパクトについては、次の二点に分けて整理することができる。第一に、それは開発計画のいちじるしい遅延とコスト高騰、核拡散要因を増大させることに対する国際社会の警戒心の高まり、さらには電力業界の消極姿勢などにより、かねてからその将来の存続が疑問視されていた高速増殖炉開発計画に、さらなる大きな打撃を与えたのである。第二のインパクトは、この事故に際して動燃が事故情報秘匿・捏造事件を引き起こしたことを契機として、原子力行政全体さらには原子力事業全体への国民的信用の喪失がもたらされたことである。それは単に科学技術庁グループの事業のみならず、電力・通産連合の事業にも波及するものであった。それは原子力行政改革の動きを生み出すとともに、地方自治体の中央政府に対する異議申し立ての機運を盛りあげたのである。この節では、もんじゅ事故の高速増殖炉開発計画への打撃について述べる。次の第3節では、もんじゅ事故に触発された原子力行政改革へ向けての動きについて述べる。さらに第4節では、地方自治体の異議申し立ての機運の高まりについて述べる。

まず高速増殖炉開発計画への打撃について整理すると、もんじゅ事故とその事故情報秘匿・捏造事件は、高速増殖炉開発計画にさらなる打撃を与えた。この事故は高速増殖炉そのものの危険性をあらためて立証するとともに、日本の高速増殖炉技術の粗末さを、印象的な形で立証したのである。

日本の高速増殖炉技術の水準は世界一であり、欧米のようにトラブル頻発により開発計画が挫折することはないという宣伝が、それまでまかりとおってきた。それは日本のハイテク製品全般の信頼性の高さと、高速増殖炉実験炉常陽の運転実績を背景として、一定の説得力をもっていた。常陽が動燃の言い分どおり順調に運転されてきたかどうかについては確言できないが、少なくとも外部に露見した重要な事故は一件もなかった。

だがもんじゅについては建設段階および試験段階から、二次冷却系配管の設計ミスや、燃料棒の製造不良などのトラブルが相ついで起こり、システム全体としての技術的な信頼性に不安がもたれていた。そうした不安は決して根拠のないものではなく、次の二つの根拠にもとづくものであった。その第一は、高速増殖炉では軽水炉とはまったく事情が異なり欧米からの技術導入が不可能であり、わずかの経験をもとに手探りで開発しなければならない点が多いという点である。そこでは模倣したものを徹底的に改良していくという日本の得意とする技術開発の様式が使えないため、信頼の高いハイテク製品をつくることは困難であった。第二は、常陽のときと比べて、もんじゅ開発ではコスト低減を重視した結果、十分な実証試験をおこなわなかったという点である。常陽の開発においては、多くの実寸大のモックアップ（試験用模擬）機器が製作されたが、もんじゅの開発においては、実寸大のモックアップ機器がつくられたのはまれで、縮小モデルによる実証試験も十分ではなかった。たとえば配管内の突起物の流力振動とそれによる高サイクル疲労については、まったく検討がおこなわれていなかった。

もんじゅ事故により、以上の二点に関する不安は見事に的中した。これにより日本の高速増殖炉技術はきわめて粗末であるということが、国民の前に明白な形で示された。C系統の配管に挿入されたナトリウム温度計の一本のステンレス製保護管が、つくられたばかりの新品の状態で、しかも定格出力の四〇%という低出力運転時に、簡単に折れてしまった原因は、メーカー(東芝、石川島播磨重工業)の設計ミスにある。そのナトリウム温度計は、外径が付け根部分で二二ミリから一〇ミリへと鋭角的に小さくなる「段付き構造」をなしており、ナトリウムが流れる配管内に細管が長く突出したものだった。これが振動に対してきわめて弱い構造であることは明白であった。こうした初歩的な設計上の欠陥を発見できなかった発注者の動燃、安全審査を実際におこなった科学技術庁、さらにはそれをチェックした原子力安全委員会などの監督機関も、メーカーと責任を共有している。そのためこの設計ミス事件は、日本の原子力施設の安全管理体制全体の信頼性をゆるがせる結果となったのである。

もんじゅ事故によって高まった高速増殖炉の安全性への懸念については、国民一般の懸念と、原子力関係者の懸念の二点に分けて議論できる。前者についていうと、この事故によって国民の間に、高速増殖炉が通常の軽水炉よりも危険なものだという認識が形成された。高速増殖炉が空気や水と激しく反応する金属ナトリウムを冷却材として大量に使用することの危険性は、今や国民の常識となったのである。安全性への懸念は単に国民の間だけでなく、原子力関係者の間にも広がった。今や高速増殖炉は日本の原子力開発全体にとって、かつての原子力船「むつ」に匹敵するようなトラブルメーカーとみなされ始めた。

こうした安全性に対する信頼感の喪失により、高速増殖炉開発計画はさらに厳しい立場におかれることとなった。しかも前述のように、高速増殖炉は核燃料サイクル全体の大黒柱であり、それを欠いたのでは、核燃料サイクル事業の大部分について、それを推進する意味がなくなる。その意味でもんじゅ事故は、単に高速増殖炉開発のみならず、核燃料サイクル事業全体に対する打撃となったのである。それは科学技術庁グループ、とくにその研究開発業務の中核に君臨してきた動燃の将来に、暗雲を投げかけた。

3　原子力行政改革の展開

前述のようにもんじゅ事故は、原子力行政そのものに対する国民的な批判世論を呼び起こし、原子力行政の見直しを余儀なくさせた。原子力行政そのものに批判が集まった重要な背景の一つは、この一九九五年という年において、阪神・淡路大震災、地下鉄サリン事件、薬害エイズ事件に関する和解成立など、政府の危機管理能力の欠如や、政策決定上の誤りを白日のもとにさらす多くの事件が勃発したことにある。それに勇気づけられる形で、情報公開をはじめとする行政民主化を求める世論が沸騰した。そうした世論に後押しされる形で、原子力行政全体の見直し、とりわけ情報公開と意思決定の民主化の促進を求める声が高まった。また中央政府と地方自治体の間の関係についても、中央政府に過度に権限が集中している現状に対する批判が高まった。この節では、もんじゅ事故以降の情報公開と意思決定の民主化の動きについて概観する。中央と地方の関係の見直しについては次節で述べる。

政策決定過程の民主化の最初の兆しは、一九九三年末に出現した。自由民主党政権の崩壊によって細川護熙首相率いる連立内閣が成立し、社会民主党の江田五月議員が科学技術庁長官に就任したのが、その転機となった。江田長官(原子力委員長を兼任)は、原子力委員会の長期計画専門部会(当時、長期計画改定作業の大詰め段階にあった)に対し、原子力開発利用長期計画に関して国民意見聴取をおこなうことを指示し、それを受けて長期計画専門部会はその基本分科会で「ご意見を聴く会」を実施することを決定したのである。それは九四年三月四日から五日にかけて実施され、二七名の招聘人が意見を述べた。そのなかには原子力資料情報室の高木仁三郎代表をはじめ、脱原発の意見をもつ者も若干名含まれていた。

九五年一二月八日のもんじゅ事故は、民主化の流れを一歩前進させた。原子力行政改革の動きを始動させたのは、一九九六年一月二三日に、福島・新潟・福井の三県知事が連名で政府に対しておこなった、「今後の原子力政策の進め方についての提言」と題する申入れである。日本の発電用原子炉五〇基(九五年末当時)のうち、福島県には一〇基、新潟県には六基、福井県には一四基が集中しており、三県合計で三〇基を数える。これに福井県に建設中のもんじゅを加えれば、三一基となる。そうした原発集中立地県の知事たちの申入れだけに、その重みは政府の原子力関係者にとって軽視できないものだったと思われる。あるいはそれは政府の原子力関係者にとって、原子力行政の立ち直りのための絶好のきっかけにみえたのかもしれない。三県知事の申入れの後半部は、次の三つの提言からなる。

(1)核燃料リサイクルのあり方など今後の原子力政策の基本的な方向について、これに密接に関連するプルサーマル計画やバックエンド対策(使用済核燃料の将来的な貯蔵保管のあり方、高レベル廃棄物処理問題等)に係わる諸問題も含め、改めて国民各界各層の幅広い議論、対話を行い、その合意の形成を図ること。このため、原子力委員会に国民や地域の意見を十分反映させることのできる権威ある体制を整備すること。

(2)上記の合意形成に当たっては、検討の段階から十分な合意形成を行うとともに、安全性の問題も含め、国民が様々な意見を交わすことのできる各種シンポジウム・フォーラム・公聴会等を主務官庁主導のもと各地で積極的に企画・開催すること。

(3)こうした手続きを踏まえた上で、必要な場合には次の改訂時期にこだわることなく、原子力長期計画を見直すこと。また、核燃料リサイクルについて改めて国民の合意形成が図られる場合には、プルサーマル計画やバックエンド対策の将来的な全体像を、これから派生する諸問題も含めて具体的に明確にし、関係地方自治体に提示すること。

これを受けて政府は、原子力行政改革についての検討を開始した。一九九六年三月一二日の橋本龍太郎総理大臣から中川科学技術庁長官および塚原通産大臣への指示にもとづき、両省庁は三月一五日に共同で「原子力政策に関する国民的合意の形成を目指して」を発表した。その目玉となったのが、原子力政策円卓会議の設置である。それは「原子力政策に国民や地域の意見を幅広く反映させ、国民的合意の形成に資するための場」であると位置づけられ、「各界各層から幅広い参加者を招聘、原子力委員は常時出席、出席者間の対話方式を採用、地域における開催も検討、全面的に公開」の五つの原則が示された。

この原子力政策円卓会議は第一回（四月二五日、東京）から第一一回（九月一八日、東京）まで、一一回にわたって開催された。その会議運営と提言のとりまとめの役目は、茅陽一・佐和隆光ら六名の「モデレーター」（司会者という意味のほかに、原子炉で使われる中性子の減速材の意味もある）がつとめることとされた。円卓会議への招聘者は延べ一二七名にのぼったが、それには複数回出席した招聘者が数名含まれているので、実際の参加者は一〇〇名余であった。円卓会議の画期的な点は、議事を公開するとともに、逐語的な議事録を公開したことである。またそれらをインターネットでも公開したことである。さらに会議のビデオテープ記録も公開された。

モデレーターおよび招聘人の選考は、科学技術庁が関係者の意見を聞いて実施し、原子力委員会の了解を得て決定したといわれている。ただし具体的な選考過程については一切の情報が公開されておらず不透明である。そのメンバー選考の特徴は、モデレーターから原子力批判論者を除外したものの、招聘者には毎回必ず若干名の批判論者を加えた点である。とくに原子力資料情報室代表の高木仁三郎は通算して四回も招聘された。こうした批判論者の「取り込み」――必ず若干名の批判論者を同席させることにより、推進論者およびその同調者だけでメンバーを固めているという世論の批判の回避を狙ったものとみられる――の動きに対して、批判論者の多くはアンビヴァレントな反応をみせたが、脱原発運動全体として統一的な参加方針または参加ボイコット方針を出すことはせず、招聘を打診された個人の自由意思にまかせた。その結果、毎回若干名の批判論者が参加することとなった。

さて、原子力政策円卓会議のモデレーターは、一一回の会議を終えた一〇月三日、原子力委員会への提言を発表した。だがその内容は具体的な政策勧告を欠くものとなった。それは毎回の円卓会議で、招聘人たちのコンセンサスが成立しなかったことによる。多くの論点に関して、複数の委員の間でそれぞれ数回程度の応酬があったものの、それがさらに論理的・実証的に深められることはなく、次々に別の論点へと話題が移っていったのである。モデレーターの議事運営が、招聘人に自由に発言させることを重視した放任主義的な運営となり、毎回の会議において何らかのコンセンサス成立へ向けて議論を誘導せず、最終的なコンセンサス成立にいたるシナリオをもたなかったことも、具体的な政策勧告が不発に終わった原因である。

円卓会議モデレーターの具体的提言はたった二つにとどまった。その第一は、新円卓会議を設置するというものであった。第二は、政府が将来の高速増殖炉開発のあり方について幅広い立場から議論をおこなう場を設定するというものであった。これを受けて原子力委員会は一〇月一一日、「今後の原子力政策の展開にあたって（原子力政策円卓会議の議論及びモデレーターからの提言を受けて）」を決定した。その内容は「考え方を早急に明らかにする」「具体策を出来る限り速やかに策定」する、「より一層の努力を行う」「意思の疎通の一層の進展を図る」などの表現に満ちた、具体的な方針に乏しいものだったが、新円卓会議の開催を明言するとともに、「『もんじゅ』の扱いを含めた将来の高速増殖炉開発の在り方について幅広い議論を行うため、当委員会に『高速増殖炉懇談会』（仮称）を設置する」と約束したのである。

高速増殖炉懇談会設置のアイデアは、第九回円卓会議での栗田幸雄福井県知事の発言において提唱されたが、これに対して伊原義徳原子力委員長代理が「高速増殖炉懇談会につきましては、それを設置させていただくという方向で、その内容を十分詰めさせていただきたいと思います」と答えた。それが実現の運びとなったのである。高速増殖炉懇談会については本章第7節であらためて論ずる。

なお右記の決定とは別に、円卓会議が終了して間もない九月二五日、原子力委員会は「原子力に関する情報公開及び政策決定過程への国民参加の促進について」を決定した。これは第五回円卓会議（六月二四日）の要請を受けたもので、次の二点の具体的措置を定めている。

(1)政策決定過程への国民参加

原子力政策の決定過程において、広く国民の意見を十分取り入れることが重要との考えから、当委員会は、政策決定において重要な役割をになっている専門部会等の報告書の策定に際し、国民に意見を求める。具体的には、原則として以下の手順を踏むこととする。

①報告書案を一定期間公開し、これに対する具体的な意見を募集する。

②応募のあった意見を検討した上、反映すべき意見は採用する。

③不採用意見については、理由を付して報告書と併せて公開する。

(2)原子力に関する情報公開の充実

原子力開発利用に当たっては、情報を公開することが原則であることを改めて認識し、情報公開を一層推進する。
①原子力委員会の専門部会等の公開
当委員会の専門部会等の会議を原則として全て公開とする。ただし、核不拡散、核物質防護、外交交渉に関する事項を扱う等個別の事情により非公開とするか否かについては、各専門部会等が判断する。
②情報公開請求への対応体制の整備
原子力情報に関する公開請求に対して、迅速かつ適切に対応するため、関係行政機関と連携を図りつつ、体制整備を行う。またインターネットを活用して、議事録、会議資料等を速やかに提供する。なお、核不拡散、核物質防護、財産権の保護、外交交渉に関する事項等慎重に取り扱わざるをえない情報については、その理由を示すこととする。また、政府部内における情報公開法の検討状況については、今後とも注視し、適切な対応を図っていく。

なお右記(2)について補足すれば、原子力委員会の本会議や、原子力安全委員会の本会議とその専門部会等についても、ほどなく同様の措置がとられた。さらに通産省関係の審議会についても、原子力に関するものについては、同様の措置がとられるようになった。
これらの措置の導入は、行政機構の民主化という観点からみて重要な一歩前進であると評価された。ただし右記の二点いずれについてもほどなく、その限界が指摘されるようになった。まず第一点の政策決定過程への国民参加についてみると、審議会の報告書案に関して、国民意見募集の仕組みを整えたといっても、実績をみるかぎり本質的な論旨の変更のケースは皆無であり、若干の字句の修正程度の形でしか国民意見は反映されていない。それは採否の権限が全面的に専門部会等に握られており、双方向的な論争や対話の機会が開かれていないことからくる当然の結果であろう。いずれにせよ、委員および事務局のメンバー間でいったん合意が得られた結論について、国民から多数の批判が出ても、彼らが自発的に審議をやり直すことはほとんどありえない。そのため国民意見は、その不採用理由についての官僚的答弁をつけて却下されるのである。

次に第二点の情報公開の充実についてみると、審議会等の議事公開と議事録公開が大多数のケースにおいて実施されていることは評価に値する。しかし、九六年秋以前に開かれた審議会の議事録や会議資料が遡及的に公開されず、非公開のままとなっている点も、指摘しておきたい。なお審議会の議事以外の情報については、もんじゅ事故以後も、公開が促進されているとはいいがたい。資料が公開される場合でも、企業秘密、核拡散防止、核物質防護などの理由をつけて、白抜きだらけの資料として公開されることが多い。一九九九年に「行政機関の保有する情報の公開に関する法律」(情報公開法)が制定されたが、その成立によって事態が大幅に改善されたとはいいがたい。

ここで情報公開にかかわる論点を、もう一点だけつけ加えておくと、専門部会等の委員等の人選プロセスに関する情報がまったく公開されていないことが、多くの人々によって批判されている。委員の人選というのは、審議会がどのような答申を出すかを決定する最も大きな要因であり、メンバーの大半を担当官庁に都合のよい人々で固めれば、その答申内容はほぼ確実に担当官庁の期待どおりとなる。もんじゅ事故以後に活動を開始した審議会の実際のメンバー構成にも、いちじるしい偏りがみられる。批判的立場のメンバーを加える場合でも、その人数は一名ないし若干名に限られ、批判的メンバーを一名も加えない審議会のほうが、はるかに多い。

また報告書の作成プロセスについても、その根幹部分が非公開となっている点は、多くの批判を呼んでいる。報告書の原案を作成し、審議をふまえてその改訂作業をおこない、最終的な答申にまとめる作業はほとんどの場合、事務局をつとめる担当官庁の官僚に委ねられている。座長を含め委員たちは、官僚のつくった文案に対して意見を述べることができるにすぎない。そうした事務局による答申作成作業のプロセスはもちろん非公開であり、委員でさえその詳細はもとより概略さえも知ることができない。確かに政府審議会が衆人環視の場となったので、露骨な形で官僚が主導権を行使することはなくなったが、依然として事務局の力は強大である。

以上みてきたように、もんじゅ事故を契機として、原子力行政の民主化はそれなりの前進をみせたが、従来の原子力行政の基本的な仕組みは変わっていない。国民意見反映や情報公開促進の道が開かれたことは、政策的意思決定の基本的仕組みを変えるものではなく、それと国民世論との間の境界部分における手直しとして理解すべきものである。

4　中央政府と地方自治体との関係の見直し

高速増殖炉原型炉もんじゅ事故を契機として広がったもう一つの重要な動きは、原発立地地域および立地候補地域における「住民パワー」の噴出を背景とした地方自治体の異議申し立てである。

それまで「国策」としての原子力事業に進んで協力してきた地方自治体が、住民パワー——それを尊重しなければ首長を解任されたり、次期選挙での当選が危うくなるようなリスクが現実に生じてきていた——に後押しされる形で、原子力施設の立地受入れや、さまざまの種類の放射性物質の搬入受入れ、さらには原子力施設の管理運営などに関して、政府や電力業界に批判的な姿勢をとるようになったことである。この住民パワーを背景とする地方自治体の意向を無視して、原子力政策を進めることはもはや不可能となった。そうした状況変化をわれわれに印象づけた一つのエピソードは、一九九五年一二月一一日に安全協定にもとづいて強行された、福井県と敦賀市による、もんじゅ事故現場への立入り調査であり、それが動燃の事故情報秘匿・捏造事件の露見につながった。

もんじゅ事故を契機として、日本全国の原発立地地域および立地候補地域における住民パワーは大きく勢いづき、それを地方自治体の指導者たちも十分考慮せざるをえない状態となった。もんじゅ事故はその意味で、地方自治体の「国策」に対する異議申し立てを活発化させる触媒効果を日本社会全体に与えたのである。

新潟県巻町(現在新潟市)の住民投票も、そうした住民パワーの高まりを背景として実施されたものである。東北電力巻原子力発電所の建設の賛否を問う住民投票が九六年八月四日におこなわれた。その結果は、有効投票数二万〇三八二票中、原発建設反対票が一万二四七八票を占め、賛成票七九〇四票を大きく上回った。この結果を受けて笹口孝明町長は、原発建設予定地のなかの町有地(九〇〇〇平方メートル)を東北電力に売却しないと明言した。これにより巻原発の建設計画は、中止されることが確実となったのである。

巻町の住民投票とそこにいたるまでの歴史については、幾冊かの本にくわしく書かれている（新潟日報報道部著『原発を拒んだ町——巻町の民意を追う』、岩波書店、一九九七年。また、横田清編『住民投票——なぜ、それが必要なのか』、公人社、一九九七年、第一章、などを参照）。そのエッセンスのみを紹介すると、東北電力の巻原子力発電所の建設計画の存在がマスコミによって明るみに出たのは一九六九年六月のことである。七一年には東北電力が新潟県に対して正式の建設計画を示した。その後、電力業界・新潟県・政府による立地準備作業が進められたが、財産権の譲渡・放棄を拒否する地元住民の抵抗に手こずった。八一年初頭に漁業権問題が解決したことで一気に建設計画実現かとみられたが、地権者の粘り強い抵抗により、九〇年代初頭まで膠着状態が続いた。ところがそれまで原発凍結を公約してきた佐藤莞爾町長が、九四年の町長選挙で原発推進へと方針を変えて立候補して当選し、巻原発建設計画が再び動き出した。そして推進勢力と反対勢力の間の激しい攻防の末、自主管理住民投票、住民投票条例制定、町長リコール、反対派町長誕生など一連の経過をへて、前記の住民投票が実施されたのである。

この巻町の住民投票は全国的な関心を集め、その是非をめぐり全国的な議論がおこなわれた。そこで中心的な争点となったのは、代議制と直接民主制の間の関係をどう調整するかという点と、「国策」と住民の意思の対立をどう調整するかという点の二つであった。原子力発電の推進論者は概して、代議制と「国策」の優位を力説し、批判論者は概して、住民の意思にもとづく直接民主制の権利の行使の正当性を説いた。

また論者のなかには（筆者自身を含め）、「国策」とは何かという基本的な疑問を呈する者もいた。

一電力会社の一原子力発電所の建設計画を、政府が国策として指定し、電力会社と一体となってその推進に固執するのが、はたして正当な行為なのかどうかというのが、彼らの呈した疑問であった。より具体的にいえば、科学技術庁や通産省資源エネルギー庁が、多額の予算と多くのマンパワーを注ぎ込んで宣伝活動を展開したことが、はたして正当な行為なのか、また投票結果が判明してから通産大臣、通産省資源エネルギー庁長官、科学技術庁長官（原子力委員会委員長）ら政府首脳が一斉に、巻原発計画への住民の「理解」を求める談話を発表したことが、はたして正当な行為なのか、ということが疑問に付されたのである。

確かに現状では原子力開発利用事業は細部にわたるまで、いくつもの閣議決定または閣議了解された国家計画によって「国策」として権威づけられているが、それは世界的にみても社会主義諸国を思わせる特異な仕組みである。多くの産業分野で過剰な国家介入の仕組みが見直され、規制緩和が進むなかで、原子力だけ過剰な国家統制の仕組みを維持することが妥当であるかどうかは、きわめて疑わしいと考える人々が、この時代までに増加していた。巻原発の住民投票をめぐる論争は、原子力開発への過剰な国家介入の正当性を、あらためて国民に問いかける事件となったといえる。

巻町における住民投票条例制定を皮切りに、全国各地で住民投票条例制定ブームが盛りあがった。それまでは高知県窪川町（現在四万十町）の原発設置についての町民投票条例（八二年七月公布）以降、わずか数件の住民投票条例しか制定されていなかったのだが。九五年以降それが急増したのである。また実際の住民投票についても、巻町に次いで沖縄県で九六年九月八日、日米地位協定の見直しと米軍基地の整理縮小に関する県民投票が実施された。これは全国で二番目、県レベルでは最初の住民投票であり、投票者総数五四万一六三八人中、四八万二五三八人（八九・一％）が、日米地位協定の見直しと米軍基地の整理縮小に賛成票を投じた。その後全国各地で、住民投票が随時おこなわれるようになった。

ところで、地方自治体の中央政府に対する異議申し立ての手段は、住民投票ばかりではない。むしろそれは今までのところ、きわめて例外的な手段にとどまっている。原子力開発利用の分野で最も頻繁に用いられるようになったのは、都道府県知事が事業者に対して、事業実施への同意を留保する戦術である。

原子力開発利用に関する許認可権はすべて中央官庁が掌握しており、地元自治体には何の法的権限も与えられていない。原子力関係法規には地方自治体の役割が一行も書かれていない。しかし事業実施に際して地元の都道府県知事の同意を得なければならないという暗黙のルールが、慣例として定着している。また地方自治体は法の規定にかかわりなく、事業者との間に安全協定に代表される各種協定を締結できるという暗黙のルールも、やはり慣例として定着している。したがって、都道府県知事が事業者に対する同意を留保したり、安全協定への署名を留保することにより、その事業の推進を一時中断させることができるのである。

こうした歴史的に形成されてきた慣例を、事業実施に対する拒否権として戦略的に活用しようとする動きが最初に顕在化したのは、前述のように一九九一年の青森県知事選挙においてであった。そこでは核燃料サイクル基地建設反対の立場をとる県知事を誕生させ、事業者との協力協定を破棄させるという戦術が立てられたのである。反対派は県知事選挙に敗北し、その狙いは実現しなかった。しかしもんじゅ事故以後、都道府県知事の慣例上の権限が行使されるケースが増えており、それが原子力開発利用の推進にブレーキをかけている。

5　分水嶺となった東海再処理工場の火災・爆発事故

高速増殖炉原型炉もんじゅ事故によって大きく揺らいだ動燃に対する国民の信頼を、完膚なきまでに失墜させたのが、一九九七年三月一一日午前一〇時六分に、動燃の東海再処理工場のアスファルト固化処理施設ASP(Asphalt Solidification Plant)で発生した火災・爆発事故であった。

この事故の概要を説明しておこう。東海再処理工場には、再処理の各工程、施設の各所から排出される低放射性廃液を、アスファルトと混ぜて固めるアスファルト固化処理施設がある。その内部のアスファルト充塡室には、低放射性廃液をアスファルトで固化したものを一杯に詰めたドラム缶が多数おかれている。その一本が充塡の二〇時間後に発火し、またたく間に周囲の多くのドラム缶に火が燃え移った。作業員は下請け会社の社員だったため、動燃職員の指示をあおいだ。動燃職員は上司と相談のうえ水噴霧による消火を命じた。火災発生から約六分後、作業員はスプリンクラーを使った消火活動を一分間おこなった。だがその頃から、放射能を含む煙が充塡室から施設全体に広がり、火災発生から約三〇分後までに、作業員は全員避難を余儀なくされた。この予期せぬ事態を終息させようと関係者が懸命に努力していた午後八時四分、充塡室付近で爆発が起き、アスファルト固化処理施設の窓と扉のほとんどが破損した。爆発によって発生した火災は三時間あまりにわたって続いた。そして施設の破損箇所から、大量の放射能が外部へと拡散していった。

最初に起きた火災事故に関しては、ドラム缶内で激しい発熱暴走反応が発生して自然発火をもたらしたものと推定されている。またその約一〇時間後に起きた爆発事故に関しては、消火作業に使われた水量がわずかであり、完全な消火がなされなかったために、ドラム缶に詰められたアスファルト固化体内部で、何らかの発熱をともなう化学反応が進行し、それにより可燃性ガスが部屋に充満し、何らかの引き金で爆発にいたったものと推定されている。原子力安全委員会は、火災爆発事故調査委員会を設置して事故原因調査を進めさせ、調査委員会は九七年一二月一五日に報告書を提出したが、そのなかで事故原因を特定することはできなかった。

この事故によって動燃の安全対策の不十分さがクローズアップされることとなった。また事故に際して動燃がとった対応行動も、きわめて不適切なものであった。安全対策の不十分さの筆頭にあげられるのは、アスファルト固化という方法を採用したこと自体である。アスファルトは可燃物であり、発火した場合には内蔵された放射能をまき散らすリスクがある（減速材に黒鉛を用いる原子炉と同様のリスク）。セメント固化のほうがベターであり、それが世界の標準的方法である。にもかかわらず動燃は、コストが安く海洋投棄にも都合のよいアスファルト固化の方法を選んだ（前述のように八〇年代初頭まで、科学技術庁は中低レベル放射性廃棄物の海洋投棄計画に固執していた）。また動燃は、アスファルト固化処理施設で火災事故や爆発事故が起こることをほとんど想定せず、消火訓練をまったくおこなっていなかったのである。

次に動燃の事故対応行動も、多くの問題点を有するものだった。それは大きく二つに分けることができる。第一に、消火作業がきわめて不適切なものとなった。まずマニュアルの記述が不備だったため、現場作業員の判断で消火活動を開始できず、消火開始が遅れた。またマニュアルの消火手順が守られなかった。放水開始の前に充填室の換気を中止しなかったのである。そのためフィルターの目詰まりによる機能喪失と、外部への放射能漏洩を招いた。さらにわずか一分間の散水をおこなっただけで消火作業を中止し、十分な消火確認もおこなわなかった。一九八一年に起きたベルギーのユーロケミック社のアスファルト固化施設での事故に懸念をいだき、動燃は八一年に燃焼実験をおこない、完全消火までに八分間の散水が必要であるとの結果を得ていたが、それが生かされなかった。そうした不適切な消火活動によって、適切な対応がなされていれば火災事故だけですんだところが、爆発事故に発展した。

第二に、消火活動にからむ虚偽報告事件が発生した。動燃が科学技術庁に提出した事故報告書には、午前一〇時一三分に消火を確認したのち、一〇時二二分に目視で再確認したと記載されていたが、実際には消火確認していなかったことが、事故から約一カ月後の四月八日に露見したのである。それは簡単に訂正できるはずの単純ミスにすぎなかったが、ひとたび政府・自治体・マスコミ等に流した情報について、もしその訂正をおこなえば、もんじゅ事故で失墜した動燃の信用がさらに低下するのではないかと幹部職員たちが恐れ、口裏合わせをおこなおうとしたが、それが作業員一人の抵抗により発覚したのである。この虚偽報告事件の発覚は、国民の動燃への不信を決定的なものとし、動燃解体論を呼び起こした。マスコミは動燃を「うそつき動燃」呼ばわりするようになった。

この東海再処理工場の火災・爆発事故と、それに付随して起こった虚偽報告事件は、動燃の事業全体に大きなインパクトを及ぼした。それは次の二点に整理することができる。第一に、それは日本の核燃料再処理開発の将来に暗雲を投げかけた。この事故により核燃料再処理という技術の安全性が、国民的な疑問にさらされることとなった。再処理についてはかねてから、その核拡散リスクや経済性の悪さが問題となっていた。再処理のメリットとしては、ウラン資源有効利用と高レベル放射性廃棄物の減容が掲げられていたが、前者は高速増殖炉システムと組み合わせることによってはじめて意味をもつ論点で、将来への希望的観測としての意味しかもたない（軽水炉システムと組み合わせた場合の、ウラン資源節約効果はわずかにとどまる）。また後者についても、直接処分と比べて中低レベル廃棄物が桁違いに多く発生することなどによってメリットが相殺されるとみられてきた。ここでもし再処理の安全性への疑問を惹起させるような事故が起これば、再処理の利害得失のバランスがさらに大きく負の方向へ傾く可能性があった。東海再処理工場の火災・爆発事故はまさにそうした不安を現実のものとしたのである。アスファルト固化処理施設は、取り扱う放射能が中低レベルであったため、労働者や周辺住民に大量の放射線被曝をもたらすことだけは避けられたが、再処理工場の本質的なリスクの高さが浮き彫りにされる結果となった。

東海再処理工場事故の今一つのインパクトは、動燃という組織そのものを、解散の瀬戸際へと追い込んだことである。虚偽報告事件の発覚を契機として、今まで核燃料サイクル開発推進の立場をとってきた保守党政治家や、開発政策を立案しその実施を監督してきた科学技術庁をはじめ、政・官・財界のありとあらゆる勢力が、「動燃解体論」を唱え始めたのである。もっともこうした世論の流れは脱原発団体や批判論者にとって、いささか当惑させられる動きであった。なぜなら政・官・財界の関係者がマスメディアを巻き込んで合唱し始めた「動燃解体論」は、その内容がきわめて曖昧だったからである。そこでは分割、民営化、国立研究所への改組、単なる部局の編成替えなど、あらゆるアイデアが「解体」というキーワードでくくられていたからである。また「動燃解体論」において特徴的だったのは、核燃料サイクル開発政策そのものの見直しについて、ほとんど言及されていなかったことである。動燃改革の顛末については、第6節であらためて取りあげる。

6　核燃料サイクル政策の原状復帰へ向けて

ここで時計の針を一九九六年六月まで戻そう。この時点は、原子力政策円卓会議がようやく中盤を迎えた時点であった。円卓会議の結論を待たずに、通産省総合エネルギー調査会は原子力部会(近藤駿介部会長)の審議を、六月一四日に開始した。それはわずか七回の審議ののち、九七年一月二〇日に中間報告——通産省関係の審議会報告書は大抵の場合、中間報告というタイトルを用いていた。その後に最終報告が書かれることはほとんどなかった——をまとめ公表した。その内容は、核燃料サイクル推進政策を再確認し、軽水炉でプルトニウム混合燃料を燃やすプルサーマル計画の推進を提言するものであった。通産省は科学技術庁よりも一足早く、もんじゅ事故以後いわば凍結状態におかれていた核燃料サイクル政策の再起動に乗り出したのである。

これは九六年一月二三日に出された福島・新潟・福井三県知事の「今後の原子力政策の進め方についての提言」を、事実上拒否する決定であった。前述のように三県知事提言では、「核燃料リサイクルのあり方など今後の原子力政策の基本的な方向について、これに密接に関連するプルサーマル計画やバックエンド対策（使用済核燃料の将来的な貯蔵保管のあり方、高レベル廃棄物処理問題等）に係わる諸問題も含め、改めて国民各界各層の幅広い議論、対話を行い、その合意の形成を図ること」と、「核燃料リサイクルについて改めて国民の合意形成が図られる場合には、プルサーマル計画やバックエンド対策の将来的な全体像を、これから派生する諸問題も含めて具体的に明確にし、関係地方自治体に提示すること」が提言された。ところが総合エネルギー調査会原子力部会報告は、核燃料サイクル政策の是非とあり方に関する国民的合意形成のための議論が始まったばかりの段階――円卓会議でこれに関する討論が四回おこなわれ、招聘人たちの賛否の意見が並行線をたどり、これからの議論の進め方が模索されていた段階――で、唐突に出された。またそこには核燃料リサイクルの将来的な全体像は示されず、プルサーマル計画を取り急ぎ開始することだけが決められたのである。これは通産省のブルドーザーのような暴走が始まったことを意味していた。

これを受けて九七年一月三一日、原子力委員会は「当面の核燃料サイクルの具体的施策について」を決定し、軽水炉でのプルトニウム利用（プルサーマル）の促進と、再処理事業の促進を決めてしまった。原子力委員会もまた、核燃料サイクル政策に関する国民的合意形成の作業を割愛したのである。それは専門部会や懇談会に諮るという今までの常套的な政策決定手続きをも、割愛したものであった。なぜ原子力委員会が通産省の独断専行をただちに追認したかの理由は定かではない。

さらにこれを受けて九七年二月四日、核燃料サイクル開発推進に関する閣議了解がおこなわれた。これはもんじゅ事故以前の慣例からみても、相当に強引な行政的手法の発動であった。一九九六年が原子力行政への情報公開や市民参加において前進がみられた年であったとすれば、一九九七年は核燃料サイクル政策の原状復帰へ向けての「逆コース」の始まりを画する年となった。早くも年明け早々に、その動きが顕在化したのである。この閣議了解により、核燃料サイクル政策に関してまだ原状復帰が決定していないのは、高速増殖炉開発政策のみとなった。原子力委員会は、そうした状況をあらかじめつくっておいてから、高速増殖炉懇談会を九七年二月二一日に発足させた。そこでもんじゅ再開を是とする勧告が出されれば、少なくとも政策決定レベルでの原状復帰が完了するはずであった。

ところが、九七年三月一一日の動燃再処理工場の火災・爆発事故と、それに関連した虚偽報告事件の発覚により、科学技術庁をはじめとする原子力関係機関が思い描いてきた開発再開へのシナリオは、破綻の危機に直面した。せっかく高速増殖炉開発以外の核燃料サイクル開発事業の推進を決めたのに、それについてあらためて検討し直すべきだという世論が台頭する脅威が生じたのである。

科学技術庁がこの危機を切り抜けるために立てた作戦の急所は、動燃改革検討委員会の設置であった。それは、「うそつき動燃」を厳しく追及する国民世論に応えるという形をとりつつ、動燃が関与している核燃料サイクル開発プロジェクト群の推進の是非とあり方についての再検討をおこなうことを否定し、動燃の地位と役割の見直しについても、動燃内部の組織改革と一部事業の移管のみに検討事項を絞るというアプローチを採用したのである。

四月一八日に発足した動燃改革検討委員会(吉川弘之委員長)は、多くの重要な問題点をもつものであった。それを五点ばかり列挙すると、第一の問題点は、それが核燃料サイクル政策の事業面・

制度面での包括的な見直しという方針をとらない組織として発足したことである。

第二の問題点は、動燃改革検討委員会の設置形態である。それは科学技術庁長官の諮問機関として設置された。それは委員会の第三者性をそこなうものであり、防衛庁（当時。二〇〇七年に防衛省へ昇格）に自衛隊改革を検討させるようなものだとの批判をあびた。第三者性を保つためにも、また問題の重要性から考えても、首相レベルの諮問委員会とすべきであった。

第三の問題点は、メンバーの人選である。もんじゅ事故を契機として、原子力政策関係の政府諮問委員会には、わずかの人数ではあるが、批判論者ないし市民運動組織のメンバーが、構成員として加えられるようになったが、動燃改革検討委員会のメンバー構成は、その点からみるといちじるしい後退であった。そうしたメンバーは一名も呼ばれなかったのである。

第四の問題点は、国民意見を聞かない一方で、自由民主党の意見を最大限に尊重して、報告書をまとめたことである。つまり動燃改革検討委員会は、科学技術庁に設置されたこともあって、原子力委員会において一九九六年改革によって義務化されていた国民意見反映などの民主的な手続きが、報告書取りまとめに際して割愛された。それとは裏腹に、自由民主党行政改革本部の意見を最大限に尊重したうえで、報告書をまとめた。具体的には九六年七月二日に自由民主党行政改革推進本部が示した「動力炉・核燃料開発事業団の抜本改革について」に準拠する形で、科学技術庁が七月七日に素案を、動燃改革検討委員会に提出したのである。

第五の問題点は、審議経過である。それはわずか三カ月、六回の会合を開いたのみで、八月一日付で報告書「動燃改革の基本的方向」を提出したのである。それも雑談的審議を二回おこなったあとの第三回会合で、早くも報告書取りまとめの段階に入り、第五回会合には、検討委員会自身の素案ではなく、科学技術庁の手による素案(右記のように自由民主党の意向に準拠したもの)が示され、それにもとづいて若干の審議がおこなわれた結果、報告書がまとめられたのである。

さて、動燃改革検討委員会の報告書の骨子は、組織名を核燃料サイクル開発機構(略称＝サイクル機構)へと改め、事業の一部を廃止する、というものであった。具体的には、海外ウラン探鉱、ウラン濃縮研究開発、新型転換炉研究開発の三分野を整理することを、報告書は勧告した。しかしこれらの三分野は、もんじゅ事故以前から事業存続の意義が消失していたものであり、それらの廃止は当然の措置であった。まず海外ウラン探鉱については過去約三〇年間にわたる成果が皆無であった。次にウラン濃縮研究開発についても、動燃が関与しうる事業は、新素材を用いた遠心分離機の開発のみとなっており、それも試験機の開発以降は電力業界とメーカーに主導権を譲ることとなっていた。レーザー濃縮については前述のように、早い段階から電力業界とメーカーが主導権を握った。最後の新型転換炉研究開発も、青森県大間における実証炉建設計画が中止になった以上、原型炉ふげんの運転を継続する意味はなくなっていた。

動燃が進めてきたそれ以外の事業はすべて、無傷で生き延びることとなった。高速増殖炉開発及びそれに関連する核燃料サイクル技術(高速増殖炉用の再処理技術を中心とする)の開発という動燃の基幹的事業は、そのまま新法人の基幹的事業として引きつがれることが勧告された。それに高レベル放射性廃棄物処理処分技術の開発を加えた三者を、核燃料サイクル開発機構の主要業務とすることが、報告書のなかで勧告されたのである。

以上のような報告書の勧告内容は、原子力委員会で当時検討中の事柄について、あらかじめ結論を先取りしていた点で、いちじるしい越権行為を犯していた。具体的にいうと、動燃改革検討委員会の報告書が出た九七年八月段階においては、まだ原子力委員会高速増殖炉懇談会の審議がつづけられていた。その報告書の結論次第では、二つの基幹的プロジェクト（高速増殖炉、高速増殖炉用再処理）が中止される可能性があった。そのように主張する委員も懇談会には存在していた。もしそうなれば、動燃を解散し、新法人は設置せず、高レベル廃棄物処理処分と他の若干の業務を日本原子力研究所（原研）に移管するという方針が、動燃問題の合理的な解決法となるはずであった（原子力船開発事業団が解散されたときも、その業務を原研が引きついだ前例がある）。そうした可能性を初めから念頭におかず、二つの基幹的プロジェクトの継続を自明の前提として、動燃改革検討委員会は作業を進め、報告書を提出したのである。

ところで動燃改革検討委員会は、核燃料リサイクル関連事業の是非とあり方についての審議を、まったくおこなわなかった。にもかかわらず核燃料サイクル開発の促進を求める数々の勧告を、おこなったのである。たとえば高速増殖炉に関しては、次のように勧告されている。「高速増殖炉開発及びそれに関連する核燃料サイクル技術開発は、将来的に核燃料サイクルの中核を成す研究開発であり、我が国の将来、さらには、人類の未来を見通したグローバルなエネルギー安全保障の確保に資する極めて公共性の高い研究開発であることから、新法人においては、その研究開発を着実に推進していく（以下略）」。具体的な検討抜きに、いきなりこのような結論が導き出され、こうした認識をベースとして、改革案がつくられたのである。

その後も高速増殖炉懇談会の動きをまったく無視するかのように、動燃改革の具体化の作業が進められた。八月六日には動燃改革検討委員会のもとに、新法人作業部会(部会長＝鈴木篤之東京大学教授)が設置され、具体的プランの策定に乗り出したのである。そのメンバーは原子力共同体の幹部で固められた。加藤康弘(科学技術庁原子力局長)、近藤俊幸(動燃理事長)、外門一直(電気事業連合会副会長)、永井康男(三菱重工副社長)、松浦祥次郎(日本原子力研究所副理事長)、鈴木部会長の計六名である。そこには批判論者はもとより、中立的立場の者も一名も含まれていなかった。

新法人作業部会の報告書「新法人の基本構想」は動燃改革検討委員会のチェックを受けたうえで九七年一二月九日、科学技術庁長官に提出された(なおその直前の九七年一二月一日付で高速増殖炉懇談会の報告書が原子力委員会に提出されている)。これを受けて九八年二月一〇日、いわゆる動燃改革法案(原子力基本法及び動力炉・核燃料開発事業団法の一部を改正する法律案)が国会に提出され、五月一三日に可決成立した。それにもとづき九八年一〇月一日、核燃料サイクル開発機構が発足の運びとなった。動燃は六七年一〇月二日に発足して以来、三一年にわたる活動の幕を下ろしたのである。

ともあれ一九九七年末までに、もんじゅ事故を契機に始まった核燃料サイクル政策の見直し作業は、一段落する形となった。開発路線上の政策転換は見送られたのである。関係省庁が正規の政策決定プロセスの先回りをして、従来政策の堅持を別のプロセスで決めてしまうという問答無用のブルドーザー的手口は、原子力政策の分野では常套手段となっている。

7 高速増殖炉開発政策のささやかな軌道修正

前述のように、栗田幸雄福井県知事は第九回円卓会議での席上、原子力委員会に「高速増殖炉懇談会」というものを設置するよう提案した。これに対して伊原義徳原子力委員長代理が「高速増殖炉懇談会につきましては、それを設置させていただくという方向で、その内容を十分詰めさせていただきたいと思います」と答えた。それは原子力委員長代理の個人的判断によるもので、事務局にとっては寝耳に水だったとも噂されているが、もはや撤回は不可能だった。メンバーの人選に難航したものの、高速増殖炉懇談会は一九九七年二月二一日、発足にこぎつけた。その目的は「原子力政策円卓会議における議論等を踏まえ、『もんじゅ』の扱いを含めた将来の高速増殖炉開発の在り方について幅広い審議を行い、国民各界各層の意見を政策に的確に反映させる」ことであり、審議事項は、「『もんじゅ』の扱いを含めた将来の高速増殖炉開発の在り方」とされた。

この懇談会は原子力委員会にとって、もんじゅ事故以前には設置が予定されていなかったものであった。なぜなら原子力委員会はすでに一九九四年一二月一五日、核燃料サイクル計画専門部会（秋山守座長）を設置しており、その審議事項に「高速増殖炉に関する事項」が含まれていたからである。核燃料サイクル計画専門部会は従来存在していた三つの専門部会（高速増殖炉開発計画専門部会、核燃料リサイクル専門部会、再処理推進懇談会）を一本化し、総合的に課題を検討していくために設置されたものであった。だがもんじゅ事故により、この専門部会は有名無実のものとなった。そしてその空隙を埋める形で、高速増殖炉懇談会がつくられたのである。

高速増殖炉懇談会の専門委員として選ばれたのは、次の一六名である（肩書はいずれも当時のもの）。秋元勇巳（三菱マテリアル社長）、植草益（東京大学教授）、内山洋司（電力中央研究所上席研究員）、大宅映子（ジャーナリスト）、岡本行夫（外交評論家）、木村尚三郎（東京大学名誉教授）、河野光雄（内外情報研究会会長）、小林巌（ジャーナリスト）、近藤駿介（東京大学教授）、住田裕子（弁護士）、鷲見禎彦（関西電力副社長）、竹内佐和子（長銀総合研究所主任研究員）、中野不二男（ノンフィクション作家）、西澤潤一（東北大学元総長）、松浦祥次郎（日本原子力研究所副理事長）、吉岡斉（九州大学教授）。

このメンバー構成は、非常に偏ったものであった。専門委員の約半数は原子力政策の策定に常時関与し、高速増殖炉開発をふくむ原子力開発全般に賛同してきた人々であったが、今までの高速増殖炉開発政策に反対する専門委員はわずか一名だったのである。なお座長を含む残りの数名の委員は、今まで原子力政策に関与しておらず、原子力政策に対する各自の専門的立場からの発言をしたこともほとんどない人々であった。高速増殖炉開発のように国民世論を二分するような話題について審議するには、原子力政策に関する深い専門的見識をもつメンバーを揃え、また推進論者・中立者・反対論者の三者のバランスに十分配慮する必要があると思われるが、そうした理想とはまったくかけ離れた人選であった。

高速増殖炉懇談会は初回の会合で、西澤潤一東北大学元総長を座長に選出した。そして月一回をやや上回るペースで、審議を進めた。それは招聘人や説明人を立てての質疑応答と自由討論という形式で進められた。ところが招聘人や説明人のメンバー構成もまた、きわめて偏ったものとなった。

招聘人のなかで高速増殖炉開発中止の意見をもつ者はわずか一名(原子力資料情報室代表の高木仁三郎)のみで、残りはすべて原子力開発関係者によって占められた。また説明人も、すべて開発推進の立場の人々(その大部分は動燃職員)で占められた。さらに懇談会の事務局をつとめたのは、科学技術庁原子力局動力炉開発課という、高速増殖炉開発を推進し、また動燃を監督する責任をもつ部局であった。つまり動力炉開発課は、高速増殖炉開発に関する中立性という点では、およそ考えうる限りの選択肢のなかで最も不適格な部局であった。

さて、高速増殖炉懇談会における報告書の取りまとめ作業は、きわめて性急かつ不透明なものとなった。まず性急さに関していえば、第七回懇談会(七月三〇日)までは、それなりの時間をかけて審議が進められたが、第八回懇談会(八月二七日)に突然、動燃を改組して新法人(核燃料サイクル開発機構)を早急に発足させるためには年内に報告書をまとめる必要があるというデッドラインを事務局が示し、それを契機として審議は一気に終盤へとなだれ込んだ。そして第九回懇談会(九月一九日)において早くも、報告書骨子案が議題に上ったのである。懇談会での審議を登山にたとえると、八月から九月にかけて、三合目から九合目へといきなりヘリコプターで運ばれたようなものである。「動燃を無傷で生き残らせる」という方針をできるだけ早期に確定する、という路線に沿って、科学技術庁は全力で走り始めたのである。これは本来あるべき手順とは正反対だった。

西澤座長もまたこの早期決着の方針を、別の観点から支援した。西澤座長は、もんじゅを使った研究を早く再開させてやりたいとの見解を、この頃から再三にわたって表明するようになったのである。こうした意見は、高速増殖炉の商業化計画の継続の是非と、もんじゅ再開の是非について徹底的に議論し、国民の意見を十分に反映させたうえで、表明すべきだったろう。その意味では西澤座長も科学技術庁と同様に、「まず結論ありき」の姿勢を鮮明にしたのである。

こうした早期決着の方針が採用された結果、報告書は事務局主導で取りまとめられることとなった。高速増殖炉政策のような国民世論を二分する争点に関しては、開発推進の立場をとる科学技術庁に報告書の取りまとめの主導権を与えず、懇談会のメンバー自身が起草委員会などをつくり、その主導権のもとで報告書の取りまとめをおこなうのが当然の手続きであると思われるが、そうした手続きはとられなかった。また報告書骨子案の説明の時点では、座長が事務局と相談して原案をつくったという建前になっていたが、審議の過程でそれが事務局の作成した案に、座長が加筆したものであったこと、つまり主導権が事務局にあったことが露見した。

九月一九日に出された骨子案は、その後数回の書き直しを経て、報告書案(一〇月一四日付)となり、さらに国民意見反映の手続きをへて、最終報告書(一二月一日付)となった。ところがその報告書の書き直し作業の進め方は、きわめて強引かつ密室的であった。それは一貫して事務局主導で進められた。そこでは事務局が文案をつくり、それに各委員がコメントを送り、その取捨選択を事務局がおこなうという方式がとられた。つまり委員は事務局に対して意見を言うだけのお客様の立場におかれ、委員の意見の採否はすべて事務局の権限に委ねられた。各委員は、書き直しのプロセスに関する情報をまったく与えられず、その第三者への説明もできなかったのである。

国民意見反映の手続きについても、問題があった。まず一一月七日、高速増殖炉懇談会主催の「報告書案に関するご意見を聞く会」が東京で一回のみ開かれたが、発言者と委員との双方向的な対話は一切なされなかった（事務局は極度にそれを嫌がった。事務局のコントロールが利かない場で、委員が質問に回答できず立ち往生したり、報告書の趣旨とは異なる自由な意見を述べたりすることを恐れたためであろう）。委員の出席率も全体の三分の一以下の五名ときわめて低調であり、主催者代表の座長も参加しなかった。本来は、中立的な議長団を立て、発言者と委員（もちろん事務局の官僚の代弁は認めない）が、報告書案の妥当性をめぐって数日間にわたり徹底的に議論を戦わせる会議を、開催すべきであったと思われる。

また文書による国民意見募集についても、一〇六三件もの国民意見が寄せられたにもかかわらず、一件一件の採否に関する個別的検討をおこなう時間は与えられず、座長から指名されたわずか四名の委員による五時間の会議でその採否をすべて決定した。おまけにその採否の検討会には、通産省資源エネルギー庁と動燃の職員が同席し、委員や事務局と対等の立場で意見を述べた。ここで動燃職員の国民意見採否手続きへの参加は、被告が裁判官を兼任することに相当することはいうまでもない。

さて、高速増殖炉懇談会報告書は、一五名の委員による多数意見と、一名の委員（吉岡）による少数意見の併記という形で、まとめられた。原子力委員会の専門部会等の報告書としては前代未聞のことであった。ただし多数意見との分量上のバランスへの配慮から、少数意見の分量は極度に切り詰められた。

報告書のなかで提言された、新たな高速増殖炉政策の要点は、つぎの四点にまとめることができる。

(1)高速増殖炉を将来のエネルギー源の選択肢の有力候補として位置づける。
(2)商業化(実用化)を目標とする高速増殖炉の研究開発を継続する。
(3)もんじゅの原型炉としての運転を再開する。
(4)実証炉以降の実用化プログラムについては、具体的な計画を白紙とし、もんじゅの運転実績などをみてから、あらためて検討する。実用化目標時期を白紙とする。

これは従来の日本の高速増殖炉政策の大きな転換を意味していた。まず第一に、高速増殖炉は一つの選択肢へと格下げされた。一九九四年六月に出された、当時の最新の原子力開発利用長期計画においては、高速増殖炉は「将来の原子力発電の主流にしていくべきもの」と位置づけられているが、それと懇談会報告書の記述との落差は顕著である。第二に重要なのは、実証炉以降の計画が白紙とされたことである。九四年の長期計画には、二〇三〇年頃という実用化目標時期が明記され、実用化途上において実証炉一号炉および二号炉の二基を建設することが明記され、さらに実証炉一号炉としてトップエントリー方式ループ型を採用し、二〇〇〇年代初頭に着工すること(つまり二〇一〇年頃に完成すること)が明記されていたのだが、これらはすべて白紙撤回されたのである。

しかしこうした政策転換は、高速増殖炉懇談会のイニシアチブによって実現したものであるとは必ずしもいえない。もんじゅ事故が起こる前においてすでに、高速増殖炉実証炉建設計画の推進は、電力業界の難色により困難となっており、もんじゅ事故によってその困難はさらに倍加していた。九七年末の政策転換は、もんじゅの運転再開を認めるが、その一方で実証炉建設計画を実質的に無期延期するという、関係者の間での暗黙の合意事項を、政策としてオーソライズしたものと解釈できる。

ところで、こうした内容の勧告を導くに際して、高速増殖炉懇談会報告書が採用した論理構造は、きわめてファジーなものであった。公共政策に関する報告書では、中立的な判断枠組を採用しなければならない。つまり複数の選択肢を立てた総合評価の様式を採用する以外に、適当な方法はない。それ以外の様式ではどうしても、評価の枠組や評価の項目が、片方に有利な形に歪みやすいからである。この政策判断の様式においては、次のような手続きがとられる。

(1)有力と考えられるすべての政策オプションを列挙し、
(2)それらの優劣を評価するための包括的なクライテリア（規準）の体系を示し、
(3)一つひとつの政策オプションの利点と欠点を包括的に検討し、
(4)最後に最善の政策オプションの実施を勧告する。

残念ながら今までの日本の原子力政策において、このような様式にもとづく政策決定がおこなわれた例はない。どんな開発計画についても、開発推進という結論を導くのに有利な論点を並べ、その一方で不利な論点を無視したり、仮にその一部について言及する場合でも、それが打開可能であるとの希望的観測を根拠としてそれを否定し、結論として開発推進を正当化するという様式がとられてきた。そうした前近代的な様式から脱皮し、前記の総合評価の様式を今後、標準的な様式としていくことが、合理的な公共政策上の判断のために必要である。そのことを筆者は、懇談会で毎回のように執拗に主張したのだが、本文の論理構造としては結果的に採用されなかった。

筆者が執拗に主張してきた「総合評価」の実施という提案が、懇談会で受け入れられなかったのは、もし筆者の方法を採用したならば、高速増殖炉開発の正当化のための論法を、開発推進論者たちは全面的に再構築しなければならず、また仮に何らかの形で再構築に成功しても、その新しい論法から導かれる結論は、開発推進に不利なデータの発覚や、技術的な行き詰まりや、社会的な環境変化によって、容易にくつがえされるような脆弱なものとなることを、彼らが恐れたためであると思われる。しかし「民主的・理性的な対話」においては、結論は可変的なものでなければならない。判断プロセスの各ステップにおける現実認識がわずかでも変われば、結論自体も変わりうるような形に、判断プロセスが組み立てられていなければならない。

高速増殖炉懇談会報告書は「高速増殖炉の実用化を目標とする研究開発の継続が妥当である」という趣旨の勧告を出したが、それは右記のような総合評価の方法にもとづいたものではなかった。また根拠として示されているデータも単なる目標値や、推進という結論を得るのに有利な形に加工した作為的データなど、信頼性の低いものばかりであった。しかしそれについて詳述する紙面はないので、別稿を参照していただきたい(吉岡斉・吉岡やよい「高速増殖炉懇談会とは何であったか」、『科学・社会・人間』(物理学者の社会的責任サーキュラー)、第六三号、一九九八年一月、六〜一八ページ)。

なお、高速増殖炉懇談会の報告書を受けて原子力委員会は一二月五日、「今後の高速増殖炉研究開発の在り方について」を決定し、そのなかで「懇談会報告書の結論は妥当と判断し、今後は同報告書を尊重して高速増殖炉開発を進めることとする」と指摘した。この原子力委員会決定には、「報告書中に賛否両論の形で記された諸意見についても、当委員会としては、高速増殖炉研究開発に対する貴重な意見として真摯にこれを受け止めるものである」との記述がある。これにより国策としてのもんじゅ運転再開の方針が固まった。しかし試運転再開までに、さらに一三年を要することになろうとは関係者の誰もが予想していなかった。

8　JCOウラン加工工場臨界事故

本章ではこれまで、一九九〇年代後半に発生した原子力事故として、一九九五年の高速増殖炉もんじゅ事故と、一九九七年の東海再処理工場事故を取り上げ、それらの概要を説明するとともに、それらのインパクトについて論じてきた。二つの事故のうち高速増殖炉もんじゅ事故のインパクトは、事故による物理的被害がわずかであったにもかかわらず、ひときわ大きかった。それは原子力業界全体を大きく揺さぶったのである。それに比べれば東海再処理工場事故のインパクトは相対的に小さかったが、科学技術庁解体を決定的なものとした点では重要である。これについては次章で述べる。一九九〇年代後半に発生した事故として、もう一つ忘れてはならないのが、一九九九年九月三〇日に茨城県東海村で起きたJCOウラン加工工場臨界事故である。この事故は急性放射線障害で従業員二名が死亡した点と、多数の周辺住民の避難が実施された点において、日本の原子力開発利用史上初めての深刻な事故となった。

一九九九年九月三〇日午前一〇時三五分頃、茨城県東海村にある株式会社JCO東海事業所の転換試験棟において、日本で初めての臨界事故が発生した。この日、JCOの三名の従業員が高速実験炉常陽の炉心に装荷するための濃縮度約一八・八％の硝酸ウラニル溶液を精製する作業に従事していた。そのさい正規のマニュアルとは異なる危険な工程を用いたことが、臨界事故につながった。

従業員たちは二酸化ウラン粉末から不純物を除去し、純度の高い硝酸ウラニル溶液を製造し出荷するための作業を進めていた。その硝酸ウラニル溶液は、核燃料サイクル開発機構においてMOX燃料の原料となる手筈となっていた。原子炉等規制法で許可された正規の工程は、二酸化ウラン粉末を溶解塔に入れて溶かし、それを製品容器（四リットル）に詰めるという工程だった。核燃料サイクル開発機構の注文は、出荷する製品容器すべて（今回の場合は一〇本、合計四〇リットル）の濃度を均一化せよというものだった。それに対処するためにJCOは「クロスブレンディング」（各容器から一〇分の一の〇・四リットルずつ分取して混合することにより、各容器の濃度を均一化する）という手法を用いることとなっていた。

しかしそれは多大な手間を要するため、JCOは裏マニュアルを作って対応していた。それはバケツ状のステンレス容器（一〇リットル）で二酸化ウラン粉末を濃硝酸に溶かしそれを貯塔に四杯分入れて混合均一化し、それを製品容器に詰めていくという手法であった。貯塔は細長い容器なので臨界の心配はなかったが、もともとそのような利用法は想定されておらず、非常に使いにくい設備であった。そこで作業員は今回、貯塔ではなくずんぐりとした大容量（直径五〇センチメートル、高さ七〇センチメートル）の沈殿槽を使った。おまけに今回は通常の商業用軽水炉の四～五倍の濃度をもつ特別の濃縮ウランを取り扱っていたので、比較的少量のウランでも臨界に達するおそれがあった。

作業員がバケツ七杯分（金属ウラン約一六キログラム相当）を沈殿槽に入れたところで突如臨界が始まった。それにより大量の中性子が放出され、ガンマ線や核分裂生成物も周囲に飛散した。作業員三名のうち二名(大内久、篠原理人)は致死量の放射線を被曝し、東京大学病院と東京大学医科学研究所での密度の濃い治療にもかかわらず、その後死亡した。残りの一名(横川豊)も重篤な急性放射線傷害を引き起こす線量を浴びたが回復した。

臨界状態は、約二〇時間にわたってつづいた。原子力安全委員会の助言を受けたJCO社員たちの決死の収拾作業によって、ようやく翌一〇月一日午前六時過ぎに臨界状態は終息した。その間、多量の中性子等が発生しつづけ、工場内や周辺地域を飛びかった。事故発生から五時間後にようやく、現場から三五〇メートル圏内の住民(約一五〇人)に避難勧告が出され、さらに同日夜一〇キロメートル圏内の住民(約三一万人)に屋内退避勧告が出された。しかし多くの住民がかなりの量の放射線を被曝した。住民の健康診断に要した費用や、鉄道の運休、事業所の休業、商店の閉店、農水産物の風評被害による遺失利益などをすべて足し合わせた被害総額は数百億円から数千億円にのぼるとみられる。その一部が賠償の対象となる。

事故から八二日後の一二月二一日夜、JCO従業員の大内久(三五歳)が死亡した。大内は日本の原子力発電史上、最初の犠牲者となった。大内さんに対しては密度の濃い実験的治療が施され、放射線による急性障害に関する貴重な実験データが得られた。もっとも患者にとっては過剰な延命治療を受け、それによって必要以上の苦しみを味わった可能性もある。

事故収束後の政府の対応は迅速だった。原子力安全委員会はウラン加工工場臨界事故調査委員会を設置し、わずか二カ月半(一〇月八日初会合、一二月二四日報告書提出)で審議を終え、報告書を提出した。だがその内容はもっぱらJCOに責任を負わせるものであり、安全規制当局である科学技術庁によるチェック機能がまったく働かなかったことにかかわる責任は見過ごされた。また核燃料サイクル開発機構（旧動燃）の職員二名（相澤清人、河田東海夫）が、事故調査委員会に委員として加わっていたことも強い批判を浴びた。

このJCO臨界事故については、安全審査の大前提となる正規マニュアルを、大幅に逸脱した作業がJCOにおいて日常的おこなわれ、それを科学技術庁がチェックできなかったことが、国民世論の強い批判を浴びた。また事故後の政府の対応が遅れたことも問題視された。それを受けて原子力防災体制の整備のために災害基本法の特別法として、九九年一二月に原子力災害特別措置法（原災法）が制定された（しかし二〇一一年の福島原発事故に際しては、まったく異なる指揮系統がはられることとなった。原災法で規定された措置は絵に描いた餅であることが露呈したのである）。

9　商業原子力発電拡大のスローダウン

すでに第1章で概観したように、一九七〇年代末までに英国と米国で原子力発電事業が停滞におちいった。そうした原子力発電事業の停滞傾向は、一九八〇年代末までに世界中に広がることとなった。大規模な原子力発電事業を展開している「原子力大国」についてみると、八〇年代以降はそれまで順調に開発を拡大してきた主要先進国が軒並み、ドイツ、ソ連（現在ロシア）、フランスの順で、それぞれ異なる要因により、停滞状態におちいることとなった。ドイツは環境保護世論の高まり、ソ連はチェルノブイリ事故とその後に起こった政治的・経済的崩壊、フランスは原子力発電の設備容量が大きくなり過ぎたことが、最も重要な要因である。

そうした欧米諸国の混迷を尻目に、日本では一九八〇年代以降も原子力発電規模の安定成長がつづけられた。八〇年代には新たに一六基が運転を開始し、九〇年代に入っても九七年末までに一五基が運転を開始したのである。ところが一九九〇年代半ばになって、それまでの日本の原子力発電の安定成長路線に、ついに赤信号が点滅し始めた。発電用原子炉を年平均一五〇万kW（中型原発で年二基、大型原発で年一・五基程度）のペースで増設しつづける路線が、いよいよ見直されることとなり、新増設ペースは二〜三年に一基程度へと劇的にスローダウンしたのである。

その背景には三つの事情がある。第一は電力需要の停滞である。日本においてバブル経済の崩壊が始まったのは一九八九年末であり、一九九一年に入ると経済成長に大きなブレーキがかかった。その後の日本経済はいつ脱出できるとも知れない長期停滞に沈んでいる。それが電力需要の拡大にブレーキをかけた。一九九〇年代前半はまだバブル時代の余韻が残っていたが、それも一九九七年に終焉し、それ以後は横ばい状態に入ることとなったのである。

第二は電力自由化の世界における進展であり、それが日本も巻き込む可能性が高まったことである。電力自由化の標準形は「送電分離」（アンバンドリング。日本では誰もが発送電分離と呼んでいるが、送売電分離と呼ぶほうが実態に即している）であるが、もしそれが実施された場合は、売電会社は発電コスト（または卸売電力購入コスト）での自由競争を強いられるようになり、商業発電用原子炉の新増設を控えるようになる。電力自由化の方向性と進行速度が決まらない間は、おいそれと原発新増設というわけにはいかない。

三つ目の事情として多くの論者が指摘するのは、原子力発電所の新規立地地点の獲得が一九七〇年代以降きわめて困難となり、長期にわたりその打開の兆しがみえないという点である。しかしこの問題については、原子力発電を拡大するための代替策として、既設地点での増設という方策もあるので、そのために原発新増設がスローダウンしたとは考えにくい。原発建設計画の遅れのために、ある地域に電力不足問題が生じたという話は聞かない。また原発建設計画の遅れのために、ある電力会社が火力発電プラントの新増設に動いたという話も聞かない。

いずれにせよ、原子力発電所を年平均一五〇万kW(年一・五基から二基)のペースで増設しつづける時代は終わった。一九九七年七月に運転を開始した二基(東京電力柏崎刈羽七号機、九州電力玄海四号機)の次に建設された東北電力女川《おながわ》三号機の運転開始年度は二〇〇二年度で、五年間のブランクがあいたのである。さらに三年間のブランクをあけて二〇〇五年から二〇〇六年にかけて中部電力浜岡五号機、東北電力東通一号機、北陸電力志賀二号機の三基が運転を開始したが、その後は北海道電力泊三号機までまた四年間のブランクがあく、といった具合である。

こうして世界の主要先進国から一〇年ほど遅れて、日本でも商業原子力発電拡大のスローダウンが現実のものとなった。ちなみに世界の原子力発電規模の停滞の原因については、安全・環境問題が抑制要因となっていること以上に、規制緩和・自由化の推進を唱える経済自由主義の影響力増大と、それを背景とした電力自由化の進展が、原子力発電にとって不利な材料となっている。自由な電力市場においては、電力会社は発電施設の種類(火力、水力、原子力の区別)にかかわりなく、余分の発電施設の建設を控えるようになる(国営や独占状態のもとでは電力会社は過剰な設備を抱えやすい)。

それに加え、原子力発電は以下の三つの経済的な弱点を抱えている。そうした弱点のため、電力会社は原発新増設をためらわざるをえない。

第一に、原子力発電は火力・水力発電に対して、発電過程だけをみれば、ライフサイクルコスト（建設から廃止までの総コスト）において同等またはやや優位にあるというのが関係者の共通認識である。しかしインフラストラクチャー・コストが高くつくので、これを加えれば火力・水力発電コストと同等またはやや劣位となってしまう（大島堅一著『再生可能エネルギーの政治経済学――エネルギー政策のグリーン改革に向けて』、東洋経済新報社、二〇一〇年、第三章）。ここでインフラストラクチャー・コストは、揚水発電施設の建設・維持管理費、長距離送電網の建設・維持管理費、立地対策費などからなる。揚水発電所とは、通常の水力発電所とは異なり、水車を逆回転させて水を下のダムから上のダムへと汲みあげる仕掛けを備えた水力発電施設である。上の池については、川の流れとは無関係な場所につくることができる。原子力発電施設は火力発電施設とは異なり、二四時間ノンストップで運転することが経済面でも安全面でも好都合であるが、それを多数建設すると夜間電力が余ってしまう。それを無駄にしないために余剰電力を使って上のダムに水を汲み上げ、昼間に下のダムに水を落として水力発電を行うのが合理的である。原子力発電と揚水発電は密接不可分の関係にあるのである。

第二に、核燃料事業を含めた原子力発電システム全体としての最終的なコストが不確実である。とくに核燃料サイクルのバックエンドコストについては、使用済核燃料の再処理路線を採用した場合には、費用の絶対額と、その不確実性の幅がともに格段に大きくなる。これについては世界でいくつもの試算が発表されているが、再処理路線をとった場合の原子力発電コストが、直接処分と比べて一〜二割程度は高くなるという評価が多い。しかも再処理工場が故障を重ねて順調に動かない場合、単位処理量あたりのコストは大幅に跳ねあがる。そうしたコスト面の不確実性が、原子力発電につきまとっている。

第三に、原子力発電は、火力発電よりも高い経営リスクを有する。それがライフサイクルコストにおいて火力発電とほぼ同等だとしても、原子力発電は初期投資コストが格段に高い。そのため投資に見合う電力販売収入が得られなかった場合の損失が大きい。また発電用原子炉の新増設計画をつくっても、それが立地地域住民の反対により中止となったり、十数年以上も遅れたりする可能性が高い。また原子力発電は、事故・事件・災害等の勃発や、政治的・社会的な環境変化に対して脆弱である。それらの事象は直接的に、あるいは安全規制強化などの政策変更を媒介として、重大な打撃を電力会社に及ぼしうる。過酷事故が起きた場合は、会社の存続自体が危うくなる。そうした状況があるため、金融業者から建設のための融資を受けるのも難しい。金融業者にとって原子力発電はハイリスク・ローリターンな投資対象なのである。

そうした三つの経済的な弱点ゆえに、すべてを自己責任で処理せねばならない自由主義経済のもとでは、電力会社は原子力発電事業を一般的に忌避すると考えられる。政府の手厚い指導・支援があってはじめて、商業原子力発電の成長・存続が可能となる。ところが一九九〇年代以降、世界的に電力自由化の流れが強まり、それが原子力発電の成長・存続条件を脅かすようになった。日本もその例外ではない。すでに投資資金を回収した（会計帳簿上からみれば減価償却を終えることに相当）運転中の原子炉は、燃料費が火力発電と比べて相対的に安いため、前記の諸点を考慮してもなお、電力会社にとって魅力があるが、これから莫大な建設費をかけて新増設するのは、経営者にとって冒険である。原子力発電の技術的・経済的特性は、国や地域が異なっても、基本的に変わらないものである。したがってひとり日本の原子力発電事業だけが、世界のなかで順調に進んでいるなどということは一般的にはありえない。実際にも世紀転換期において、日本の原子力発電事業は全般的に停滞するようになった。

10 地球温暖化対策としての原子力発電

ところがそうした実際の停滞とは裏腹に、通産省(二〇〇一年から経済産業省)は、一九九〇年代末になって、原子力発電の大幅拡大計画を発表し、世論を驚かせたのである。通産省の強気の原発拡大論の大義名分として、地球温暖化問題があった。それについても少々論じておこう。

地球温暖化問題について、世界に警鐘を鳴らす先導者としての役割を演じたのはアメリカの科学者たちであった。しかし一九九〇年代からは、ヨーロッパ諸国に主導権が移った。ヨーロッパ諸国では、環境に関する市民意識が一九八〇年代より、世界に先駆ける形で高まった。またそれを背景に、環境政策で世界を先導するようになった。それだけでなく、温室効果ガス排出規制に関して有利な条件に恵まれていた(東側陣営の崩壊により、エネルギー効率の大幅改善の余地が生まれた)。それゆえヨーロッパ諸国が、主導権を握るのは自然のなりゆきであった。ただしアメリカも、クリントン政権のもとで地球温暖化問題の緩和に前向きの姿勢をとった。この問題に関するアメリカ政府のリーダーはもちろん、アル・ゴア副大統領であった。そうした欧米のイニシアチブにより気候変動枠組条約が一九九二年六月にブラジルのリオデジャネイロで開かれた地球サミット（環境と開発に関する国連会議）で採択された。

一方、日本は一貫して、温室効果ガスの排出規制に消極的姿勢を示してきた。ようやく一九九〇年一〇月に「地球温暖化防止行動計画」が閣議決定された。そこでは西暦二〇〇〇年以降、国民一人あたりの二酸化炭素（温室効果ガス全体のうち、温暖化への寄与度が約三分の二を占める）排出量を、一九九〇年レベルに安定化するという目標が掲げられた。しかしながらその手段としては、施策を講ずるべき項目が羅列されるにとどまり、具体的施策は発動されなかった。つまり目標と手段の間の整合性は無視された。

一九九〇年代の日本では、一九八九年一二月末に始まるバブル経済崩壊と、一九九一年二月から始まる経済長期停滞にもかかわらず、一九九七年頃までエネルギー需要が着実に増加した。一次エネルギー国内供給量でみると、一九九〇年の四六六三兆キロカロリーが、二〇〇〇年の五三五〇兆キロカロリーとなった。これは約一四・七％の増加にあたる。この数字はさほど驚くべきものではないが、電力需要のデータは目を見張るものがある。日本の発電電力量は一九九〇年から二〇〇〇年までの一〇年間で、八五七三億ｋＷｈから一兆〇九一五億ｋＷｈへと、二七・三％も増加したのである（日本エネルギー経済研究所計量分析ユニット編『エネルギー・経済統計要覧（２０１１年版）』、財団法人省エネルギーセンター、三六～三七ページ、一九四～一九五ページ）。

そのうち九電力会社の発電電力量は約四分の三を占めるが、ほぼ同じ伸び率を記録した九電力会社のみの内訳をみると、環境保全の観点から批判の強い石炭火力(三七三億kWhから九八二億kWhへ、一六三%増)と原子力(一八一一億kWhから三〇二五億kWhへ、六七%増)の伸び率が目ざましい。その一方で、化石燃料のなかで最良の環境特性をもつ天然ガス火力の伸び率は低水準にとどまった(二八一七億kWhから二五五一億kWhへ、四〇%増)。参考までに二〇〇〇年代の推移をみると、石炭火力が著しく増加している。リーマン・ショックの前年の二〇〇七年度(これが近代日本の発電電力量の歴史的なピークとなる可能性が高い)には、石炭火力一五三五億kWhであった。それに対し原子力は二四九五億kWh、天然ガス火力は二八二一億kWhとなっている。一九九〇年から二〇〇七年までの石炭火力の伸びは四・一二倍に達する。(原子力は一・三八倍、天然ガス火力は一・五五倍)。

このように日本政府は、石炭火力発電の高度成長を黙認しつつ、原子力発電を地球温暖化対策として奨励するという、ちぐはぐな姿勢をとった。また日本政府は炭素税やキャップアンドトレード方式の排出量取引制度の導入もせず、さらに再生可能エネルギーの普及促進にも不熱心であった。

気候変動枠組条約に話を戻すと、五〇番目の国が批准したことにより署名開始から二年後の一九九四年三月、条約は発効した。しかしながら条約の中身は精神条項ばかりで、加盟国の具体的な義務については一切定められていなかった。そこでこの条約に実効力をもたせるべく、一連の締約国会議COP(Conference of Parties)が開かれるようになった。

第一回締約国会議(COP1)はベルリンで一九九五年三月から四月にかけて開催されそこでベルリン・マンデートが採択された。それは先進国について二〇〇〇年以降の特定の時間枠に関して、数値化された排出抑制・削減目標を定めた議定書を、第三回締約国会議COP3において採択することを定めたものだった。この最終日に日本代表が第三回以降の締約国会議の誘致を表明した。第2回締約国会議COP2(一九九六年七月、ジュネーブ)の場で、次回を京都で開催することが決定された。そして一九九七年一二月一日から一一日にかけて、第三回締約国会議COP3が京都において開催され、京都議定書が採択されたのである。

京都議定書の内容に関しては、次の二点がとくに重要である。

第一は、ともかくも先進国に関して、温室効果ガス排出削減(二酸化炭素換算の数値で表現される)の数値目標について合意が達成された。つまり目標年(第一約束期間として二〇一〇年を中央とする二〇〇八年から二〇一二年までの五カ年を指定)と基準年(一九九〇年)の間について、先進国全体の削減率五・二%、うちEU八%、アメリカ七%、日本六%という目標が定められた。なお温室効果ガスとしては、二酸化炭素、メタン、一酸化二窒素、ハイドロフルオロカーボンHFC、パーフルオロカーボンPFC、六フッ化硫黄の六種類が指定された。この数値目標は旧ソ連・東欧諸国(共産圏崩壊後の経済危機により温室効果ガス排出量が大幅に減少)や、EUを中心とする西欧諸国(石炭火力のガス火力への転換などにより排出量がほぼゼロ成長)にとって達成不可能な数値ではなかったが、アメリカや日本など効果的な排出抑制・削減対策を講じてこなかった国には厳しい数値だった。なお開発途上国に抑制義務は課せられなかった。

第二に、京都メカニズム(柔軟性措置)と呼ばれるルールを導入することが決まった。それは国際的な排出削減措置を、国内的な排出削減措置に読み替えて、各国の数値目標に算入することができるルールであり、それを最大限に活用すれば、たとえ国内での排出削減が不十分でも、目標をクリアすることが可能となる。この京都メカニズムには次の三種類がある。共同実施（先進国間での共同プロジェクト実施による削減）、クリーン開発メカニズムCDM（先進国の途上国での削減分を先進国が移転・獲得できる仕組み）、排出量取引（先進国間での削減量の売買、日本語では排出権取引とも呼ばれる）である。こうした「抜け穴」を認めさせることができたために、アメリカや日本は京都議定書に同意したとみられる。

ところで京都メカニズムと並んで、「抜け穴」として警戒されていたのは、森林吸収分を排出削減に含めさせるアイデアである。とくに日本政府は京都会議の場で、日本国内の森林全体が二〇一〇年時点で一年間に吸収すると予想される二酸化炭素の量（四七〇〇万トンあまり）を、排出量全体の三・七％に相当すると主張し、最後まで森林吸収分を削減量に加えよと主張したのである。この主張は、合理的な根拠を有するものではない。なぜなら京都議定書では、排出削減率が、各国の義務として定められているからである。それゆえ森林吸収（固定）量そのものではなくその増加量のみをカウントすべきというのが唯一の論理的に正しい結論である。もしそうであれば、一九九〇年度の排出量から森林吸収（固定）量を差し引いた値を分母とし、二〇一〇年度の排出量から森林吸収（固定）量を差し引いた値を分子とし、〇・九四（つまり六％削減）以下の答えを出すことが、日本の本来の義務でなければならないはずだった。

ともあれ京都議定書は採択された。その後の具体的な作業は難航したが、二〇〇一年一一月にモロッコのマラケシュで開かれた第七回締約国会議COP7において、「詳細ルール」が「マラケシュ合意」として定式化された。ところが、マラケシュ合意へ向けての審議がつづけられていた二〇〇一年、アメリカが反旗を翻した。二〇〇〇年一一月にブッシュがゴアを破って翌年一月に大統領に就任したとき、環境保護推進の立場の人々の多くは、アメリカの環境政策の大幅後退を懸念していたが、案の定二〇〇一年三月二九日ブッシュ大統領は、開発途上国が削減義務を免除されている点と、アメリカの経済的利益に反する点を理由にあげて、京都議定書への不支持を表明し、「京都議定書は死んだ」と宣言した。

しかし京都議定書は、死ななかった。EU諸国関係者は、アメリカ抜きの議定書発効をめざすこととなった。京都議定書は、一九九〇年時点での先進国(議定書の附属書で定義されている)の総排出量の「五五%」を占める先進国が批准した日から、九〇日後に発効することが定められている。アメリカは先進国の総排出量の三五%強を占めるにとどまるので、他の大方の国が批准すれば条約は発効するのである。ここにおいて最重要課題となったのが日本の説得であった。そのために大幅な譲歩がなされた。森林吸収分については国ごとに上限を定めることが決まったが、日本は三・九%まで認められるという「満額回答」を獲得したのである。なお数値目標を順守できなかった場合の罰則についても、先送りとなった。日本政府は条約発効を左右するキャスティングボートを握ったことにより、この主張を押し通すことにも成功した。

日本が唯一達成できなかったのは、原子力発電所の輸出をクリーン開発メカニズムに算入することであった。これが実現すれば、一〇〇万kW一基あたり年間七〇億kWh程度(設備利用率八〇%で)のクレジットが発生する。これを火力発電で生み出すと二酸化炭素約五〇〇〇万トン分が発生する。つまり一〇基(一〇〇〇万kW)の原発輸出により、日本全体の約四%にあたる五〇〇〇万トンを稼げるのである。それは見果てぬ夢に終わった。

二〇〇二年六月、日本が京都議定書を批准した。これによって、ロシアが署名すれば議定書が成立する見通しとなった。ロシアも最終的には、二〇〇四年一一月に批准した。その九〇日後の二〇〇五年二月一六日、京都議定書は発効した。それを受けて日本政府は、京都議定書目標達成計画を策定した(二〇〇五年四月)。日本政府の温室効果ガス排出削減計画は、以下のように推移してきたが、京都議定書発効を契機に、ついに京都議定書目標達成計画という名称を付けられたのである。

(1)地球温暖化防止行動計画(一九九〇年)
(2)地球温暖化対策推進大綱(一九九八年)
(3)地球温暖化対策推進大綱(二〇〇二年改定)
(4)京都議定書目標達成計画(二〇〇五年)
(5)京都議定書目標達成計画(二〇〇八年改定)

さて前述のように日本政府は、地球温暖化防止へ向けて効果的な政策をあまり講じてこなかった。最有力の政策手法は、経済団体連合会(二〇〇二年より日本経済団体連合会)の環境自主行動計画への丸投げであった。電気事業連合会(電事連)は、経団連の有力メンバーである電力業界の広告塔であるが、経団連環境自主行動計画が始まった一九九七年以来、全電力平均の二酸化炭素排出原単位(使用端での電力量一単位に対する排出量)を、基準年の一九九〇年度と比べ二〇%程度改善し、一kWhあたり四一七グラムから、三四〇グラム程度まで減らすことを、目標として掲げてきた。その主たる達成手段として位置づけられたのは、原子力発電の大幅拡大であった。それにより電力需要が二〇年間で一・五倍に増加しても、二酸化炭素排出量は一・二倍に抑えられると主張したのである。しかし電力業界の排出原単位は二〇一〇年にいたるまでまったく改善されていない。むしろ悪化している。これは原子力発電の拡大が地球温暖化対策として完全に失敗したことを意味する。その主な原因は二つある。第一は、石炭火力発電の急ピッチの拡大である。第二は、原子力発電の総合設備利用率の低迷である。だがこれについてはまた第7章で論ずる。

11 電力自由化論の台頭

一九九〇年代の原子力発電をめぐる動きとして、落とせないのは電力自由化論の台頭である。「公益事業」のおちいりやすい弊害は、大別して次の二種類である。第一は、政府の保護によって市場競争から隔離されたために起こる経営上の非効率である。それによってもたらされる余分のコストは、最終的には消費者または納税者に転嫁される。第二は、少数者利権の確保を目的として、公共利益の実現に反する形で、政府の保護や規制が実施されることである。それは典型的な政治的・行政的な腐敗の形態である。このうち一九八〇年代において世界的に問題とされたのは前者の弊害、つまり競争原理の免除からくる経営上の非効率であった。そしてその解決策として提示されたのが、「公益事業」の自由化・規制緩和によって市場競争を導入することであった。その基礎となったのが新自由主義的な政治経済思想である。

一九八〇年代に英米で有力な政治的潮流となった新自由主義は、ほどなく日本を巻き込んだ。中曽根康弘政権は、日本国有鉄道の分割民営化、日本電信電話公社の分割民営化をはじめとして、自由化・規制緩和政策を推進した。日本国有鉄道のＪＲ各社への分割民営化や、日本電信電話公社の分割民営化と通信事業の自由化、航空業界の自由化（日本航空の民営化を含む）などが実施された。その流れはポスト中曽根時代において一段落したかにみえたが、バブル経済崩壊後の日本経済再建の切り札として一九九〇年代に復活した。その主戦場となったのは、郵政事業の分割民営化と、電力自由化であった。

電力産業は世界的にみて、国内独占または地域独占の企業体によって運営されるケースがほとんどであった。つまり国営の自己完結型の売電会社によって行われるか、地域別の自己完結型の売電会社によって分割されるかのいずれかであった。ここで自己完結型の売電会社とは、発電と送電の物理的システムを保有し、基本的に自分でつくった電気を、自分の保有する送電線で消費者に提供し、収入を得る売電会社であり、垂直統合型の売電会社ともいう。

電力自由化とは最も広義には、それら伝統的な電力会社以外の、自己完結型でない売電会社（小売会社の他に卸売会社もありうる）の新規参入をみとめることである。新規参入した売電会社と、伝統的な自己完結型の売電会社と併存させたのでは、前者が競争上不利となる。伝統的な売電会社は送電ネットワークを掌握している強みを生かして、新規参入者に対する妨害を加えることができるからである。しかし伝統的な自己完結型の売電会社から送電部門を切り離せば、新規参入の売電会社は送電面での不平等を免れることができ、伝統的な売電会社と公平な競争条件を獲得できる。電力自由化が大きな効果を発揮するには、この「送電分離」が不可欠である。前にも述べたが、これを日本では「発送電分離」と呼ぶが、発電はビジネスとして成立しえないので、ミスリーディングである。物理的なプロセスと経営的なプロセスを峻別して、概念の再構築をはかる必要がある。

日本において電力自由化論が台頭したのは一九九三年である。その背景には、日本の電気料金が世界的にみて大幅に割高であることが、日本の製造業の国際競争力に悪影響を与えているという関係者の共通認識があった。そうした電気料金の割高の主たる要因として大方の論者が指摘してきたのは、地域独占体制と総括原価方式のおかげで、電力会社にコストダウンへの動機づけが働かなかったことである。日本の電力会社はみな莫大な借金を抱えているが、競争相手がいないため、いかに非効率な経営をおこなっても倒産のリスクがなく、そればかりかつねに一定の報酬を保障されてきたのである。

そうした認識のもとで、一九九〇年代に入って電力自由化論が台頭した。まず一九九三年の細川政権の成立を契機として、本格的な検討が始まった。総理大臣の私的諮問機関である経済改革研究会は九三年一一月、経済的規制の原則自由、社会的規制の最小限化を掲げる答申を提出し、そのなかで電気事業についても規制の弾力化を求めた。電気事業改革に関する審議が、電気事業審議会で始まったのは一九九四年三月であるが、一二月には答申がまとめられた。そして九五年四月一四日には電気事業法の一部を改正する法律が可決成立し、一二月一日より施行された。

その最大の目玉は、卸売事業への新規参入の余地が開かれたことである。それまでは九電力と沖縄電力以外には、電源開発株式会社や日本原子力発電のようなごく少数の卸電気事業者のみが、事業許可を受けて卸売事業を行ってきたが、電気事業法改正により、卸電気事業への参入が自由化された。その参入の仕方は、電力会社(一般電気事業者という法律用語で呼ばれる)が事前に卸供給による調達計画を、対象期間をそれぞれ独自に設定して示し、それに関して競争入札方式で受注者を決定するというものである。これを受けて素材産業の企業を中心として、卸売事業への新規参入が始まった。

しかしながら電力会社が募集する卸調達の総枠は、一九九六年と一九九七年の二年間の合計で、わずか約六〇〇万kWにとどまった。これは九電力の総発電設備容量(二億kWを超える)のわずか約三%にとどまる。またこの仕組みは、電力会社が買取量も買取価格も自由に決定することができる制度であり、九電力会社による地域独占体制と総括原価方式の根幹はいささかも揺らぐものではない。電力会社は依然として競争にさらされる心配がないのである。競争をおこなうのはあくまでも入札者たちだけである。たしかに一九九五年の電気事業法改正によって卸入札制度の導入の他に、電力会社の経営効率化を促すいくつかの仕組みがつくられたが、それらも電力会社を直接競争にさらすような性格のものではなかった。

かくして電気事業改革の第一弾はきわめて保守的性格の強いものとなったが、この間に世界の電気事業改革は急速に進展し、また日本国内での経済構造改革を求める世論もさらに高まった。そうした状況を受けて電気事業改革の第二弾の検討が一九九七年七月から電気事業審議会で開始された。その答申は一九九九年一月にまとめられたが、その内容は電力の部分的な小売自由化を最大の目玉とするものとなった。そしてそれを踏まえて電気事業法が一九九九年五月一四日に改正され、二〇〇〇年三月二一日より施行された。

この電力の部分的な小売自由化について説明すると、それはイギリスのようなプール市場（多くの電力会社からの電力を一括してたばねた市場）の創設や、すべての需要家に対する全面自由化（プール市場は創設しないが、各需要家が事業者に対して見積書を出させるなどして個別に交渉し、最善と思う相手と契約を結ぶ方式）などといった、より根本的な改革を求める意見を退ける形で決定されたものであり、特別高圧需要家（電気の使用規模が毎月二〇〇〇kW以上で、二万ボルト特別高圧系統以上で受電する需要家、つまり大口電力需要家）のみを、自由化の対象とするというものであった。それゆえ部分自由化と呼ばれた。だが新制度発足後おおむね三年後をめどに、部分自由化の実績や海外の自由化の進展状況などを検証して、部分自由化の範囲拡大、全面自由化、プール市場創設の是非について検討をおこなうことが法律に明記されていた。しかし結果的に、ここまでで電力自由化への動きは押さえ込まれた。二〇〇五年には、小売自由化の範囲が五〇kW以上の高圧需要家まで引き下げられたが、それだけであった。

第7章　事故・事件の続発と開発利用低迷の時代

(三)原子力立国への苦闘(二〇〇一〜一〇)

1　中央行政再編と科学技術庁解体

本章では二〇〇〇年代の最初の一〇年を主たる守備範囲として、日本の原子力開発利用の展開を跡づける。すでに述べたように一九九五年頃から二〇一〇年頃までの間の約一五年間について、筆者は「事故・事件の続発と開発利用低迷の時代」として大きく括るのが適切と考えているが、この時代を一つの章に収めるには膨大なページ数が必要となるため、二〇〇〇年を境として二つの章(第6章、第7章)に分けることとした。

第7章でまず取りあげるのは中央省庁再編である。日本の原子力行政機構の歴史的特質は、科学技術庁と通産省が分立する「二元体制」がつづいてきたことである。それについては本書でこれまで再三にわたり論じてきたとおりである。

日本の原子力行政機構が確立したのは一九五六年である。この年、総理府に原子力委員会と科学技術庁が設置された。原子力政策の決定権は、原子力委員会が掌握することとなった（その後一九七五年一月におけるアメリカの原子力規制委員会NRCの原子力委員会からの分離・独立や、一九七四年九月の日本国内での原子力船「むつ」事件等を踏まえて、一九七八年一〇月に原子力委員会から安全行政のみを司る原子力安全委員会が分離・独立し今日にいたる）。また原子力政策の実施に関しては、同じく一九五六年に設置された科学技術庁が掌握してきた。科学技術庁は原子力委員会の事務局をつとめることにより、政策決定においても実質的な主導権を握ってきた。これは事実上、一元的な体制だったといえる。

しかし原子力研究開発利用の草創期から、通産省も、電力産業を含む鉱工業全般を所轄する官庁として、原子力発電の産業としての将来性に強い期待を抱き、電力産業および原子力産業（機器製造メーカーを中心とする）との間に、密接な三者関係を築いてきた。日本原子力発電（原電）が発足し、英国コールダーホール改良型炉GGRの導入が決定する一九五七年を、「二元体制」発足の年とみなすことができる。さらに一九六〇年代半ばに入ると、電力業界の主導権による商業原子力発電事業が立ちあがってきた。その拡大にともない電力産業を所轄する通産省は、商業原子力発電システムにかかわる政策の決定・実施において、次第に実権を拡大していった。

とくに重要なのは、通産省による原子炉設置に関する許認可権の掌握である。第5章で述べたように、一九七五年二月、内閣総理大臣の私的諮問機関として原子力行政懇談会（有澤廣巳座長）が設置され、翌七六年七月に最終答申が提出された。この原子力行政懇談会は、原子力船「むつ」事件（七四年九月）で露呈した日本の原子力許認可行政のほころびを修復することを主目的として設置されたもので、原子力行政改革の骨子をまとめることを任務としていた。

その最終答申には、原子力安全委員会設置の提言とともに、原子炉の安全確保についての行政官庁の責任の明確化をはかるためという理由で、原子炉の種類に応じて、それぞれの許認可権を単一の官庁（発電用原子炉については通産省）に委ねることが提言された。この原子力行政懇談会の答申は「原子力基本法の一部を改正する法律」として七八年六月に可決成立し、ここに通産省による許認可権の全面掌握が実現したのである。いわば科学技術庁グループ（本庁と原子力船開発事業団）の不祥事に乗じて、通産省が積年の念願を達成したのである。

こうして一九八〇年頃までに、原子力政策のうち商業段階の事業に関するものは通産省が、それ以外は科学技術庁が、それぞれ所轄する「二元体制」が整った。それは基本的には二〇〇〇年までつづいた。ただし科学技術庁系の国家プロジェクトは軒並み不振をつづけた。それでも核燃料再処理、ウラン濃縮、高レベル放射性廃棄物処分などのプロジェクトは商業段階へと移行することとなった。しかし商業段階に移行することは電力業界が事業を引き受けることであり、したがって通産省の傘下に移ることに他ならなかった。こうして科学技術庁系の事業はじり貧となった。

そして最終的には、一九九五年一二月の高速増殖炉もんじゅナトリウム漏洩火災事故や、一九九七年三月の東海再処理工場火災爆発事故などで、国民の信頼を失墜させたことの責任を取らされる形で科学技術庁は解体された。それは橋本行政改革において一九九七年一二月三日に行政改革会議がまとめた行政組織改革に関する最終報告書——中央省庁等をそれまでの一府二一省庁から、一府一二省庁（内閣府、総務省、法務省、外務省、財務省、経済産業省、国土交通省、農林水産省、環境省、労働福祉省、教育科学技術省、防衛庁、国家公安委員会）へと改組することを提言——に明記された。委員の一人の有馬朗人（東京大学名誉教授・元総長）が、科学技術創造立国を進めるために、科学技術庁を科学技術省へと格上げすべきだと、行政改革会議において再三にわたり主張したにもかかわらず、科学技術庁の解体という方針は覆らなかったのである。それにもとづいて一九九八年六月に中央省庁等改革基本法が制定され、二〇〇一年一月六日から施行された。

科学技術庁は解体され、文部省に吸収合併されて文部科学省となった。文部科学省は研究開発段階の事業のみを科学技術庁から引き継いだが、研究開発段階の事業の主要部分は商業段階へとステップアップしていたため、全体として先細りとなっていた。大黒柱だった高速増殖炉もんじゅでさえも、経済産業省との共管とされた。また安全規制事業を含む共通事業の大半も、経済産業省に移管されたのである。なお科学技術庁は総理府原子力委員会および原子力安全委員会の事務局をつとめてきたが、その機能も文部科学省に引き継がれることはなかった。この二つのハイレベルの委員会は内閣府直属となり、独立の事務局（ただし関係省庁からの出向組で固められる）をもつこととなった。

しかしそれらの権限は弱体化した。かつて原子力委員会や原子力安全委員会の決定については、内閣総理大臣は「十分に尊重しなければならない」と法律（原子力委員会及び原子力安全委員会設置法二三条）に明記されていた。しかし中央省庁再編にともない総理府から内閣府へと所轄が変わった際に二三条は削除され、その法的権限は弱められたのである。それでも原子力委員会は、所掌事務について必要あるときは、内閣総理大臣を通じて関係行政機関の長に勧告する権限をもつなど、その法的地位は依然として高いままである。

ともあれ二つの省庁の力関係は大きくさま変わりした。これによって「二元体制」は完全に崩壊したわけではないが、大きな構造変化を受けた。科学技術庁の相次ぐ重大な不祥事が経済産業省に漁夫の利をもたらし、原子力行政全体における実権掌握を可能としたのである。二〇〇一年一月の中央省庁再編により誕生した経済産業省は、かつての通商産業省よりもさらに大きな権限を、原子力分野で獲得することとなった。つまり従来は科学技術庁の所轄であった共通事業も、安全規制行政をはじめとして、経済産業省の所轄となったのである。安全規制行政を実際に担当することとなったのは、二〇〇一年に経済産業省に設置された原子力安全・保安院である。それにより経済産業省が推進行政と安全規制行政の双方を担うこととなった。

従来の「二元体制」のもとでは安全規制面でのチェック・アンド・バランス体制が、通商産業省と科学技術庁の間で機能していた。もちろん科学技術庁内部では、原子力局と原子力安全局が同居しており、その意味では安全規制行政の推進行政からの独立性は保たれていなかったが、それでもすべての実権が経済産業省に一極集中する二〇〇一年以降と比べると、まだチェック・アンド・バランスが機能する余地があった。しかしそれが消滅してしまった。

さらに原子力安全・保安院の傘下には原子力安全基盤機構JNESが、二〇〇三年に経済産業省所轄の独立行政法人として設置された。それは従来三つの財団法人（原子力発電技術機構、発電設備技術検査協会、原子力安全技術センター）に委託されていた業務を一元的に実施するために設置されたもので、いわば第二原子力安全・保安院に相当する機関である。国家予算から毎年二〇〇億円以上の運営費交付金を受け取っており、理事の多くは経済産業省出身者である。

なお通産大臣の諮問機関である総合エネルギー調査会（一九六五年六月設置）は、中央省庁再編によって経済産業大臣の諮問機関である総合資源エネルギー調査会へと拡大改組された。それは引きつづき商業原子力発電を含むエネルギー行政全般を所轄している。その権限はさらに強化された。二〇〇二年六月にエネルギー政策基本法が制定されたことにより、同調査会の定めるエネルギー基本計画も、一九八〇年代以降の長期エネルギー需給見通し（石油代替エネルギー供給目標）とならんで閣議決定されることとなった。なお従来からの長期エネルギー需給見通しの決定に際しては、原子力委員会への配慮義務があったが、エネルギー基本計画についてはそれがなくなった。

総合資源エネルギー調査会には、エネルギー基本計画や長期エネルギー需給見通しを定める総論的な部会（名称は一定していない）の他に、原子力発電と関係の深い部会としては電源開発分科会、および電気事業分科会がある。電気事業分科会の下には原子力部会もある。総合資源エネルギー調査会の原子力政策における役割はきわめて重要である。その特徴は法律の制定・改正の具体的方針が日々審議され、実施されている点である。その舞台を引き回すのが経済産業省の官僚たちである。

科学技術庁の解体によって、原子力政策に大きなインパクトがおよぶであろうと期待した論者は少なくない。主要なインパクトとしては次の二つが考えられた。第一のインパクトは、核燃料サイクル事業のリストラが進むことである。今までは科学技術庁の圧力によって、通産省は核燃料サイクル事業の承継を、電力業界に対してしぶしぶ頼んできたが、科学技術庁が解体されればその必要はなくなり、電力業界は無駄な事業から足を洗うことが容易になると考えられた。第二のインパクトは、原子力発電そのものに対してもリストラがおこなわれることである。原子力発電は、とりわけ再処理路線をとる場合、経済合理性に難があるので、経済競争力重視の立場から推進されるであろう電力自由化推進政策のもとで、原子炉の新増設が不可能となるだろうと考えられた。

だが蓋をあけてみると期待外れの結果となった。その背景には経済産業省の外局である資源エネルギー庁が、電力業界をはじめとする種々の勢力の利権を背負った官庁であるという事情がある。たしかに科学技術庁の解体にともない、日本の原子力政策において「技術開発のための技術開発」という技術開発本位の考え方は後退した。しかし経済産業省のエネルギー政策が、資源エネルギー庁によって実質的に支配されている限り、その利権本位的な体質は変わらない。それが核燃料サイクル事業を含む原子力発電事業のリストラを妨げてきた。

2　プルサーマル計画の大幅な遅れ

一九九〇年代末から二〇〇〇年代にかけて原子力問題の大きな争点となったテーマに、プルサーマル計画がある。本節ではこれについて整理しておきたい。本書ではこれまであまり触れてこなかったので、ここで前史を簡単に述べておく必要がある。プルサーマルという和製カタカナ英語は一九六〇年代に、原子燃料公社(一九六七年に動力炉・核燃料開発事業団へと発展的改組。さらに一九九九年に核燃料サイクル開発機構へと改組され、さらに二〇〇五年に日本原子力研究所と統合して日本原子力研究開発機構となり現在にいたる)で使われ始めた。その意味は熱中性子炉(サーマル・リアクター)でプルトニウム燃料を利用することであった。

当時の関係者の共通認識では、発電用原子炉の将来の本命は高速中性子による核分裂連鎖反応を用いる高速増殖炉であった。しかし高速増殖炉の本格導入時期はかなり先と見込まれていた。他方、一九六〇年代以降、商業用軽水炉の建設計画が次々に発表されるようになり、それを受けて原子燃料公社による東海再処理工場建設計画も進められるようになった。そこで当面は（核燃料再処理の順調な実施を前提として）プルトニウム在庫過剰時代がつづく見込みとなった。そうした状況下で、商業用軽水炉でのプルトニウム利用をまず推進する構想が立てられたのである。

軽水炉以外の炉型の熱中性子炉での利用については一九六〇年代には具体的計画が固まっていなかったので、もっぱら軽水炉での利用が念頭におかれていた。一九七〇年代になって新型転換炉ATR（重水減速軽水冷却炉）開発計画が具体化され、原型炉ふげんが建設されることとなったが、そこでのMOX燃料利用はプルサーマルから除外された。これによってプルサーマルという行政用語は、文字そのものの意味と行政用語としての意味とが乖離したものとなった。

プルサーマル実施に向けた準備が始まったのは一九八〇年代半ばである。一九七〇年代後半に交わされた英仏との再処理委託契約にもとづく海外再処理の進展と、六ヶ所再処理工場建設構想の登場（一九八四年）を受け、ようやく商業用軽水炉で少数規模での照射試験が開始された。沸騰水型軽水炉BWRに関しては、日本原子力発電敦賀一号機に燃料集合体二体を装荷する試験が一九八六から九〇年にかけて実施された。また加圧水型軽水炉PWRに関しては、関西電力美浜一号機で一九八八年から九一年にかけて、燃料集合体四体の試験が実施された。

その次のステップとして、原子力委員会の一九八七年長期計画（八七長計）に示されたのが、実用規模実証試験計画である。それは沸騰水型軽水炉BWRと加圧水型軽水炉PWRの各一基に、四分の一炉心のＭＯＸ燃料を装荷して運転する計画であった。しかしそれはすぐに立ち消えとなり、実用規模実証試験をへずに大急ぎで大規模な商業利用を実施する計画へと変更されたのである。

その背景には冷戦終結と国際核不拡散体制強化の流れがあった。この国際的な流れを受けて日本は、余剰プルトニウムを保有せず、プルトニウム需給バランスを確保しつづけるという国際的責務を負うこととなった。英仏での再処理委託契約にもとづくプルトニウム抽出の進展により、日本のプルトニウム在庫が着実に増加する状況のもとでプルトニウム需給バランスを確保するには、大規模な処理計画を提起し、それをただちに実行に移す以外の選択肢はなかった。

そうした新たな状況のもとで一九九一年八月、原子力委員会核燃料リサイクル専門部会が報告を提出し、そこにプルサーマル実施計画をおりこんだ（一九九〇年代末までに四基、二〇一〇年頃までに一二基）。これが数字をあげた最初の計画である。さらに一九九四年の原子力長期計画（九四長計）では微調整がおこなわれ、二〇〇〇年頃に一〇基程度、二〇一〇年頃までに十数基程度、という数字が記載された。こうして日本の原子力発電会社は一気に大規模な商業利用計画を進めることとなったのである。一九九五年一二月に起きた高速増殖炉原型炉もんじゅナトリウム漏洩火災事故により、今までの原子力政策について再検討しようとする気運が高まり、原子力委員会による原子力政策円卓会議開催（一九九六年に一一回開催）などの動きがあった。それによりプルサーマル計画の具体化は出端をくじかれたかに見えたが、第6章6節で述べたように一九九七年二月、通産省主導による閣議了解をふまえた電気事業連合会（電事連）の具体的計画が登場した。そこでは二〇一〇年頃までに一六〜一八基で実施することが目標となった。

各社ごとの内訳は以下のとおりであった。

東京電力：福島第一の三号機、柏崎刈羽三号機、他一〜二基、計三〜四基。

関西電力：高浜三・四号機、大飯一〜二基、計三〜四基。

日本原電：敦賀二号機、東海第二、計二基。

電源開発：大間、計一基。

上記以外の原子力発電保有会社（東電・関電以外の七電力会社）：各一基。

一六〜一八基での年間のプルトニウム消費量としては、核分裂性プルトニウム（再処理で抽出されるプルトニウム全体の約七割を占める）で約五トン（六ヶ所再処理工場の設計能力と同等）が見込まれていた。

だが日本のプルサーマル計画は、いよいよMOX燃料を原子炉に装荷しようとした矢先に、手痛い挫折を経験することとなった。英国の核燃料開発公社BNFLと、ベルギーのベルゴニュークリアBN社（Belgonucleaire）で加工されたMOX燃料の品質に、疑惑の目が向けられるようになったため、計画実施時期の延期を余儀なくされたのである。当初の計画では、関西電力高浜原子力発電所四号機と、東京電力福島第一原子力発電所三号機で、一九九九年一一月から二〇〇〇年二月にかけて、MOX燃料が使用され始める予定であった。ひきつづき高浜原子力発電所三号機と、東京電力柏崎刈羽原子力発電所三号機でも、二〇〇〇年からMOX燃料が使用される予定となっていた。

ところがMOX燃料輸送船が日本に近づきつつあった一九九九年九月一四日、イギリス核燃料公社BNFL関係者の内部告発によって、高浜原子力発電所三号機用に製造されたMOX燃料のペレット（直径八・二ミリ、長さ一一・五ミリの円筒状の燃料。これが燃料棒のなかに数百個入っている）の直径寸法データが捏造されていたこと、つまり燃料ペレットの外径を測定する検査において、自動測定器による全数検査にひきつづきおこなうはずの抜き取り検査をせずに、架空のデータを提出していたことが発表されたのである。燃料ペレットの寸法が規格と異なれば、燃料棒の破損事故を引き起こすおそれがある。

関西電力と通産省は、これが高浜原子力発電所三号機用のＭＯＸ燃料だけの問題であるとし、四号炉のプルサーマル計画の実施を進めようとしたが、時間がたつにつれて問題の根深さが次第に明らかになってきた。一〇月に日本に到着していた四号機用のＭＯＸ燃料にも疑惑があることが、英国の核施設査察局ＮＩＩ（Nuclear Installations Inspectorate）の報告書によって一一月八日に明らかにされたのである。これを受けて関西電力のプルサーマル計画実施は大幅に遅れることが確実となった。さらに二〇〇〇年に入って、ＢＮＦＬ社のＭＯＸ燃料加工工程において金属ねじ混入などのサボタージュが組織的におこなわれていたことが発覚した。

他方、ベルゴニュークリアＢＮ社で加工されたＭＯＸ燃料を使おうとしていた東京電力は、ＢＮＦＬ社の不祥事を「対岸の火事」と見なし、福島第一原子力発電所三号機および柏崎刈羽原子力発電所三号機でのＭＯＸ燃料使用を二〇〇〇年に開始する方針を堅持してきたが、品質管理が万全であることの具体的証拠を出さなかったため疑惑を呼び、ついに一九九九年一二月から二〇〇〇年一月にかけて計画延期を発表した。こうしたプルサーマル計画の挫折プロセスは、ＪＣＯ臨界事故と無縁ではない。国内の原子力事業者への信頼の崩壊が、海外の原子力事業者への信頼の崩壊と同時に起こったことにより、原子力事業者全体に対する信頼の崩壊がもたらされたのである。その後も相次いで事故・事件が起こったため、プルサーマル計画は大幅に遅れることとなった。三大電力会社について、それぞれの難航プロセスを整理する。

関西電力：英国核燃料公社BNFLのデータ偽装事件（一九九九年）でつまずき、再起を期そうとした二〇〇四年にも美浜三号機事故で挫折した。

東京電力：BNFL事件の波及効果で出端をくじかれた。さらに二〇〇一年二月、新規電源開発凍結方針発表を契機に福島県との関係が険悪になった。また同年五月の刈羽村住民投票により新潟県での実施も困難となった。そして二〇〇二年八月に発覚した検査・点検不正事件により、福島県・新潟県との合意は白紙撤回された。

中部電力：二〇〇二年六月の浜岡二号機の配管水素爆発事故と、その後の東海地震にともなう「原発震災」への懸念の高まりにより、実施計画の発表のタイミングは遅れた。

こうして三大電力会社が揃ってつまずき、再起の機会すらつかめなかった。そこで二〇〇四年に登場してきたのが、九州電力玄海三号機（一一八万kW）、および四国電力伊方三号機（八九万kW）での実施計画である。

これにつづいて他の電力会社も順次、プルサーマル実施へ向けての手続き（原子炉設置変更許可申請、地元への安全協定にもとづく事前協議申し入れ）を進めるようになった。そして二〇〇九年一一月五日、MOX燃料を装荷した九州電力玄海原子力発電所三号機が起動し、一二月二日に営業運転に入った。いよいよ日本でも「プルサーマル」が開始されたのである。その後二〇一〇年三月に四国電力伊方三号機、同年一〇月に東京電力福島第一の三号機、二〇一一年一月に関西電力高浜三号機でプルサーマルが開始された。だが二〇一一年三月の福島原発事故により、MOX燃料を装荷した福島第一原発三号機は大破した。プルトニウムが大量に大気中に放出されることは回避されたため、プルトニウム固有の影響は「死の灰」全体の影響のなかに埋もれるとみられるが、それは幸運にすぎない。

プルサーマル事業の主要目的として、政府および電力会社が掲げているのは、ウラン資源の有効利用である。使用済核燃料を再処理すれば、プルトニウムとウランを抽出できる。プルトニウムを核燃料として再利用すれば、ウラン資源が約一〇％節約できる。同時に抽出される回収ウランも再利用すれば、さらに約一〇％上積みされ、合計約二〇％の節約効果となるが、それを大規模におこなう計画はない。

しかしウラン資源を一〇％程度節約するにはプルサーマルよりもっと簡単な方法がある。ウラン濃縮の際のテール濃度の低減（これにより核分裂性ウランの回収率を高める）や、再処理で生ずる回収ウランの再利用などである。回収ウランの利用がほとんど進んでいないのは、不純物の放射能により取り扱いが面倒になりコストもかかるからである。天然ウランからウラン燃料をつくるほうが安い。それでも回収ウランのほうがプルトニウムに比べればまだ安い。資源節約が目的なら、回収ウラン利用に先に着手すべきである。プルサーマルはそれでもウラン資源が不足する場合の最後の手段である。しかも現実にはウラン資源の需給逼迫は生じておらず、プルサーマルに頼る理由はない。

その程度の資源節約の代償として、多くの難点を引き受けることは、合理的ではないというのが常識的判断と思われる。プルサーマルの難点（プルトニウムを抽出するための再処理そのものの難点を含む)として、多くの論者がそろって指摘するのは以下の三点である。
(1)核拡散・保安上の難点：プルサーマル実施の前提として、使用済核燃料再処理によるプルトニウム抽出が必要となる。しかし製造・貯蔵・輸送されるプルトニウムやＭＯＸ燃料が、犯罪やテロリズムの対象となったり、軍事転用される危険性がある。
(2)コスト上の難点：核燃料再処理はきわめてコストが高く、しかもコスト見積りの不確実性が高い。またプルトニウムをＭＯＸ燃料に加工するコストも高い。それらを実施する場合、原子力発電コストが上昇する。それが電力消費者(需要家)の負担を増やす。ちなみに加圧水型軽水炉ＰＷＲの燃料集合体一体あたりの価格は、ウラン燃料では約一億円であるのに対し、ＭＯＸ燃料では五～一〇億円となる。しかもそれには再処理コストは含まれていない。
(3)安全・環境上の難点：ウラン炉心と比べＭＯＸ炉心では、事故を起こした場合の放射線被害が大きくなる(プルトニウムや他のアクチニドの増加のため)。また原子炉の制御がやや難しくなる(制御棒の利きが悪くなる、反応度係数が異なるなどのため)。使用済ＭＯＸ燃料の処理・処分も困難である。使用済ＭＯＸ燃料は原子力発電所のプールに半永久的に貯蔵される可能性が高い。

にもかかわらず日本政府はプルサーマル実施を急いだ。その目的は、核燃料再処理によって抽出されるプルトニウムの消費にあった。とくに一九九〇年代以降は、余剰プルトニウムを出さないという国際公約のもとで、日本はプルトニウム利用計画を国際社会へ向けて公表することとなり、具体的な利用計画なくして再処理事業を進めることは不可能となっている。つまり六ヶ所再処理工場を稼働させる口実をつくり出すことがプルサーマルの目的なのである。

3 原子炉損傷隠蔽事件とそのインパクト

経済産業省原子力安全・保安院は二〇〇二年八月二九日、東京電力が一九八〇年代後半から九〇年代前半にかけて、福島第一原子力発電所、福島第二原子力発電所、柏崎刈羽原子力発電所の三カ所の合計一七基の商業発電用原子炉のうち、一三基(うち福島県にある一〇基はすべて)について、合計二九件の自主点検記録虚偽記載をおこなっていたことを発表した。その多くは、圧力容器の内部におかれ核燃料集合体を支えるシュラウド(炉心隔壁)や、炉心に冷却水を送り込むジェットポンプなどの重要機器に関するものであった。ここで自主点検とは、安全規制当局(経済産業省。二〇〇〇年までは通産省)による年一回程度の定期検査と並行して電力会社によっておこなわれるものである。

これを受けて同日夕刻、東京電力の南直哉社長らが記者会見を開き、容疑事実をみとめ謝罪するとともに、福島県・新潟県で実施を検討していたプルサーマル計画を当面断念する意思を明らかにした。そして事件発覚から四日後の九月二日、事件の本格的な究明を待たずして、東京電力は荒木浩会長、南直哉社長に加え、社長・会長を歴任した平岩外四相談役および那須翔相談役、そして榎本聡明副社長の計五名の引責辞任を発表した。

原子力安全・保安院は八月三〇日、九つの電力会社を含む原子力事業者一六社に対し、同様のケースが過去になかったかどうかの総点検を指示した。その総点検の結果、東京電力、中部電力、東北電力、日本原子力発電、中国電力において、同様のケースがあったことが明らかになった。やがてより大きな不正が日立製作所の内部文書により発覚した。東京電力福島第一原子力発電所一号機において、定期検査における原子炉格納容器の漏洩率検査の実施中（一九九一年および九二年）、圧縮空気の格納容器内への不正な注入が行われていたのである。これに対し原子力安全・保安院は、「原子炉の重要な安全機能をもつ機器で行われたこの偽装行為は、一連の自主点検記録改ざん以上に悪質」とし、東京電力に対し、一一月二九日、原子炉等規制法違反で一年間の運転停止命令を出した。

この事件では規制当局である原子力安全・保安院の体質が問題となった。東京電力に自主点検を委託されていたゼネラル・エレクトリック・インターナショナルGEII社の元社員が、自主点検記録に虚偽記載が含まれている件について、原子力安全・保安院に対して内部申告をおこなったのは、二〇〇〇年七月であるが、それに関する原子力安全・保安院の調査は遅れ、発表は二年あまり後にずれ込んだのである。しかも調査の過程で内部申告者の氏名を東京電力に通報するという決定的なあやまちを犯した。それにより二〇〇一年の中央省庁再編で発足したばかりの原子力安全・保安院の解体論が高まった。経済産業省のなかに原子力安全・保安院と資源エネルギー庁が同居状態にあることが安全規制の機能障害の構造的要因であるから、そうした状態を解消して、すべての規制機能を内閣府原子力安全委員会（または各省庁の上位に立つ新設機関）に移管するのが適当だという議論が高まったのである。だが経済産業省はそれを無視し、内閣・国会もそれを黙認した。

なおJCO事故を受けた原子炉等規制法の改正により、従業者は法律や法律にもとづく命令違反に関して、行政庁の主務大臣または原子力安全委員会に対して、申告をおこなえるようになった。また事業者・使用者はこの申告を理由として、解雇その他不利益な扱いをしてはならないと定められた。さらに二〇〇六年四月一日には原子力分野だけでなく全分野に及ぶ公益通報者保護法が発効した（公布は二〇〇四年六月一八日）。

この東京電力等による原子炉損傷隠蔽事件は、原発立地自治体からの強い批判を呼ぶこととなった。福島県はこの原子炉検査点検不正事件に対してとくに厳しい姿勢をとった。福島第一・福島第二原子力発電所で運転中の原子炉について、停止を要請することまではしなかった。しかし定期検査のため順次停止した原子炉について、福島県が独自に安全が確保されているかどうか判断したうえで、運転再開を了承するかどうか決めるという方針を示した。法的には地方自治体は原子力施設の運転について許認可権はないが、原子炉損傷隠蔽事件を契機に慣習として権限を獲得したのである。新潟県も福島県と同様の厳しい姿勢をみせた。そのため東京電力の運転中の原発は一基ずつ定期検査に入るたびに減少していき、二〇〇三年四月一五日にはついに全機が停止した。

こうして原発全機停止のまま電力需要ピークの夏が来れば、東京電力管内は厳しい電力不足におちいるとの電力危機説が広がった。それを背景として福島県、新潟県に対して原発運転再開の圧力が強まった。平山征夫新潟県知事はそれに配慮して柏崎刈羽発電所の原子炉運転再開を容認したが、佐藤栄佐久福島県知事は政府に対する抵抗姿勢を堅持しつつ、苦境におちいった東京電力に対しては手を差し伸べ、勝俣恒久社長の要請を受け入れて二〇〇三年七月一〇日、福島第一原発六号機の運転再開をみとめた。ただしそれ以外の原子炉については個別に運転再開の是非を判断し、すべての原発が運転再開を果たすのは二〇〇五年六月二九日となった。

二〇〇〇年代には、この原子炉損傷隠蔽事件の他に、重要な原子炉事故の隠蔽事件も起きた。それは東京電力・北陸電力原発臨界事故隠蔽事件（二〇〇七年三月）である。この事件の発端は、河川環境保全を求める住民団体による、水力発電のダムや取水構造物の無認可工事や観測データ改ざんを告発する運動で、二〇〇五年に始まった。それに押し切られる形で中国電力は二〇〇六年一〇月三一日、測量データ改ざんが一九九二年から九七年にかけておこなわれていたことを明らかにした。それに触発された山口県の立ち入り調査により一一月二〇日、下関火力発電所一・二号機の海水温記録改ざんが明るみに出た。これを契機に電力各社が次々と、過去のデータ改ざんの事実を公表し始めた。

このうち原子力発電に関しては、東京電力が一一月三〇日、柏崎刈羽原子力発電所一・四号機での温度データ改ざんを明らかにしたのが最初である。それを受けて原子力安全・保安院が年度内の総点検を電力各社に要請した。それにもとづき各社が調査を進めた結果、東京電力福島第一、東北電力女川、関西電力大飯で同様のケースが起こっていたことが明らかとなった。

しかし話はそれで終わらなかった。二〇〇七年に入って各社の調査の進展により、安全上の懸念に結びつくような重大ケースが、相次いで露見したのである。これにより問題の焦点はデータ偽装から、事故隠蔽へとシフトしていった。二〇〇七年三月一五日、北陸電力が志賀一号機で一九九九年六月一八日に臨界事故が起きていたことを発表し、大きな反響を呼んだ。北陸電力の説明によれば、定期検査中に制御棒の急速挿入試験を実施しようとしたところ、三本の制御棒が落下したため、いったん停止した原子炉が部分的に臨界状態となり、出力が上昇し始めた。これに対して原子炉自動停止信号が発せられたが、制御棒の緊急挿入装置が機能しなかった。ようやく一五分後に手動で制御棒が挿入され原子炉は停止した。臨界中の出力は定格出力の一%以下だったという。この間原子炉圧力容器および原子炉格納容器は開放状態にあった。北陸電力の秘匿の最大の動機は、志賀二号機の着工(一九九九年九月二日)への悪影響を回避することであったとみられる。この臨界事故発覚という衝撃に追い打ちをかけるように三月二二日、今度は東京電力が、一九七八年一一月二日に福島第一の三号機で起きた臨界事故について発表した。制御棒五本が脱落し、臨界状態が七時間半にわたってつづいたという。このとき圧力容器は閉じていたが、格納容器は開放状態だったという。

三月三〇日、電力各社が一斉に、発電所におけるデータ改ざんや事故・トラブル隠蔽についての中間報告書を、原子力安全・保安院に提出した。そこでは原発を保有する一〇社のうち北海道、四国、九州の三電力会社をのぞく七社で、データ改ざんや事故・故障・トラブル隠蔽がおこなわれていたことが明らかにされた。それを受けて経済産業省は四月二〇日、原子力発電各社に対し、重大事故が起きた場合にただちにトップに情報を伝える体制を構築することを旨とする保安規定変更命令を下した。事業者の指定取り消しや、原子炉停止処分のような重い行政処分はおこなわなかった。こうした経済産業省のきわめて寛容な姿勢は四年半前の二〇〇二年九月のときと対照的であった。電力会社の幹部が引責辞任することもなかった。

4 佐藤栄佐久福島県知事の反乱

前節では東京電力等原子炉損傷隠蔽事件において福島県が厳しい姿勢を取ったことについて指摘

したが、福島県はそれ以前から核燃料サイクルを含む原子力事業について批判的な視点を保持してきた。本節では世紀転換期における福島県の原子力問題に対する取り組みについて整理する。そのリーダーとして活躍したのは福島県知事を一九八八年から二〇〇六年まで五期一八年にわたり務めた佐藤栄佐久である。佐藤は一九三九年に福島県郡山市に生まれ、東京大学法学部学生時代に六〇年安保闘争に参加した。一九六三年に卒業し、父親が創業した郡山三東スーツの経営を手伝っていたが、ほどなく日本青年会議所（JC）の活動に深入りするようになり、一九七三年にはJC活動に専念するため郡山三東スーツの役員を辞し、弟の佐藤祐二に経営を譲った。JCの定年（四〇歳）を機会に政界進出をめざしたが一九八〇年の参議院議員選挙で落選した。しかし一九八三年に自民党から出馬し参議院議員となり、一九八七年には大蔵政務次官となった。さらに任期途中の一九八八年に福島県知事選挙に立候補し当選した。「うつくしま、ふくしま」が佐藤知事の政治的スローガンとなった。

しかし佐藤が知事に就任した一九八八年九月から間もない一九八九年一月六日、東京電力福島第一原子力発電所三号機の再循環ポンプ損傷事故が発生した。その際の東京電力や通産省資源エネルギー庁の地元への配慮を欠いた姿勢に佐藤は憤慨した。また一九九三年四月、福島第一原子力発電所での使用済核燃料共用プール（核燃料プールは原子炉ごとに設置されているが、使用済核燃料の搬出先がなかなか確保できず従来のプールが手狭になってきたため、設置することとなった核燃料プール）の設置要請を、佐藤は事前了解した。その際に通産省の担当課長から、共用プールの使用済核燃料は二〇一〇年頃に操業開始予定の第二再処理工場に搬出するとの約束を得たが、それが一年後の一九九四年長期計画（九四長計）によってほごにされたことを深く憤った。そうした経験がその後のプルサーマル計画への拒否権行使を契機とする佐藤知事の反乱の伏線となった。

東京電力は前述のように、プルサーマル計画の二〇〇〇年実施を断念した。しかし二〇〇一年に入って、二基の原子炉で七月頃よりプルサーマル運転を実施する準備に入った。ところが二月八日に東京電力が、電力需要の一九九〇年代半ば以降の低迷と電力自由化気運の高まりを背景として設備投資抑制の方針を打ち出し、具体的措置として発電所建設計画を三〜五年凍結すると発表したことに対して、福島県の佐藤栄佐久知事が二月二六日、福島第一の三号機におけるプルサーマル運転実施凍結を表明した。それは具体的には広野火力五号機および六号機（それぞれ電気出力七〇万kW）の建設凍結を、東京電力が福島県に何の相談もなしに一方的に決定したことに、福島県が怒りをぶつけ報復措置を発動した事件である。プルサーマル計画が報復の対象となった理由は、福島県が手にしている最強の「人質」がプルサーマル計画だったことにある。佐藤知事の政府と東京電力に対する反乱はここに始まった。

この福島県の反乱により、柏崎刈羽三号機を抱える新潟県の動向に、原子力関係者の注目が集まることとなった。「一番手にはやりたくない」という意思を、平山征夫新潟県知事や西川正純柏崎市長が表明するなかで、柏崎刈羽三号機にMOX燃料を装荷して運転をおこなうことの是非を問う刈羽村の住民投票が二〇〇一年五月二七日に実施された。その投票結果は、有権者数四〇九〇名中、八八・一四%にあたる三六〇五名が投票し、うち反対一九二五（五三・四〇%）、賛成一五三二（四二・五二%）、保留一三一（三・六三%）、無効など一六（〇・四四%）となった。反対票が過半数を占めたため刈羽村の品田宏夫村長は翌五月二八日、平山新潟県知事および西川柏崎市長とそれぞれ会談したのち、同日夕刻に記者会見をおこない、プルサーマル運転の受入れを当面凍結すると表明した。これを受けて東京電力の南直哉社長は、プルサーマル運転開始を今回は見送ると発表した。

さて、福島県は知事主宰の庁内組織「エネルギー政策検討会」を二〇〇一年五月二一日に設置し、約一年半をかけて電源立地県の立場でエネルギー政策全般を再検討し、県としての考え方を「中間とりまとめ」として発表した（二〇〇二年九月一九日）。中間とりまとめの発表にいたるまでに開かれたエネルギー政策検討会は二二回にのぼり、うち半数の一一回は学識経験者を招聘しての意見交換会となった。招聘した学識経験者は原子力発電に好意的な者と批判的な者がほぼ均等となった。

「中間とりまとめ」の内容は、福島県の意見を前面に押し出すものではなく、検討過程で浮かびあがってきた種々の疑問点をリストアップし、それぞれについて疑問を抱く理由を説明するという形をとっている。たとえば「電力の自由化が進み、電力の需給構造等が変化する中で、今後も従来のような電力消費量の伸びを前提とした電力会社による新たな電源立地は必要となるのか」「高速増殖炉の実用化の目途が立たず、青森県大間町のフルMOX原子炉建設も遅れ、軽水炉のMOX燃料装荷も具体化していない中で、六ヶ所再処理施設が稼働すれば、新たな余剰プルトニウムを生み出すのではないか」などの疑問が提示され、それに対する政府の見解と、学識経験者（大抵の場合、批判的立場の者）の見解が併記され、関連データが示されている。全体として「疑問は深まるばかり」という読後感を与えるものとなっている。「中間とりまとめ」の末尾には、以下のような提言が示されている（福島県企画調整部地域づくり推進室エネルギー政策グループ『あなたはどう考えますか？　日本

のエネルギー政策　電源立地県福島からの問いかけ』、二〇〇二年)。

「原子力発電の健全な維持・発展を図るためには、国は、今回の問題[注・自主点検作業記録に係る不正問題]を契機に、かたくなに既定の方針に固執するような進め方を止めて、原点に立ち返り、あるべき原子力政策について、真剣に検討すべき時であると考える。そして、平成八年[一九九六年]の『三県知事提言』以降、再三にわたり指摘してきたように原子力発電所立地地域の住民の立場を十分配慮しながら、徹底した情報公開、政策決定への国民参加など、まさに新しい体質・体制のもとで今後の原子力行政を進めていくべきではないか。とりわけ、核燃料サイクルについては、一旦、立ち止まり、全量再処理と直接処分等他のオプションとの比較を行うなど適切な情報公開を進めながら、今後のあり方を国民に問うべきではないか」

この福島県の「中間とりまとめ」の直前の二〇〇二年八月二九日、東京電力原子炉損傷隠蔽事件が発覚した。それに対して福島県が厳しい姿勢で臨んだことはすでにみたとおりである。佐藤知事はその後も、政府の原子力政策に対する批判活動をつづけた。内閣府原子力委員会は二〇〇四年六月に新計画策定会議を設置して長期計画の改定に乗り出した。その答申は二〇〇五年一〇月に「原子力政策大綱」として閣議決定されることとなる。佐藤知事は新計画策定会議の委員とはならなかったが、招聘人として原子力政策に批判的な意見を述べた(二〇〇四年一二月二一日)。さらに二〇〇五年九月四日に国際シンポジウム「核燃料サイクルを考える」を東京大手町で主催した。国内外一〇名の専門家が集まり活発な論争を展開した。このような国際シンポジウムは本来は政府が主催し、賛否の議論をつくすべきなのに何もしないことに業をにやして、佐藤知事が核燃料サイクル国際評価パネル（吉岡斉座長、飯田哲也事務局長）の進言を受けて主催したのである。

しかし政府の原子力政策に対する福島県の反乱は、東京検察局特捜部による汚職事件捜査により二〇〇六年に終息することとなった。二〇〇六年九月二五日に実弟の佐藤祐二が逮捕され、この事件に対する実兄としての責任をとって二日後の九月二七日に知事は辞職を決断し、それが二八日に県議会で承認された。こうして五期一八年にわたる佐藤の知事活動は終わった。それから一カ月もたたない一〇月二三日、佐藤栄佐久自身も収賄罪の疑いで逮捕され、のちに起訴された。その後の裁判については佐藤栄佐久『知事抹殺——つくられた福島県汚職事件』（平凡社、二〇〇九年）、佐藤栄佐久『福島原発の真実』（平凡社新書、二〇一一年）などを参照されたい。

5　電力自由化問題と六ヶ所再処理工場

一九九〇年代半ば頃から、電力自由化の気運が高まってきたことについては前章で述べた。しかしこの流れは二一世紀に入って急速にブレーキがかかった。カリフォルニア州で二〇〇〇年夏に発生した電力危機、およびその連鎖で起きたエンロン社倒産（二〇〇一年一二月）など、アメリカで電力自由化がらみで起きた事件にことよせて、電力自由化に対する慎重論が日本国内で声高に唱えられるようになり、電力自由化論は後退を余儀なくされたのである。

電力自由化論封殺の決め手となったのが、二〇〇二年に制定・施行されたエネルギー政策基本法である。そのなかでエネルギー政策において考慮すべき三つの基準として安定供給、環境保全、市場原理活用が明記され、このうち市場原理活用は他の二つの基準を侵害しない範囲で実施すべきものとされた。なおこの法律には原子力発電推進が一言も述べられていないが、原子力発電こそが安定供給・環境保全の観点から最善であるという考え方が、法律の運用においてとられている。この基本法には、エネルギー基本計画を少なくとも三年ごとに策定するという規定がある。この基本計画は閣議決定されることとなっており、国策としては法律に次ぐ最上位のものである。そこに原子力発電推進の方針を組み込もうというのが関係者の狙いであった。

そうした電力自由化反対論者の巻き返しにより、二〇〇五年から施行された電力自由化措置はきわめて限定的なものにとどまった。すなわち小売自由化の範囲が五〇kW以上の高圧需要家まで引き下げられただけであった。電力自由化をめぐる二〇〇〇年代初頭における電気事業法改正論議において最大の争点となったのは、発送電分離（より正確には送電分離または送売電分離）であった。しかし電力自由化論者が劣勢となるなかで、二〇〇三年の電気事業法改正（二〇〇五年施行）では見送られた。

そうした電力自由化反対論者の巻き返しの一つの主要な動機として、六ヶ所再処理工場問題があったと考えられる。もともと電力自由化推進と原子力発電推進とは、両立させることが困難である。原子力発電が本質的に、経済合理性を満たす事業ではないことが、その理由である。しかし原子力事業のなかでもとりわけ核燃料サイクル事業、わけても核燃料再処理は、真っ先にリストラの対象とすべき事業である。

核燃料サイクルバックエンドの諸事業を整備することは、いかなる核燃料サイクル路線を選ぶにせよ、避けて通れない課題であるが、再処理路線を放棄すれば、電力業界は再処理工場の莫大な建設費・運転費を支払わずにすみ、バックエンドコストを大きく減額することができる。さらに再処理事業の不振にともなう巨額の追加コストのリスクを免れることができる。そのためには核燃料再処理を中止し、直接処分を前提とした核廃棄物最終処分への取り組みを進めればよい。いずれにしろ電力自由化推進を放置すれば、六ヶ所再処理工場計画は中止または凍結される公算が高い。電力自由化をストップさせることが、六ヶ所再処理工場計画存続の必要条件となったのである。

六ヶ所再処理工場が着工された一九九〇年代前半においては、電力会社は地域独占を保障され総括原価方式による利益を約束されていたのでまだ余裕があったが、日本経済の構造改革気運の高まりを背景として電力自由化が進み始めた一九九〇年代半ば以降は、六ヶ所再処理工場問題は電力業界にとって重大な関心事となったのである。そしてもし計画を凍結または中止するならば、稼働前に決断する必要があった。ひとたび稼働すれば再処理工場は高濃度の放射能で汚染され、解体・撤去費用が大幅に膨れあがるからである。これが二〇〇〇年代初頭の状況だった。

六ヶ所再処理工場を稼働させるに際しては、政府が電力業界のリスクを肩代わりする必要があった。そのためには電力業界への具体的な支援策を決める必要があった。さらに支援策を決めるためにはコスト見積りをおこなう必要があった。これについて経済産業省総合資源エネルギー調査会電気事業分科会は、コスト等検討小委員会(近藤駿介委員長)を設置し、二〇〇三年一〇月二一日から二〇〇四年一月一六日まで計九回にわたって検討をおこなった。そして最終回において「バックエンド事業全般にわたるコスト構造、原子力発電全体の収益性等の分析・評価」と題する答申をまとめた。それは一週間後の電気事業分科会に報告され、了承された。

原子力発電コストに関してはその四年前の一九九九年一二月一六日、資源エネルギー庁が「原子力発電の経済性について」と題する試算を、総合エネルギー調査会原子力部会資料として公表したことがある。そこでは原子力発電も火力発電もみな一様にベース電源として利用すること（設備利用率八〇％）を前提として、一定の条件のもとで試算をおこなった場合、原子力発電の発電原価は、四〇年間（発電設備のライフサイクル全体に相当する）での平均値として、一ｋＷｈあたり五・九円と試算され、石炭火力（六・五円）、天然ガス火力（六・四円）、石油火力（一〇・二円）のいずれよりも安いという結論が示された。

電気事業分科会コスト等検討小委員会の二〇〇四年の報告書においても、それを踏襲する数字が示された。割引率三％の場合、全操業期間（四〇年）で均等化した原価（設備利用率はいずれも八〇％とする）は、原子力五・一円、石炭五・七円、天然ガス六・二円となったのである。これには再処理路線でのバックエンドコスト（もちろん推測値）も含まれている。今回はコストの絶対値が示された点が目新しい。それによると二〇〇六年七月（六ヶ所再処理工場の操業開始予定時期）から二〇四六年度末までの四〇年間の総事業費は一八兆八九〇〇億円であり、うち再処理費は一一兆七二〇〇億円となっている（再処理費については、四〇年間で発生する五万トンの使用済核燃料のうち、六四％にあたる三万二〇〇〇トンのみ再処理することを前提とし、三六％にあたる一万八〇〇〇トンと、既発生分一万トンあまりは、計算から除外されている）。

こうして着々と電力業界への支援策づくりの準備が進められた。しかし再処理路線については多様な人々が反対論や慎重論を唱えていた。その基本的理由は、高速増殖炉とセットでなければ再処理のメリットはほとんどないが、高速増殖炉の実用化のめどが世界中での過去半世紀あまりの研究開発にもかかわらず立っていないことである。再処理したプルトニウムを軽水炉で使ったのではウラン資源を約一割節約する程度にとどまり、ほとんどメリットはない。そのような事業に巨額の資金を投入するのは経済的な無駄であり、そのコストは電気料金に転嫁されるか、場合によっては税金に転嫁されることとなり、国民に経済的損失をもたらす。しかも再処理工場が快調に稼働しなければコストは大幅に跳ねあがり、国民は多大な損失をこうむる恐れがある、という認識では一致していた。

再処理路線への反対論または慎重論を唱える人々には、次のような人々がいた。①反原発論者や脱原発論者、②経営リスクを懸念する電力関係者、③原子力事業のなかの不合理な部分を見直そうとするインサイダーの合理化論者、④古い利権構造の解体を唱える政治家や官僚、⑤電力自由化を唱える新自由主義的な経済学者、⑥公共事業による無駄な税金支出を批判する行政改革論者。全体としてみれば、反原発論者や脱原発論者以外の人々のなかでは原子力発電については賛成または容認の姿勢をとる一方で、再処理路線には反対または慎重の姿勢をとる者が多いことが特徴であった。電力自由化については二〇〇三年六月に電気事業法が改定され、電力自由化を基本的にストップさせることで決着がついていたが、それでも再処理路線については反対論や慎重論が消えなかったことが、この時期の特徴であった。

二〇〇四年三月一七日には、高コストな再処理事業の中止を求める「一九兆円の請求書」と題された政府内部の官僚が作成したとみられる告発文書が、霞が関を駆けめぐった。約一九兆円の費用を投入して再処理事業を推進しても、それによって得られる利点がウラン燃料の利用効率を一割強高めるだけであるにもかかわらず、再処理事業を推進してよいのか、と告発文書は疑問符を投げかけた。さらに、欧米では経済的に見合わないとして放棄し、再処理せず直接処分する国が続出しているにもかかわらず、日本では、政・官・業の利権や責任逃れのために事業が中止できず、最終的には電力料金への上乗せという形で負担が国民に転嫁されるようとしていると、告発文書は指摘した。そして六ヶ所村に建設した再処理工場の建設費が、構想当初の約三倍に膨らんだことをふまえ、再処理工場の稼働に伴う一九兆円という現在の見積りコストも約三倍に膨らめば五〇兆円を超えることもありうるとし、一度立ち止まって国民的な議論が必要だと呼びかけた。

このような状況下で、内閣府原子力委員会は二〇〇四年六月、新計画策定会議を設置し長期計画改定作業に乗り出した。そこでの最大の争点はもちろん、再処理路線の継続か、それとも凍結または中止か、という争点であった。委員は総勢三二名で、近藤駿介原子力委員会委員長自らが議長をつとめた。

核燃料サイクルについては、再処理と直接処分の路線選択が主要な争点となった。評価基準として経済性、安全性、核不拡散、環境、立地など一〇項目が立てられた。また、シナリオとして、①全量再処理、②部分再処理、③全量直接処分、④当面貯蔵の四つが用意された。各シナリオについて一〇項目の基準に照らして総合評価をおこなうという方法論が採用された(だがこの方法論は本質的に無意味であった。国民が選択できるのは政策措置である。四つのシナリオはすべてが予定どおりに進むことを前提とした空想的構築物であるから、選択の対象たりえない)。

最大の注目点はコスト評価であった。新計画策定会議では技術検討小委員会を設置して再処理路線と直接処分路線とのコスト比較作業を進めさせた。その結果として、使用済核燃料を全量再処理した場合、核燃料サイクルコストは一kWhあたり一・六円で、直接処分の〇・九~一・一円の約一・五~一・八倍となった。また、部分的に再処理した場合のコストは一・四~一・五円、当面貯蔵した場合は一・一~一・二円となった。このように再処理よりも直接処分に軍配が上がる結果となったのである。

ただし、策定会議は、別のシナリオも同時に用意した。再処理事業を止めると、使用済核燃料の最終処分地がないので、各地の原発に設置されている使用済燃料の貯蔵プールが満杯になって原子力発電事業そのものがストップする恐れがある。その場合、火力発電への代替費用や、再処理工場の廃棄処分経費も入れると、政策変更コストが〇・九~一・五円かかり、それを加算すれば直接処分の経費は再処理を上回るとした。原子力委員会はまた、再処理工場の稼働を断念し、六ヶ所村が使用済燃料の搬入を拒んだ場合、二〇一〇年までに全国の原発五二基のうち三〇基が運転停止に追い込まれる恐れがあると試算した。一五年まで対策を講じないと一基を除く全基が停止する恐れもあるとした。つまり「サイクルを途中でやめれば使用済燃料の行き場がなくなり原発がストップする」との懸念を強調した。

二〇〇四年一一月一二日(第一二回会議)において、「核燃料サイクル政策についての中間取りまとめ(案)」が近藤委員長から提案された。その内容は、経済性以外のすべての項目において、シナリオ①の全量再処理路線が優れているというものであった。前記の政策転換コストを参入すれば、経済性についても、全量再処理がベストであるとされた。それは大多数の委員の賛成により採択された。これに対する反対者はわずか二名(伴英幸委員および吉岡斉委員)にとどまった。

これを待っていたかのように六ヶ所再処理工場では、二〇〇四年一二月に「ウラン試験」に踏み切った。この「中間とりまとめ」採択は、六ヶ所再処理工場のウラン試験開始の号砲となっただけでなく、バックエンドコスト積立金導入へ向けた法案提出へのゴーサインともなった。経済産業省は二〇〇五年二月一八日、再処理等積立金法(原子力発電における使用済燃料の再処理等のための積立金の積立て及び管理に関する法律)を国会に提出した。それは五月二〇日に可決成立した。二〇〇五年一〇月に閣議決定された原子力政策大綱では、「安全性、核不拡散性、環境適合性を確保するとともに、経済性にも留意しつつ、使用済燃料を再処理し、回収されるプルトニウム、ウラン等を有効利用することを基本方針とする」と明記された。

なお「中間取りまとめ」に対する批判論として、二〇〇五年三月に組織された国際的な調査研究グループである「核燃料サイクル国際評価パネル」(吉岡斉座長)の活動をあげておきたい。それは「核燃料サイクル国際評価パネル報告書」という表題で二〇〇五年九月に完成し、新計画策定会議の場で各委員に配付された。その内容骨子は、以下のとおりである。

「中間取りまとめ」は、使用済核燃料の処理方法として再処理が直接処分に対して全般的に優れていることの論証に失敗している。冷静に評価するならば、再処理方式は経済性、核不拡散性、安全・環境上の特性の三者において直接処分方式と比べて劣っており、資源上の特性も優れているとはいえない。また「中間取りまとめ」は、現在の政策オプションとして六ヶ所再処理工場の着実な建設・運転の推進を是とすることの妥当性の論証にも失敗している。とくに四〇トンを超えるプルトニウム在庫の消費のめどが立っていないのにさらにプルトニウムを抽出するのは道理に合わない。それゆえ、原子力委員会はこの「中間取りまとめ」を棄却し、六ヶ所再処理工場の試験の無期凍結を電気事業者に要請したうえで、改めて最善の政策オプションの検討をおこなうべきである。

6　原子力体制の再構築

世紀転換期の原子力政策においては、電力自由化の進展のもとで、「国策民営」の古い秩序がゆらいだ。しかし二〇〇五年までにこの秩序は辛くも護持された。それが政策文書における表現上の変化としてあらわれたのは、内閣府原子力委員会の新しい原子力政策大綱(二〇〇五年一〇月)、および経済産業省総合資源エネルギー調査会電気事業分科会原子力部会の原子力立国計画(二〇〇六年八月)をとおしてである。

内閣府原子力委員会が二〇〇五年一〇月にまとめた原子力政策大綱はただちに閣議決定された。この新しい原子力政策大綱の特徴については、その様式と内容を過去の原子力長期計画と比較すれば一目瞭然となる。一九九四年長期計画(九四長計)にいたるまで、原子力長期計画は次の三つの特徴を帯びたものであった。第一の特徴は、政府事業はもとより民間事業までも包括的に国家計画の対象に組み込んできたことである。第二の特徴は、その国家計画がきわめて詳細かつ具体的なものであることであった。つまりすべての主要事業について、民間事業を含めて、その将来の事業規模に関する数値目標や、主要装置の完成目標年度などが示されてきた。第三の特徴は、ほとんどすべての主要事業について、それを前進させる方針が示されてきたことである。とくに商業原子力発電事業、使用済核燃料再処理事業、高速増殖炉サイクル技術開発の三者は、原子力政策の「主要三事業」と呼ぶことができるほど、政策文書での扱いが大きいものであったが、それらは決して凍結・縮小・整理等の対象となることはなかった。

しかし二〇〇〇年長期計画は、従来の長期計画と一線を画すものとなった。第一に、民間事業については、政府の考え方を示したうえで民間にその実施を「期待」するという位置づけになった。第二に、政府事業と民間事業とを問わず、数値目標や目標年度はほとんど記載されなくなった。第三に、すべての主要事業を前進させるという方針も柔軟化した。たとえば原子力発電の将来規模については「適切なレベルに維持していく必要がある」と述べられるにとどまった。また高速増殖炉サイクル技術開発については、原型炉もんじゅの運転再開を勧告しつつも、実証炉以後の計画が白紙となった。

ところが二〇〇五年政策大綱をみると、一九九四年までの古い長期計画の様式に逆戻りしていることがわかる。第一に「期待」という表現が消え、国家計画の対象に再び民間事業が組み入れられている。第二に、数値目標や目標年度についての記載が主要事業について復活している。第三に、原子力発電シェアの数値目標が明記され、高速増殖炉サイクル技術開発に関しても、実用化までのタイムテーブルが復活している。この原子力政策大綱が示した「主要三事業」に関する基本方針は、次のとおりである。

(1)原子力発電が二〇三〇年以後も総発電電力量の三〇〜四〇%以上の供給割合を占めるようにする。

(2)使用済核燃料の処理方法は再処理を基本とする。

(3)高速増殖炉の二〇五〇年頃からの商業ベースでの導入をめざす。

これを受けて経済産業省も動き出した。そして二〇〇六年八月八日、「原子力立国計画」と題する総合資源エネルギー調査会電気事業分科会原子力部会(田中知部会長)報告書がまとめられた。審議終了の直前になって事務局が提案してきた「原子力立国計画」というタイトルが、原子力部会の委員たちによって承認された。この原子力立国計画のあらゆる記述は、現在の電気事業の仕組みが今後数十年にわたり基本的に変わらないことを大前提としている。別の表現を用いれば今後数十年は電気事業の根幹を揺るがすような大きな電力自由化措置を導入せず、「国策民営」体制を堅持することが大前提となっている。

この原子力立国計画には、その上位にあるはずの原子力政策大綱の記述を踏み越えている重要な点が三つある。第一は、高速増殖炉実証炉建設を二〇二五年頃までに実現すると書かれていることである。第二は、現在の軽水炉をリプレースするための「日本型次世代軽水炉開発」を、政府・電気事業者・メーカーが一体となったナショナルプロジェクトとして、推進するというものである。第三は、民間第二再処理工場建設をすでに確定したものとみなしていることである。原子力政策大綱には、六ヶ所再処理工場の能力の範囲内で再処理を進めるという方針が盛り込まれたが、それにつづく民間第二再処理工場については、建設の可否の方針は示されなかった。それゆえ全量再処理という方針も示されなかった。ところが原子力立国計画はこの部分で重大な逸脱をおかし、二〇四五年建設予定の第二再処理工場のための引当金導入を勧告している。なお第二再処理工場については、高速増殖炉からの使用済核燃料の再処理実施を大義名分として、相当程度の政府負担をおこなうことが示唆されていることも注目に値する。

なお原子力立国計画の冒頭には「五つの基本方針」が示されている。その第一が「『中長期的にブレない』確固たる国家戦略と政策的枠組みの確立」である。「中長期的」というのは、原子力立国計画の具体的内容から推察して数十年、つまり孫の世代から四世代後までの時間間隔をあらわしていると考えられる。「国策民営」の古い秩序が確立してから現在までに、少なくとも半世紀以上が経過していることを考慮すると、この秩序を少なくとも一世紀以上にわたって堅持したいという強い願望がそこに表現されているとみることができる。この原子力立国計画は、それ自体として閣議決定の対象ではなかったが、その骨子を盛り込んだエネルギー基本計画が二〇〇七年三月九日に閣議決定され、最上位の国策となった。

こうして世紀転換期に日本の原子力体制を襲ったゆらぎは収束され、アンシャン・レジームが復活したかにみえた。電力自由化については「発送電分離」をおこなわないことを大前提として、家庭部門への自由化範囲の拡大について電気事業分科会において検討されたが、現時点での自由化範囲のさらなる拡大はメリットがないとして、二〇〇七年四月に完全にストップさせられた。それにより電力会社は原子力事業にともなう経営リスクについて心配する必要がなくなり、政府は従来どおり「国策民営」方式で電力会社に原子力事業を進めさせることができることとなった。

しかしこれにより日本の原子力開発利用が活気づいたわけではない。二〇〇〇年代の日本における原子力発電の低迷は、設備利用率の推移をみれば明らかである。それは二〇〇一年度（八〇・五％）、二〇〇二年度（七三・四％）、二〇〇三年度（五九・七％）、二〇〇四年度（六八・九％）、二〇〇五年度（七一・九％）、二〇〇六年度（六九・八％）、二〇〇七年度（六〇・七％）、二〇〇八年度（六〇・〇％）、二〇〇九年度（六五・七％）と推移している。つまり七〇％台に達することはまれであり全体として五〇～六〇％台を推移しているのである。欧米諸国において設備利用率八〇％以上が当たり前であることを考えれば、日本の極端な不振が目立つ結果となっている。ちなみにより長いレンジでみると日本の原子力発電の設備利用率は、一九七〇年代から八〇年代初頭まではほぼ四〇～六〇％台を低迷した。一九八三年に一三年ぶりに七〇％台に乗った。一九九五年についに八〇％台に乗り、二〇〇一年の八〇・五％まで維持したが、二〇〇二年度からは長期低迷状態に入ったのである。

その主な原因は、事故・事件・災害の続発である。そのたびに多数の原子炉が運転停止に追い込まれており、運転再開までのハードルも決して低くないのである。東京電力柏崎刈羽原発については、二〇〇七年新潟県中越沖地震による地震動がきわめて大きかったため、安全確認に長時間を要している。中部電力浜岡一・二号機は東海地震に備えた耐震補強工事を長期間にわたり進めてきたために停止期間が延び、設備利用率を押し下げた（結局は廃炉となった）。それ以外の原子炉については、運転再開を妨げる技術的障害は大きくないため、規制当局が運転停止命令を発することはまれであるが、運転再開には地元自治体首長の同意を得ることが慣例上必要である。それに時間を要することが設備利用率を押し下げている。

二〇〇三年度の極端な不振は、原子炉損傷隠蔽事件によるところが大きい。二〇〇七年度以降のトンネルの出口がみつからないような不振つづきは、東京電力柏崎刈羽原子力発電所の原子炉七基（総設備容量八二一・二万kW）全基が、新潟県中越沖地震により七月以降の長期停止を余儀なくされたことが最大の原因である。東京電力は二〇一〇年までに、比較的被害の小さかった一・五・六・七号機の運転再開を果たしたが、残る三基については運転再開が実現していない。

こうした設備利用率の極端な低迷が、次に述べるような一九九〇年代後半以降の新増設スローダウンや、廃炉時代の始まり（一九九八年の日本原子力発電東海原発、二〇〇三年の新型転換炉ふげん、二〇〇八年の中部電力浜岡一・二号機、とつづいている）と相まって、日本の電力供給における原子力発電シェアを低迷させている（三〇%を割り込んでいる）。このように日本の原子力発電は世紀転換期において設備容量も設備利用率も低迷状態にあったのである。日本の原子力発電のピークは一九九八年度の三一〇六億kWhである。三〇〇〇億kWhの大台に乗っていたのは一九九七年度から二〇〇一年度である。この一九九〇年代半ばから二〇〇〇年代初頭にかけての期間に限っては、核燃料サイクル事業で事故・事件が続発したが、商業原子力発電事業は順調に推移したのである。それに対して二〇〇〇年代に入ってからの事故・事件・災害の多くは、軽水炉発電システムにかかわるものとなっている。

とはいえ、二一世紀に入って、原子力ルネッサンス論と呼ばれるものが世界的に台頭した。二〇〇一年に登場したアメリカのブッシュ・ジュニア政権が、原子力発電に対する積極的な政府支援政策を発表したのを契機として、これがアメリカの原子力関係者たちによって唱えられるようになり、世界の原子力関係者もそれに呼応した。それがマスメディアの論調にも少なからぬ影響をおよぼすようになった。原子力ルネッサンス論は学説ではなく政治的スローガンであるため、論者によって語り口は一様ではない。しかし最大公約数的には、以下の三つの要素を含んでいる。

(1)原子力発電拡大に有利な条件が生まれている。それは二つの要因による。第一に世界的なエネルギー需要増大を背景とした慢性的な需給逼迫のもとで、化石エネルギー価格が高騰している。化石エネルギーの生産量拡大が困難なため、将来的には十分な供給量を確保できなくなる恐れもある。第二に、地球温暖化防止体制を進めるという国際社会の趨勢のなかで、原子力発電拡大へのインセンティブが強まっている。

(2)そうした条件のもとで世界各地で、原子力発電の新増設の気運が高まっている。とくにアメリカ、中国、インドで大幅拡大が見込まれる。ロシア、韓国、日本なども拡大基調にある。ヨーロッパでも復活の兆しが出ている。中東、アフリカ、東南アジアの開発途上諸国も、新たに原子力発電所を保有しようとしている(ベトナムやアラブ首長国連邦など)。

(3)原子力発電は二一世紀前半において拡大し、しかも一次エネルギー供給全体に占めるシェアも高まるだろう。

こうした原子力ルネッサンス論が登場してから、すでに一〇年近くが経過した。だがこの間において世界の原子力産業が力強い復活をとげたかと問えば、答えは否である。それでも中国とインドでは今後、発電用原子炉の新増設ペースが増大する可能性が高いと関係者は考えている。また中東、アフリカ、東南アジアの開発途上諸国も、原子力発電の導入へ向けての検討を開始していることに関係者は勇気づけられている。原子力ルネッサンスは、先進諸国では不発に終わる可能性が高いが、新興国や開発途上国ではそれなりに進展する可能性があるとみられているのである。

もしそうなれば日本の原子力メーカーにとっても、ビジネスチャンスが拡大する。そうした思惑を背景として世界の原子力メーカー業界の再編成と、それにともなう国内三社（東芝、日立、三菱重工）の国際提携関係の変化が、二〇〇六年に起きた。まず動いたのは東芝であり、英国核燃料公社BNFL（一九九九年に一二億ドルで取得）からウェスチングハウスWH社を五四億ドル（当時の為替レートで約六二一〇億円）で買収した。今まで東芝は沸騰水型軽水炉BWRメーカーのゼネラル・エレクトリックGE社と提携してきたが、そのライバルのWH社を傘下に収めたことで、加圧水型軽水炉PWRを主力とするメーカーへの脱皮をはかることとなった。そのあおりを食らったのが三菱重工であり、WH社との提携関係を解消し、欧州の加圧水型軽水炉メーカーのアレヴァAREVA社との提携関係を結んだ。日立は従来どおりGE社との提携関係をつづけることとなった。世界の発電用原子炉の新増設ラッシュが到来すれば、この三つのグループ（東芝・WH、アレヴァ・三菱重工、GE・日立）が激烈な国際原子炉商戦を展開することとなる。

7　柏崎刈羽原発の地震災害

原子力災害リスクについて、日本では一九九〇年代以降、二～三年ごとに大きな事故・事件が起き、そのたびに国民の懸念が高まった。一九九五年の高速増殖炉もんじゅナトリウム漏洩火災事故、一九九七年の動燃東海再処理工場火災爆発事故、一九九九年の東海村JCOウラン加工工場臨界事故、二〇〇二年の東京電力等原子炉損傷隠蔽事件、二〇〇四年の関西電力美浜三号機配管破断事故、二〇〇七年の北陸電力・東京電力臨界事故隠蔽事件、などのケースが注目を集めたことは記憶に新しい。二一世紀に入ると「原発震災」の危険性が少なからぬ論者によって警告され、国民にも浸透し始めた。それが現実に起こりうることを多くの国民に実感させたのが新潟県中越沖地震と、それによる東京電力柏崎刈羽原子力発電所の被災であった。

新潟県中越沖地震は二〇〇七年七月一六日午前一〇時一三分頃発生した。震央地（地下の震源の真上にある地点）は柏崎刈羽原発から約一六キロメートルで、気象庁マグニチュードは六・八、柏崎市・刈羽村の震度は6強を記録した。震源（地震が始まった地点）の深さは約一七キロメートル、震源と原発との間の距離は二三キロメートルと推定されている。

中越沖地震発生当時、柏崎刈羽原子力発電所では、三基（三・四・七号機）が運転中、一基（二号機）が起動中、三基（一・五・六号機）が検査のため停止中であった。幸運にも運転中または起動中の四基は自動停止した。このうち運転中の三基については、地震にともなう停電や機器・配管の破壊による冷却系の機能停止は起こらず、非常用ディーゼル発電機の出番はなかった。ましてや非常用炉心冷却系ECCSが動いたわけでもない。このように柏崎刈羽原発は危機一髪の状態におちいったわけではない。「止める、冷やす、閉じ込める」の基本的機能は維持されたのである。

とはいえ六号機の使用済核燃料プールの水（微量放射能を含む）が海へ放出され、七号機の主排気筒からはヨウ素等の放射能が放出された。また三号機のタービン建屋に隣接する所内変圧器(三号機で発電した電力の一部を所内に送るための変圧器)が火災を起こし黒煙が二時間にわたり立ちのぼった。これは柏崎刈羽原発がこうむった最大の被害ではないが視覚に訴える効果が大きかった。とくに事故後数時間は、東京電力からの情報がほとんど入らなかったためか、テレビ局はこの映像のみを繰り返し流しつづけた。のちに原子力関係者の多くはマスメディアによる黒煙映像の多用を煽情的であったと口をそろえて批判するようになるが、テレビ局には他に流す情報がなかった。そして情報欠乏を招いたのは東京電力であった。

この地震について東京電力が地震直後に公表した原子炉建屋最下層(基礎マット上)の最大加速度は、一号機で南北方向三一一ガル、東西方向六八〇ガル、上下方向四〇八ガルであった。他の六基もそれに匹敵する最大加速度を記録した。こうした数値は、耐震性を評価するために設計時に想定した加速度(これを設計時の加速度応答値という)を大幅に上回っていた。つまり耐震性評価において、電力会社が地震動を著しく過小評価し、規制当局もそれを認めていたことが立証された。その後七月三〇日になって東京電力は、地盤に接する原子炉建屋最下層以外のデータも発表した。その最大値は、三号機タービン建屋一階で記録された南北方向一三五〇ガル、東西方向二〇五八ガルであった。いずれも重力加速度を超える。ただし上下方向で重力加速度を超えるデータは記録されていない。つまり機器・施設等が床から飛びあがるまでにはいたらなかったとみられる。

この事故によって原子炉システムがこうむったダメージは深刻であり、運転再開までに長期間を要している。運転再開のためには原子炉システムのこうむったダメージに関する調査・評価、および地震・地盤に関する調査・評価という二種類の調査・評価をおこなう必要があり、それが難航しているためである。地震災害から満四年が経過した二〇一一年七月現在でも、運転再開にこぎ着けたのは七基中四基にとどまっている。

8　核燃料サイクル開発の混迷

二〇〇〇年代の商業原子力発電が不振をつづけたことについてはすでに述べたが、この時代には核燃料サイクル開発も難航をきわめた。代表的なプロジェクトについて難航状況を以下に示す。

まず日本原燃六ヶ所再処理工場から述べると、二〇〇五年一〇月の再処理路線推進を盛り込んだ新しい原子力政策大綱の閣議決定により、六ヶ所再処理工場ではプルトニウムを用いた「アクティブ試験」が二〇〇六年三月三一日にスタートした。それは五つのステップに分けられた。第一ステップでは燃焼度が低く冷却期間が長い使用済核燃料を取り扱い、徐々に燃焼度が高く冷却期間が短い使用済核燃料を取り扱うようにしていき、最後の第五ステップまでに四三〇トンを再処理する予定が組まれた。アクティブ試験開始時点では操業開始は二〇〇七年八月と見込まれた。しかし試験中に耐震設計ミスが発覚するなど作業は遅れた。そして二〇〇七年一一月に始められたガラス固化体製造試験で、次のような深刻なトラブルが発生した。

高レベル廃液ガラス固化設備の心臓部にあるガラス溶融炉（高レベル廃液にガラスビーズを混ぜて加熱して液状にし、ガラス固化体容器に落下させる施設）の下部ノズルが詰まるトラブルが発生し、二〇一一年夏現在も解決のめどが立たない状況となっている。事業主体の日本原燃は試運転完了時期を二年遅らせて二〇一二年一〇月とすると発表しているが、それがクリアされる保証はない。六ヶ所再処理工場は二〇〇〇年までに基本的に完成し、二〇〇一年四月に試験が開始された。それから一〇年が経過してなお試験終了のめどが立っていない。

六ヶ所再処理工場は基本的にフランスのラアーグ再処理工場UP－3のコピーであるが、高レベルガラス固化設備の心臓部にあるガラス溶融炉だけは、旧動力炉・核燃料開発事業団（動燃）の国産技術（マイクロ波ではなく、通電によるジュール熱で廃液を溶かす）にもとづいている。動燃が東海再処理工場での実績を全否定されたくないために、この工程だけ国産技術の採用を強く働きかけたといわれている。しかし国産技術がつまずきの石となっている。ジュール加熱によっては高レベル廃液を均等に加熱することができないために、白金属が不溶解残滓として残り下部ノズルに詰まる現象が起きており、解決のめどが立たないのである。

二〇一一年三月一一日の東日本大震災で、六ヶ所再処理工場への外部電源は途絶え、非常用ディーゼル発電機が稼働した。四月七日の余震の際にも同様のことが起こった。幸いにも全電源喪失という事態は避けられた。しかし福島原発事故により日本原燃の筆頭株主の東京電力は経営危機におちいり、他の電力会社も福島原発事故の影響で大きな経済的負担を強いられている。そうした状況下で電力業界が今後も再処理事業を支えていくことはきわめて困難な情勢となっている。

次に高速増殖炉もんじゅについて述べる。もんじゅ再開までのプロセスは長かった。一九九七年一二月の原子力委員会高速増殖炉懇談会報告、二〇〇〇年一一月の新しい原子力長期計画の策定など、政策面ではもんじゅ再開の方針が繰り返し示されたにもかかわらず、もんじゅ改造工事の開始は遅れた。ようやく二一世紀に入って運転再開へ向けた活動が本格化した。この時点において、もんじゅの安全規制を担当する組織は科学技術庁原子力安全局から、経済産業省原子力安全・保安院へと移行していた。そして原子力安全・保安院の指導のもとで運転再開へ向けての歯車が回り始めた。

二〇〇一年六月には福井県と敦賀市の了承を得て、核燃料サイクル開発機構（サイクル機構）は原子炉設置変更（安全性を高めるための改造工事実施）許可申請を経済産業省に提出した。そして二〇〇二年一二月に待望していた許可が下りた。サイクル機構の立てた予定では福井県知事と敦賀市長の同意を得て二〇〇三年から改造工事を始め、さらに県知事と市長の同意を得て二〇〇五年春、「性能試験」（運転）を再開するスケジュールとなっていた。なお設置変更許可申請、改造工事着手、運転再開のすべての段階で県知事の事前承諾が必要だというのが、もんじゅ事故以後の原子力関係者の合意となっていた。この頃には地方自治体の実質的な拒否権が慣習として確立していた。

ところが二〇〇三年一月二七日、もんじゅに対する行政訴訟の控訴審判判決が名古屋高等裁判所金沢支部によって言い渡され、原子炉設置許可処分の無効が判示された。原告側関係者やマスメディア関係者の間では違法判決が出ることは予想されていたが、無効判決は多くの関係者の予想をこえるものだった。これによりもんじゅの運転再開に黄信号がともったが、核燃料サイクル開発機構はそれにもめげず改造工事の準備と地元自治体への説得工作を進めた。二〇〇五年五月三〇日に最高裁判決において、高裁の設置許可無効判決が破棄されたのを受けて、核燃料サイクル開発機構は二〇〇五年九月、もんじゅ改造工事の本体工事を開始したのである。本体工事は順調に進められ二〇〇七年五月に終了した。

もんじゅ改造工事が始まる二〇〇五年までには、政府の原子力政策も復古調のものへと変化していた。二〇〇五年原子力政策大綱は古い長期計画の様式に逆戻りした。高速増殖炉サイクル技術開発に関しても、実用化目標時期が復活するとともに、実証炉建設計画の再構築の方針が決まった。すなわち「高速増殖炉サイクルの適切な実用化像と二〇五〇年頃からの商業ベースの導入に至るまでの段階的な研究開発計画について二〇一五年頃から国としての検討を行う」方針が示された。

高速増殖炉の導入時期については、軽水炉の寿命を六〇年とし、既存の原子炉が新たな原子炉によってリプレイスされると仮定し、次のリプレイス集中期（二〇三〇年から二〇五〇年代半ば）の後半にかろうじて間に合う時期として、「二〇五〇年頃から商業ベースでの導入を目指す」という時期設定をおこなった。しかしその技術的・経済的な実現可能性は議論さえされなかった。導入する場合の最善のタイミングだけが考慮された目標時期設定だった。

さらに二〇〇六年の経済産業省総合資源エネルギー調査会の「原子力立国計画」では計画が前倒しとなり、高速増殖炉実証炉建設を二〇二五年頃までに実現すると書かれた。原子力委員会も二〇〇六年一二月二六日、原子力立国計画にまるごと準拠した「高速増殖炉サイクル技術の今後一〇年程度の間における研究開発に関する基本方針」を決定した。そこでは「二〇五〇年頃から商業ベースでこの技術を導入することを目指」すという方針が再確認され、二〇〇八年度にもんじゅ運転を再開し、二〇一五年に「高速増殖炉サイクルの実用施設及びその実証施設の概念設計並びに実用化に至るまでの研究開発計画」を提示することが明記されている（二〇〇五年政策大綱では二〇一五年頃から検討開始となっていた）。「その後一〇年程度で実証施設を実現する」との記述もある。

もんじゅ改造工事は二〇〇七年五月に終了した。その後、機器の故障・トラブル、MOX燃料の劣化（核分裂性のプルトニウム241は一四年の半減期でアメリシウム241へと壊変し、それにより核燃料中の核分裂物質が徐々に減っていく）などにより運転再開は四回も延期された。しかしついにもんじゅは二〇一〇年五月六日、停止後から一四年ぶりに運転再開し、五月八日に臨界に達した。だが運転中に種々のトラブルが続出した。

ついに八月二六日、核燃料交換時に用いる重さ三・三トンの炉内中継装置をクレーンで吊り上げたときに事故が起こった。炉内中継装置が原子炉容器の底部めがけて落下したのである。日本原子力研究開発機構（原子力機構）がナトリウムの中に沈んでいる炉内中継装置を回収しようとしたが、失敗の連続で頓挫した。炉内中継装置は原子炉容器底部への衝突の影響で変形しており、回収作業は難航した。そこに二〇一一年三月一一日の福島原発事故が発生し、もんじゅへの風当たりが強まった。炉内中継装置は二〇一一年六月二四日に無事回収されたが、回収後も原子炉容器底部の損傷の検査が必要である。

さらに大きな影響をおよぼしそうなのが、福島原発事故である。その影響は多岐にわたる。もんじゅについても格段に厳格化された新しい安全基準のもとで、安全性の抜本的な再評価がおこなわれることになる可能性がある。試験再開のめどは二〇一〇年夏の時点では立っていない。二〇一三年四月に予定されていた本格運転開始についても同様である。また福島原発事故の収束、汚染地域の復旧・復興、損害賠償の支払いのためには巨額の費用が必要であり、それを電力業界は負担しなければならない。場合によっては政府も巨額の負担を強いられる可能性がある。こうした政府や電力業界の厳しい財務状況のもとで、天文学的なコストを要する高速増殖炉開発計画をとりまく情勢はきわめて厳しい。

再処理と高速増殖炉という二大事業以外についても、高レベル放射性廃棄物処分とウラン濃縮の事業状況についてごく簡単に述べておく。高レベル放射性廃棄物処分問題は日本では一九七〇年代まで先送りされつづけてきた。動力炉・核燃料開発事業団による研究が本格化したのは一九八〇年代に入ってからである。商業用原子力発電にともなって発生する高レベル放射性廃棄物の処分については、ようやく一九九〇年代に入ってから本格的な検討が始まった。その間、高レベル放射性廃棄物の量は着実に増えつづけた。処分事業実施のための法的枠組整備が行われたのは二〇〇〇年である。「特定放射性廃棄物の最終処分に関する法律」が二〇〇〇年五月に可決成立し、それにもとづき二〇〇〇年一〇月から一一月にかけて原子力発電環境整備機構NUMO（処分実施主体）、および原子力環境整備促進・資金管理センター（資金管理主体）が設立された。

最終処分施設の立地手続きは、「文献調査」「概要調査」「精密調査」「建設」の四つの段階を踏む。二〇〇三年までに概要調査地点（処分候補地）を全国五か所に絞ることが法律に明記されている。さらに精密調査地点（処分予定地）の決定をへて、二〇二〇年頃までに処分地を正式決定することとなっている。そして二〇四〇年頃までに操業開始する。これが現在の政府及び事業者の計画である。

NUMOは二〇〇二年から候補地の公募を開始したが、二〇一一年八月時点で概要調査地区の候補地すら決まっていない。二一世紀最初の一〇年間を空費した格好である。

フロントエンドの最重要事業であるウラン濃縮も難航がつづいている。一九九二年に操業開始した日本原燃六ヶ所ウラン濃縮工場では、遠心分離機の七系統（それぞれ一五〇トンSWU）すべてが二〇一〇年一二月までに停止した。これにより日本のウラン濃縮事業は全面ストップの事態に立ちいたった。その原因は日本のウラン濃縮事業に国際的な競争力がなく、海外から濃縮ウランを購入するほうがはるかに低コストですむからである。メーカーは政府の要請にしたがって新型の遠心分離機の開発を進めているが、はかばかしい成果は得られておらず、そのため電力業界の合同子会社である日本原燃も導入に触手が動かない状況であり、意欲をみせていない。それでも日本原燃は新しい遠心分離機の導入計画を進めており、二〇一一年と二〇一二年にそれぞれ七五トンSWU相当の設備を更新し、両者を合わせて一系統（一五〇トンSWU）を揃える予定である。そして約一〇年かけて毎年一系統を更新していき、定格能力一五〇〇トンSWUまでもっていく計画である。長期停止のまま放置すると、日本が独自にウラン濃縮事業を進めることについての既得権が危うくなるので、最小限のペースで遠心分離機を置き換え、事業が途絶えないようにしたいというのが日本原燃の意図であると思われる。なお一系統の能力である一五〇トンSWUでは、軽水炉用低濃縮ウランを年間三〇トン程度しか製造できない。それは大型原発約一基分にすぎない。

9　民主党政権時代の原子力政策

二〇〇九年八月三〇日に衆議院議員総選挙がおこなわれ、民主党の圧勝に終わった。そして鳩山由紀夫首相率いる三党連立政権(民主党、社会民主党、国民新党)が発足した。民主党の原子力政策については「インデックス2009」のなかの「エネルギー」の項目を一読するのが適切である(マニフェストの記述は簡略すぎる)。それを読むかぎり、民主党が従来の政府方針よりもいっそう強く、原子力開発利用をサポートする姿勢が鮮明に示されていることがわかる。原子力開発利用に批判的な立場から唯一評価に値するのは、独立性の高い原子力規制委員会の創設のみである。

民主党が、自由民主党に負けず劣らず原子力開発利用推進の姿勢をみせている背景にはもちろん全国電力関連産業労働組合総連合(電力総連)の存在がある。電力産業の労働組合は歴史的には旧民主社会党(民社党)の有力な票田となってきた。それは伝統的にほとんど労使一体と呼べるほどの労使協調路線を堅持し、原子力開発利用についても経営者と同じ姿勢をとってきた。

しかしながら民主党のなかで原子力開発利用を強く支持する勢力は、全体としてみれば多数派ではなく少数派にとどまる。その民主党内での権力基盤は磐石ではない。つまり原子力開発利用推進が民主党の本来的な指向であるとは必ずしもいえない。そうした状況において連立政権に脱原発を掲げる社会民主党が参画したことにより、原子力政策改革のチャンスが到来したという見方が一時的に広がった。そして原子力委員会の人事において、原子力開発利用について柔軟な意見をもつ委員を加えるなどの変化もみられた。

だが新政権首脳部は全体としては、原子力政策見直しに消極的であった。そして政権の外部から政策改革を働きかけるための回路づくりも不発に終わったので、政策転換の足場を築けなかった。

そして二〇一〇年五月の福島瑞穂大臣の罷免と、それにつづく社会民主党の政権離脱により、政策転換の火種は消えた。政権交代は制度改革の第三の契機とはならなかったのである。

そうした状態のもとで二〇一〇年六月一八日、エネルギー基本計画が改定された。そこには二〇二〇年までに発電用原子炉を九基新増設し、二〇三〇年までに一四基（つまり追加で五基）新増設するとの目標が示されている。これは現時点での電力業界の計画どおりであるが、二〇二〇年に設備利用率八五％、二〇三〇年に設備利用率九〇％というきわめて高い目標が設定されている。核燃料再処理・高速増殖炉についても推進すべきとの方針が再確認されている。

さらに従来の原子力政策にはなかったあらたな要素として、官民一体オールジャパン方式によるフルパッケージ型の原発輸出推進の方針が示されている。そのために電力会社を中心とした新会社を立ちあげるのだという。この新方針は、経済産業省産業構造審議会の「産業構造ビジョン2010」にも盛り込まれた。そこには「新興国市場では、協定締結を促進するとともに、システム・サービスを一元的に提供できる体制を構築した上で、原子力プラントの建設、運転・管理、燃料供給さらには人材育成、法制度の整備などを含めた『システム輸出』を目指す」ことがうたわれている。さらにそれは鳩山政権を継承する民主党菅直人政権の「新成長戦略」（経済産業省主導で策定された）にも盛り込まれた。原子力発電は重点一一分野の一つに指定されたのである。

なぜこうした官民一体オールジャパン方式によるフルパッケージ型の原発輸出が、突然脚光を浴びるようになったのか。その背景には世界の経済成長センターが、先進諸国から新興諸国や開発途上諸国に移動した結果、新興諸国や開発途上諸国の巨大事業を受注することの重要度が高まってきたことがある。新興諸国や開発途上諸国では、原子力発電所をめぐる状況は先進諸国とは様相が異なる。そうした諸国では発電用原子炉はもとより、電力供給システムさえも未整備の諸国が少なくない。そうした国々からみて魅力的なのは、フルパッケージ型の原子力発電システムまるごとの貿易である。輸入国の立場からは、ありとあらゆる原子力発電インフラストラクチャー、さらには原子力分野に限らず国家建設に必要な多様な設備やサービスを取得できればありがたい。

しかしそれらをフルパッケージで提供できるのは国家しかない。国家であれば政府開発援助(ODA)方式で多様な設備やサービスを提供する能力がある。原子炉メーカーが多様な業種の企業と連携してビジネスを展開しようとしても限界がある。そこでフルパッケージ型の原子力発電システム貿易はおのずと国家間取引の様相を呈することとなる。複数の国が受注競争に参入してくれれば、輸入国は自国に有利な条件を提示することができる。もし叩き売りの状況が生まれれば輸入国にとって理想的である。そうした事情を承知のうえで、日本政府は前述のように、官民一体オールジャパン方式によるフルパッケージ型の原発輸出戦略を推進するようになった。

二〇一〇年一〇月三一日、ベトナムを訪問していた菅直人首相は、ベトナムのグエン・タン・ズン首相と会談し、その合意として「アジアにおける平和と繁栄のための戦略的パートナーシップを包括的に推進するための日越共同声明」を発表した。そのなかに原子炉輸出についての言及がある。その内容は以下のとおりである。

「ベトナム側は、原子力の平和利用分野におけるベトナムに対する日本の継続的な支援を高く評価した。ベトナム側は、日本からの提案を検討した結果、ベトナム政府がニントゥアン省の原子力発電所第二サイトにおける二基の建設の協力パートナーに日本を選ぶことを決定した旨確認した。菅直人内閣総理大臣は、このベトナム政府の決定を歓迎し、この計画のフィージビリティ・スタディの実施、同プロジェクトへの低金利の優遇的な貸付け、高い安全基準の下での最先端技術の利用、技術移転と人材育成、プロジェクトの全期間にわたる廃棄物処理における協力及び安定的な燃料供給等ベトナムが示した条件を充たすことを保証した。両首脳は、本プロジェクトの関連文書への早期署名に向け、両国の関連諸組織が協力して作業を続けるよう指示することで合意した」

つまり日本企業が原子炉二基とその関連サービスを、ベトナム政府から受注することの内定を、菅首相が獲得したということである。ここで日本企業というのは国際原子力開発株式会社という、オールジャパン方式の国策会社をさす。東京電力の出資比率が20%で筆頭株主であり、電力九社で合わせて七五%の出資をおこなう。東芝・日立・三菱重工の三社が五%ずつ出資する。他に官民出資ファンドの産業革新機構株式会社が一〇%出資している。マスメディアはおしなべて、このニュースを明るい話題として報じた。しかしながらここには多くの不条理が含まれる。その主要な問題点は以下のとおりである。

第一に、そもそも日本メーカーには、原発輸出の実力がない。とくに核燃料サイクル事業の委託サービス(ウラン濃縮、再処理、廃棄物処分)については、ほとんど実績も能力もない。そのため日本メーカーは契約を履行できない可能性が高い。

第二に、原子力発電システムのフルパッケージ型輸出が、果たして経済合理性を満たす取引となりうるのかについて、緻密な検討が必要である。とくに原子炉機材本体だけでなく関連する多種多様な物品やサービスが付帯的に輸出される場合は、そのコストとリスクを緻密に分析する必要がある。そうした付帯的な製品やサービスが、非常にハイコストであったり、ハイリスクなものとなる可能性がある。また政府間取引においては、原子力発電に直接関連しない物品やサービスが付帯的に提供されることも十分想定される。競争相手がいる場合は、叩き売り的なセールスがおこなわれる恐れもある。そうした原発輸出の経済合理性を総合的に判断するには、契約条件に関する詳細な情報が必要だが、外交秘密や企業秘密を理由に秘匿されることが強く懸念される。

第三に、日本型のソビエト型産業統制計画的な原子力発電事業の構造を、そのまま国際展開しようとしていることが読み取れる。三つの原子炉メーカーのシェアの割当まで決められているのかもしれない。しかし日本型の原子力発電事業の構造は、自由主義経済の観点からはアナクロニズムである。またそれは国際的な原子力産業の業界地図とも齟齬をきたしている。原子力メーカーの大手三グループはみな、国際的(米日間、仏日間)企業連合である。そこから日本メーカーだけを引き剥がしてオールジャパン連合に組み入れるのは、ビジネスの常道を踏み外している。

ここでは「原子力立国計画」で提起された日本型次世代軽水炉開発と、まったく同様の事態が発生している。日本型次世代軽水炉とは、一九七〇年代から八〇年代前半の軽水炉改良標準化計画の後継計画として一九八七年度より検討が開始されたもので、約二〇年にわたる長い休眠期間をへてよみがえり、二〇〇七年からナショナル・プロジェクトとして推進されるようになった。その目標は「次世代」の沸騰水型軽水炉BWRと加圧水型軽水炉PWRを一種類ずつ開発することである。

だがこの二〇年の間に世界の原子力メーカーの国際的な再編成が実施され、日本の三つのメーカーはそれぞれ、異なる欧米系メーカーと同盟関係を結ぶようになった。東芝・WH、GE・日立、アレヴァ・三菱重工、の三グループである。そうした国際的な企業同盟関係とは別枠で、経済産業省の指導のもとで日系三社だけでナショナル・プロジェクトを進めることは、公然とビジネス上の二股をかける行為である。

第四に、原子力発電の導入・拡大を検討している国のなかには、核拡散の観点から警戒を要する諸国が多い。無思慮な輸出行為が、国際核不拡散体制に悪影響をおよぼすことが強く懸念される。インドと同様の事態が多くの国で発生する可能性がある。インドについては核不拡散条約NPTに四〇年にわたり加入せず、民事利用施設の軍事転用という手段で核武装に踏み切り、その後も核戦力増強に邁進し、包括的核実験禁止条約CTBTへの加入も拒否してきたために、原子力発電に関して国際社会から孤立してきた。そして電気出力二二万kWの国産加圧重水炉PHWRの建設はスローペースだった。しかしブッシュ政権は将来の市場としての魅力に注目し、二〇〇五年から米印原子力協定締結へ向けての交渉を開始した。そして国際核秩序に公然と反逆してきたインドに原子力発電支援をおこなうことは国際核秩序の崩壊を招くという国内外の反対論を押し切り、二〇〇八年一〇月一〇日に同協定を発効させた。フランス、ロシアなどもただちにアメリカにつづいた。原子力供給国グループNSG(Nuclear Suppliers Group)は日本を含め、それに賛成したのである。

第五に、このプロジェクトに関しては国民負担リスクが高い。それは①相手国(ベトナム等)の債務不履行、②日本メーカーの契約不履行、③大幅な工期遅れやコスト・オーバーラン、④付帯的な物品やサービスにかかわる政府負担、などにともなって発生する。国民負担を発生させる可能性が最も懸念されているのは、国際協力銀行JBICなどの政府系金融機関と、日本貿易保険NEXIの損失である。また政府資金が直接的に失われるケースの他に、間接的に失われるケースも想定される。たとえば日本企業が巨額の損失を出した場合、その救済や経営再建のために巨額の政府資金が投入されることが予想される。官民一体オールジャパン方式によるフルパッケージ型の原発輸出戦略には、以上のような問題点が内包されている。国内市場の縮退に悩む日本の原子炉メーカーへの支援のために、これだけ大きなリスクを冒すことは賢明ではない。

第8章　福島原発事故の衝撃

1　福島原発事故の発生

二〇一一年三月一一日一四時四六分、宮城県牡鹿半島の東南東約一三〇キロメートルの海底約二四キロメートルを震源として、モーメント・マグニチュード九・〇の巨大地震が発生し、東北地方を中心に甚大な被害をもたらした。この巨大地震のもたらした災害は、東日本大震災と通称されている。その際立った特徴は、世界の震災史上はじめて「原発震災」(原発が地震で損傷して大量の放射能が外部へ放出され、それによって地震と原発事故との相乗効果による被害拡大がもたらされる事態)が発生したことである。

二〇〇七年の新潟県中越沖地震でも、東京電力柏崎刈羽原発の七基の原子炉がすべて大きな被害を受けたが、放射能による一般住民への影響はわずかであった。それが今回との大きな違いである。原発は他の発電所と比べて異質な破壊力を秘めており、それがひとたび開放されると他の発電所とは異質な災害をもたらすことが、改めて浮き彫りになった。

　東日本大震災では、福島第一原発から二六キロメートル北方にある東北電力原町火力発電所（電気出力一〇〇万kWの石炭火力二基を擁する）を地震動と津波が襲い、物理的には福島第一原発を凌駕する被害をおよぼした。津波の高さは福島第一の一四メートルを上回る一八メートルに達したという。それにより原町火力発電所は全電源喪失状態におちいったが、発電所外部に被害をおよぼすことはほとんどなかった。起動用の重油タンクが破壊され、重油が周辺に漏洩した程度であった。火力発電所は大災害に襲われても、発電所外部に被害をおよぼすことはほとんどないのである。しかし原子力発電所においては、火力発電所とは比較にならない安全対策が必要となる。

　東北・関東地方の太平洋岸には、多くの原子力発電所が林立している。最北の青森県には東北電力東通一号機、宮城県には東北電力女川一～三号機、福島県には東京電力福島第一の一～六号機および福島第二の一～四号機、茨城県には日本原子力発電（原電）東海第二の合計一五基がある。他に建設中が二基（電源開発大間、東京電力東通一号機）、建設準備中が五機（東北電力東通二号機、東北電力浪江・小高、東京電力東通二号機、東京電力福島第一の七～八号機）がある。まさに東北地方の太平洋岸、とりわけ宮城県から福島県にかけての一帯は、世界一の「原発銀座」である。これらに加えて周知のように青森県六ヶ所村に核燃料サイクル諸施設の集中立地地点がある。

　これらの原発が大震災により、地震・津波の被害を受けた。地震動により原発やその関連施設（とりわけ送配電システム）は大きな被害を受けたとみられる。それに追い打ちをかけるように津波が襲来し、事態を大きく悪化させた。強い地震動を受けると、原子炉には自動的に制御棒が挿入され核分裂連鎖反応は停止する。今回は原子炉停止はうまくいった。しかし福島第一では、(六号機の空冷ディーゼル発電機一基をのぞき)すべての電力供給が絶たれたため、原子炉冷却機能が停止した。原子炉を動かす電力は通常時は原子炉自身が生み出している。それが停止した場合には発電所の外部にある送電線(外部電源)からの電力供給に頼る。それも駄目な場合は非常用のディーゼル発電機を稼働させる(非常用内部電源)。福島第一原発では一~四号機においてそのすべてが絶たれたのである。

それにより東京電力福島第一原発は、同時多発的な炉心溶融事故を起こした。そこでは運転中だった一号機から三号機までの三基の原子炉がすべて冷却材喪失事故LOCAにおちいり、核燃料メルトダウン(溶融落下)を起こし、さらにメルトスルー(溶融貫通)にいたったと推定される。それにより圧力容器・格納容器の双方が三基すべてで損傷した。四~六号機の炉心は空っぽだったが、四号機建屋に設置されていた使用済核燃料プールで火災・爆発が起こり、プールは大破した。他の五つの核燃料プールも冷却機能喪失により水温が上昇し水位が下がった。

こうした深刻な事故を招いた引き金は、地震動および津波という自然災害である。事故発生当初は津波がすべての原因であるという見解が、経済産業省原子力安全・保安院や東京電力によって流布された。しかしその後、地震動によって炉心(原子炉圧力容器)と直結する配管が損傷し冷却水が漏出した可能性が、一号機について指摘されるようになった。もしそうであれば原子炉立地指針の定める基準地震動と同程度の地震動によって、致命的な破壊が生じたことになる。つまり実質的な安全率(裕度)は1程度ということになる。地震動の影響について決定的な証拠を得るには、配管の破壊状況などの実地検証が不可欠であるが、そのためには放射線レベルが十分下がる必要があり、検証可能な状態となるには少なくとも数年以上の時間が必要となるだろう。

地震動に追い打ちをかけるように約一時間後の一五時四〇分頃から数次にわたり津波が襲い福島第一原子力発電所は水浸しとなった。それにより全電源喪失状態におちいった(生き残ったのは六号機の空冷式の非常用ディーゼル発電機一基のみだった)。地震動と津波のダブルパンチにより原子炉の心臓部だけでなく、発電所にある他の多くの機器も損傷した。全電源喪失により一~三号機の三基すべてで、電源を必要としない冷却系(一号機の非常用復水器、二・三号機の原子炉隔離時冷却系)が稼働した。しかしそれを動かすには非常用バッテリー(動力用ではなく制御用)による調節を必要とした。しかもバッテリーは八時間分の蓄電容量しかなかった。バッテリーが消耗しつくすまでの間、有効な冷却水注入策がとられず時間が空費された。多数の電源車が遠方から招集されたが、まったく役に立たなかった(非常用ディーゼル発電機を動かすには、高圧大型電源車を何台も並列につなぐ必要があるが、現場には必要な台数の高圧大型電源車もなければ、その並列接続技術もなかったとみられる)。

そして核燃料の温度上昇がつづき、核燃料被覆管の材料であるジルコニウム合金(鉄合金は中性子を余分に吸収するので使えない)が、冷却水の酸素と結合する酸化反応が進み始め、大量の水素ガスを発生させた。さらなる温度上昇により被覆菅(融点摂氏一七〇〇度)が溶け、核燃料が剝き出しになった(核燃料損傷)。さらに核燃料も摂氏二八〇〇度(二酸化ウランの融点)を上回る温度となって溶け出した(核燃料溶融)。そして核燃料が圧力容器底部に落下するメルトダウン(溶融落下)が進んだ。そして核燃料の一部が圧力容器の底部を突き抜け格納容器底部に落下するメルトスルー(溶融貫通)を起こしたとみられる。こうした事態の進行に伴い水素ガスの発生量も増えた。水素ガスは、他の揮発性の高い放射性ガスとともに、何らかの経路で圧力容器から抜けて外側にある格納容器に充満した。格納容器の圧力は高まりつづけ、そのままでは破壊にいたる恐れが出てきた。以上のような事象が三基すべてで起こったと考えられる。

2 福島原発事故の拡大

政府の原子力災害対策本部はベント(ガス抜き)作戦の指示を出した。しかし一号機のベント開始は三月一二日午前、二号機と三号機のベント開始は一三日午前へと遅れた。その間一号機では一二日一五時三六分、水素爆発とみられる爆発が起き原子炉建屋が吹き飛ばされた。格納容器に充満した水素ガスと放射性ガスは、何らかの経路(格納容器上蓋の隙間など)を通って外側の建屋に充満し、そこで水素爆発を発生させた。ベントを早くおこなえば水素爆発は防げた(格納容器に入っているガスは、ベントによって建屋に移動するわけではない。ガスは建屋を経由せずに排気塔から大気に放出される設計となっている)。

政府対策本部がベント作戦の次に発動したのは、消防ポンプによる海水注入作戦だった。それは一号機で水素爆発後の一二日二〇時二〇分から開始され、引きつづき三号機(一三日一三時一二分)、二号機(一四日一六時三四分)でも開始された。しかし二つの作戦によって事故の進行を食い止めることはできなかった。三号機では一四日一一時〇一分に水素爆発とみられる大爆発が起こり建屋が吹き飛んだ。また二号機では建屋の水素爆発による破壊は起きなかったが、一五日〇六時一〇分に格納容器底部の圧力抑制室(サプレッション・プール)が破裂した。

さらに一五日〇九時三八分に四号機核燃料プールで火災が発生した(この爆発自体は三号機から漏れた水素によるとみられる)。それにより一三三一体の核燃料を収納する四号機プールが大破した。のみならずすべての核燃料プールの冷却機能不全が明らかになった。それに対処すべく一七日に核燃料プールへの放水作戦が開始された。それと並行して東北電力の送電線から発電所内部に高圧線を引き込む作業が同日始まり、三月二一日の五・六号機を皮切りに各号機で復旧した。これにより炉心への海水注入の能率を、向上させることができるようになった。

これらの作戦が一定の効果をあげたのか、原子炉施設からの発煙は三月二二日頃までに収まった。また炉心への海水注入は三月二五日午後から順次淡水注入に置き換えられた。だが原子炉施設の鎮静化と相前後して三月二一日には冷却用海水の放出口付近から放射能が検出された。それにつづき二七日までに高濃度の放射能汚染水が一・二・三号機のタービン建屋の底部に大量に貯まっていることが判明した。そして二八日にはタービン建屋外側のトレンチにも大量に貯まっていることが確認された。その総量は数万トンと推定された。こうした大量の放射能汚染水は当然、炉心の冷却水が圧力容器の破損部分を経由して格納容器の破損部分から流出しており、炉心への注水をつづける限り増えつづけるものと推定された。つまり一~三号機すべてについて、圧力容器・格納容器の同時損傷が起きている可能性が三月末までに濃厚となったのである。

東京電力は四月一七日、事故収束にいたるロードマップ(工程表とも通称される)を発表した。そこでは発表時点から六~九カ月(二〇一一年一〇月から二〇一二年一月)以内に、すべての原子炉について格納容器を冠水させて、冷温停止を実現することが目標とされた。それによって事故収束が達成されるとされた。格納容器は破れていないというのがこの計画の大前提だった。だがほどなく一号機の格納容器下部の損傷が明らかとなり、格納容器に注水するだけの単純な「水棺」作戦の実施が不可能となった。他の二基についても同様と考えられたため「水棺」は中止された。格納容器・圧力容器の両者が、三基すべてで破損しているであろうことは、三月中には専門家の間での共通認識となっていたにもかかわらず、なぜ東京電力が四月半ばを過ぎても格納容器が健全だと思い込んだかは謎である。

放射能汚染水問題はその後も長く尾を引くこととなった。東京電力は四月四日から、その収容先の確保のために低レベル汚染水一万一五〇〇トンを事前通知なしに海に放出し、国際的非難を浴びた。建屋底部に貯まった汚染水を吸着物質を入れたタンクを通過させて浄化し、再び炉心に注入する汚染水循環システムを構築する作業が四月から始まり、六月から稼働を開始した。しかしそれは放射能汚染水の増加を抑え放射線レベルを下げるための応急措置にすぎない。

圧力容器・格納容器の双方が一~三号機で破損している以上、それらの底部に溜まっているとみられる核燃料の残骸を絶えず冷やしつづける作業が必要であり、破損箇所をすべて塞がなければ汚染水の流出は止まらない。圧力容器・格納容器の破損個所をすべてふさぎ、核燃料の残骸を水没させてはじめて、事故収束が実現することとなるが、それには事故発生から数えて数年以上を要するとみられる。したがって汚染水循環システムを動かしつづけるという応急措置も数年以上にわたることとなる。

以上が福島第一原発事故の経過であるが、他の原発も危機一髪だった。日本原子力発電東海第二原発は外部電源が地震動により損傷を受け途絶えた。ディーゼル発電機が稼働して事なきを得たが、そのディーゼル発電機の冷却ポンプを守る鉄筋コンクリート壁の高さが二〇一〇年に約五メートルから約六メートルまでかさ上げされていなければ、高さ五・四メートルの津波により水没は避けられず、全電源喪失におちいっていたであろう。東京電力福島第二原発では外部電源が一本だけ生き残ったのが幸いだった。故障したポンプを急いで交換し生き残った外部電源とケーブルでつなぐ作業が難航したが、三月一四日午後に「冷温停止」(核燃料全体が冷却水に浸かり、その水温が摂氏一〇〇度以下になること)が達成され何とか事なきを得た。東北電力女川原発では原子炉建屋が高台にあったため津波の被害を免れた。地震動により電源の多くが損傷したものの全電源喪失は免れた。しかし四月一一日の余震でも同様の事態が繰り返された。このように福島第一原発以外の原発も軒並み危機的状況におちいったのである。

3 福島原発事故による放射能放出

この事故では同時多発的な原子炉破壊により、大量の放射能が環境に放出された。その総量は大気中と汚染水中それぞれ数十万テラベクレル以上、両者を合わせると一〇〇万テラベクレルの桁に達するとみられる(テラは一兆)。これは国際原子力機関IAEAと経済協力開発機構原子力機関(OECD/NEA Nuclear Energy Agency)が共同で定める国際原子力事象評価尺度INES(International

Nuclear Event Scale）のレベル7に相当する。

ＩＮＥＳ基準では数万テラベクレル以上の大気中への放出があればレベル7となり、この基準を楽々クリアしている。ちなみにソ連（現在ベラルーシ）のチェルノブイリ四号機事故（一九八六年）では後述のように三種類の核種だけで五四〇万テラベクレルが放出されたので、放射能の放出量が一桁あがるたびにレベルを一つあげていく方式（ＩＮＥＳ方式）を外挿すればレベル9となる。この方式を用いれば福島事故はレベル8となる。

福島原発事故がＩＮＥＳのレベル7であると政府が認めたのは、事故の一カ月後の四月一二日だった。それまで原子力安全・保安院は極端に低い数字を発表していた。つまり三月一二日にレベル4相当と発表し、三月一八日にレベル5相当に改めたが、その後一カ月近くもそれを見直さなかったのである（三月一二日に一号機の水素爆発があった時点で、レベル6以上は明らかであった）。

事故の進展に対応して政府は、周辺住民に避難等の指示をおこなった。まず事故発生当日の三月一一日二一時二三分に、福島第一原発の半径三キロ圏内の住民に避難指示、一〇キロ圏内の住民に屋内退避指示を発した。一二日早朝〇五時四四分には一〇キロ圏内の住民に避難指示を発した。一号機建屋爆発事故を受けて同日夕刻一八時二五分には、避難指示の対象住民を半径二〇キロ圏内に拡大した（なぜ水素爆発から四時間近くも遅れたのかは明らかでない）。さらに一五日一一時には半径二〇～三〇キロ圏内の住民に屋内退避指示を発した。この区域の住民に対しては二五日一一時四六分に自主避難要請が付け加えられた。原子力事故が起きた場合の周辺住民安全対策として考えられてきたのは、世界的にみても避難指示と屋内退避指示の二つだけであり、自主避難要請というのは前代未聞だった。

これらの指示・要請について特筆すべきは、政府が何の根拠も明らかにしなかったことである。指示・要請を出すには、現実的に起こりうる最悪の事故シナリオを設定し、それが現実化した場合の放射能の拡散を推定し、そこから予想される被曝線量を見積り、住民の予想被曝線量が容認できない水準に達する地域について避難等を勧告する、という方法論の適用が必要であるが、シナリオは公表されなかったし、それが作成された形跡もない（シナリオが発表されない状況下では、周辺住民は自主避難の可否を理性的に決定できたはずはない。自主避難は無理難題であった）。

四月に入ってからも政府対策本部の動きは緩慢だった。半径二〇キロ圏内を警戒区域に指定する正式の決定がくだされたのは事故から一カ月以上も過ぎた四月二一日である。翌二二日には年間積算線量二〇ミリシーベルトを超えそうな地域を政府は計画的避難区域に指定した。そこには福島県飯舘村など半径二〇キロ圏外の「ホットスポット」も含まれていた。同時に半径二〇～三〇キロ圏の大部分については、屋内退避指示を解除し、緊急時避難準備区域に改めた。

なお四月一九日に文部科学省は福島県内の幼稚園・保育園と小中学校の空中放射線量の上限を一時間あたり三・八マイクロシーベルトと定め、それを超える場合は野外活動を一時間程度に制限するよう通知した。この基準は年間二〇ミリシーベルトを被曝線量上限とするという考え方にもとづいて決められたものだが、基準自体が寛大すぎることに加えて内部被曝を考慮しておらず、しかも放射線に敏感な子供にも大人と同じ基準を適用するものだとして、厳しい社会的批判を呼ぶこととなった。福島原発事故では作業員の放射線防護と被曝管理もずさんだった。政府は三月一五日、緊急時の被曝基準を年一〇〇ミリシーベルトから、年二五〇ミリシーベルトへと引き上げることを決定した。しかしその緩められた基準をも超える被曝をした作業員が続出したのである。

4　福島原発事故の国民生活への影響

福島原発事故の国民生活への影響は大きかった。まず周辺地域住民への影響について主要なものを五点に整理してみる。

第一に、住民の間で急性放射線障害の症状が確認された者は、二〇一一年七月末現在でまだ出ておらず、もちろん死亡者も確認されていない。しかし地震・津波で負傷したり瓦礫に埋まった被害者のうち、迅速に現地で救助活動がおこなわれていれば助かったかもしれない人々が犠牲になった。福島第一原発から二〇キロ圏内では放射能汚染のため救助活動がほとんどおこなわれず、原発事故のために生命を落とした住民が少なくなかったとみられる。

第二に、福島原発事故は十数万人にのぼる周辺住民に、避難行動・避難生活を強いることとなった(半径二〇キロ圏内の市町村だけで七万八〇〇〇人が居住していた)。そうした住民のなかには、避難行動・避難生活により生命を落とした人々も少なくないとみられる。とくに老人や病人には難儀だったであろう。無事だった人々も例外なく家族・住居・土地・職場・学校等の生活基盤を完全に失うか、もしくは大きく損なっている。それに加えて遠方に避難した人々を除く多くの避難住民は、事故拡大リスクに直面しつづけた。冷却水注入によって三基の原子炉は三月下旬以降、小康状態を保ってきたとはいえ、巨大余震など何らかのきっかけで事故が再燃する可能性が残っているからである。かりに事故がこれ以上拡大しなくても、放射能汚染のためにチェルノブイリ事故のときと同様、避難住民の多くは数年から数十年にわたり故郷に帰れない可能性が高い。

第三に、警戒区域（福島第一原発から半径二〇キロ圏内）や計画的避難区域（年間二〇ミリシーベルト以上の被曝が予想される区域）など政府が指定した地域の範囲外に居住する人々のなかにも、自主的に避難した人々が多い。そうした人々は高い放射線レベル、事故拡大の危険、子供の健康への配慮等の事情を総合的に考慮したうえで、それぞれ判断を下したと思われるが、東京電力や政府から何の保護・補償・支援も得られていない。

第四に、福島県の相当部分は、原発事故によって高濃度に汚染された。放射線管理区域（年間五ミリシーベルト相当）に匹敵する被曝線量の地域が、福島市・郡山市も含めて広範囲に広がっており、被曝による健康リスクや、それを最小限にするための対策によって生活上の不自由が生じている。なおこうした福島第一原発の近郊地域に住む人々にも、事故拡大リスクが汚染地域住民と同様に、覆いかぶさってきたことは否定できない。

第五に、福島県とその周辺地域の農畜産業者や水産業者が、農地や家畜を失い、あるいは生産物の出荷停止を強いられることによって大きな被害を受けている。そのなかにはいわゆる風評被害も含まれる。もちろん農畜産業や水産業だけでなく、周辺地域の商工業への打撃も大きい。

次に首都圏住民を含むより広範囲の人々（以下、首都圏住民等と略記する）への影響について、これも五点に分けて整理する。

第一に、首都圏住民等は事故拡大リスクに直面した。もし格納容器の爆発的破壊などが起きれば、風向き次第では首都圏一帯が高濃度汚染地域となり、放射線防護をせねばならず、さらには疎開の可能性をも検討せねばならなかったからである。とくに小さな子供を抱えた家族にとってこれは真剣に考慮すべき問題であった。遠方に家族・親族等の疎開先のあてがあるならば、疎開はきわめて現実的な選択であった。なぜなら首都圏等では三月には放射能問題のみならず、計画停電問題や物資不足問題なども重なっており、また学童の授業がおこなわれない期間でもあったので、疎開はごく自然な選択肢であった。結果として首都圏にさほど高濃度の放射能が降らなかったことは、疎開が必要なかったことの根拠にはならない。「予防原則」が防災の基本である。

第二に、首都圏住民の食生活にも大きな影響が出た。三月には飲料水の摂取が一部で制限された。また福島県を中心とする東北・関東地方でとれた農畜産物や海産物が放射能で汚染され、その安全性についての懸念が高まり、なかなか解消されなかった。

第三に、首都圏住民を含む関東地方全域の住民は、東京電力の「計画停電」(輪番停電)によって大きな被害を受けた。交通機関も数カ月にわたって減便を余儀なくされた。鉄道駅に設置されているエスカレーターの多くが停止され、心臓や足腰が弱いか、あるいは痛めている乗客は、筆者を含めて苦難を強いられた。東京電力は三月一四日から管内を五つの地域グループに分け、地域グループごとに実施時間を設定して、一日三時間から三時間半程度の強制的な停電を実施した(それが一日二回におよぶことも多かった)。ライフライン施設と呼ばれる停電による社会的影響の大きな施設(病院など)も例外ではなかった。ただし東京二三区内は北部の一部地域をのぞいて対象外となった。東京電力がどのような顧客を重視しているかが、これによりおのずと浮き彫りになった。つまり大口需要家に過度の負担をかけず、東京に本社をもつ大手企業を優遇するという姿勢である。計画停電は週末をのぞいて、三月二八日までの二週間にわたってほぼ全日実施された。その後は時折実施される程度となった。東京電力はようやく四月八日になって、今後は原則的に実施しないと発表したが、三週間以上にわたる国民生活への影響は甚大であった。なお東北電力は計画停電を実施しなかった。

第四に、東京電力・東北電力管内はもとより日本全国の企業や住民が、二〇一一年夏において電力不足問題に直面することとなった。東京電力・東北電力については政府の電力使用制限令(大口需要家に一五%削減を義務づけるもの)が七月一日から三七年ぶりに発動された。石油危機たけなわの一九七四年以来のことであった。東日本太平洋岸のすべての原発が運転停止となり、火力発電所も多くが地震・津波の被害を受けたので、この二社については電力需要がピークを迎える夏期の電力不足は避けられなかった。だがそれ以外の電力会社も大きな影響をこうむった。都道府県知事は運転中の原発について停止を命ずる権限をもたないが、定期点検等で停止していた原発の運転再開に関しては慣例的な拒否権をもつ(ただし法的裏付けはない)。地元自治体が運転再開への合意をしぶれば、全国の原発は定期検査のたびに無期限の停止状態におちいり、やがて全機停止することとなる。そうした状況下において、原発依存度の高い電力会社は電力需給逼迫問題に直面する可能性があるのである。たとえ電力不足におちいらなかったとしても電力会社には、火力発電所の燃料焚き増しの負担がのしかかる(火力発電所と原子力発電所のライフサイクルコストは同等程度であるが、原発は建設費と解体・処理費が高く燃料費が安いので、それを止めて火力発電所を余分に動かした場合は、焚き増しの追加コストが発生する）。それでも間に合わなければ、揚水発電所のフル稼働（夜間に火力発電所で発電するので非常にコスト高となる）、自家発電施設からの余剰電力の高値買い取りなどの措置をとることが必要となるかもしれないし、その場合にはさらに大きな追加コストが発生する。そこで全国の電力会社は二〇一一年春から夏にかけて、原発再稼働キャンペーンを展開したが、成果は乏しかった。それどころか経済産業省、原子力安全・保安院、九州電力など原子力関係者の世論誘導の実態が次々と明らかになり、国民・住民の原子力発電事業への信頼が、このキャンペーンによってさらに大きく損なわれる結果となった。結局のところ二〇一一年夏の電力不足問題は、電力会社の追加コスト負担を代償として、東京電力・東北電力管内をのぞき回避されたのである。

第五に、福島原発事故の収束・復旧と損害賠償に要する費用は数十兆円に達するとみられ、復旧までに要する歳月としては数十年が見込まれる。たとえば三〇年間で五〇兆円というのは現実的な見積りである。東京電力を会社清算し資産を売却しても一〇兆円程度しか回収できない。株式、社債、融資については金融業者に債権放棄してもらうのは当然だが、正味の資産をすべて一般公開入札で売却しても、損害賠償および事故処理・復旧のための費用のごく一部しか返済できない。残りの大半は政府が数十年にわたり返済していくしかないので、巨額の国民負担が発生するのは避けられない。単に原子炉施設の解体・撤去をおこなうだけでなく、周辺地域の汚染した表土の回収・処分を徹底的におこなうならば、数百兆円を必要とするかもしれない。その重荷が日本の財政破綻をもたらすおそれもある。それが回避されても大幅増税による国民負担増とそれによる一層の景気低迷はさけがたい。
以上が福島原発事故の国民生活への影響のあらましである。

5　世界のどこでも起こりうるチェルノブイリ級事故

福島原発事故はINES基準でチェルノブイリ事故と並ぶレベル7の事故であり、まさに世界最大級の事故となった。過去の原子炉事故では一九五七年の英国ウィンズケール事故(発電設備をもたない軍用プルトニウム生産炉の事故)、および一九七九年の米国スリーマイル島二号機事故がレベル5であるが、放射能の放出量においてそれらをはるかに凌駕している。ちなみにそれまで日本で最高ランクを得ていたのは一九九九年のJCOウラン加工工場臨界事故のレベル4である。東海再処理工場アスファルト固化処理施設ASP火災爆発事故(一九九七年)のレベル3などがそれにつづいていた。それらとは比較にならない重大事故が起こったのである。

ふりかえれば一九八六年四月二六日にチェルノブイリ原子力発電所四号機で起きた核暴走事故は、史上最悪の原発事故となった。チェルノブイリ原子力発電所は、ウクライナ共和国(バルト三国やベラルーシと並び旧ソ連の西端に位置する)の西部にある首都キエフから一一〇キロ北方、ベラルーシ共和国との国境から一六キロに位置していた。当時四基の黒鉛減速軽水冷却沸騰水型炉RBMK1000型(黒鉛ブロックからなる巨大な構造物のなかに、燃料棒を各一八本を収める圧力管一六六一本をはめ込んだ炉型で、電気出力一〇〇万kW)を擁しており、同型の五・六号機も建設中であった。

チェルノブイリ四号機は低出力での試験中に核暴走を起こし、さらに数秒後に二度目の大爆発を起こした。それにより炉心の放射能の数％から数十％が建屋を突き破って爆発的に外部に放出された。その後一〇日間にわたり炉内で火災がつづき、残っていた大量の放射能が黒煙とともに舞いあがった。放射能の大気への放出量はヨウ素131、セシウム137、ストロンチウム90の三核種のみで、ヨウ素131等量で五四〇万テラベクレル（五・四エクサベクレル。テラは一兆、エクサは一〇〇京）と評価されている。事故で放出された放射能はヨーロッパ全土を覆いつくし、現地の人々の食生活を始めとする生活全般に大きな打撃を与えた。さらに食品の放射能汚染により、日本人をふくむ全世界の人々の不安をかき立てた。一ベクレルは一秒あたり一回の放射性崩壊を起こす放射能量をさす。なおヨウ素131等量というのは、放射性核種の「毒性」が同じ一ベクレルでも異なることを考慮した量である。たとえばセシウム137の一ベクレルは、ヨウ素131の四〇ベクレルに相当する。プルトニウム239の一ベクレルは、ヨウ素131の一万ベクレルに相当する。

チェルノブイリ事故（C）の特徴は、以下の四点にまとめられる。

（C1）多くの急性放射線障害患者を生み出した。事故現場とモスクワ第六病院だけで三一名の患者が死亡した。晩発性の悪性腫瘍による死亡も含めて事故の死者は数万人以上に達するとみられる。

（C2）広大な地域の大気・水・土壌を放射能で汚染し、半径三〇キロメートル以内と、さらに遠方の「ホットスポット」と呼ばれる高濃度汚染地域は無人地帯となった。それにともない約四〇万人の退去者が出た。

（C3）事故拡大の防止と事故収束のために、約六〇～八〇万人のリクビダートル（清掃人）と呼ばれる被曝要員が動員された。

（C4）事故からの復旧は汚染地域ではおこなわれていない。原子炉は鉄筋コンクリート製の石棺に入れられたままで、解体・撤去の見通しはない。また広大な土地の除染も手つかずである。

欧米や日本の原子力関係者たちは口をそろえて、チェルノブイリ事故はソ連製の欠陥原子炉とソ連における原子力安全文化の欠如がもたらしたもので、自国ではほとんど起こりえないと力説した。しかし現実に歴史上チェルノブイリ事故に次ぐ巨大事故が、日本の福島で起こってしまった。前述のチェルノブイリ事故の四つの特徴のうち一番目を除く三つは福島原発事故（F）にも共通するものである。具体的に述べると以下のようになる。

（F1）急性放射線障害による死者は出ていないが、多数の被災者を救助できなかった可能性がある。

（F2）広大な地域の大気・水・土壌を放射能で汚染し、数十万人の住民に避難生活や不自由な生活を強いることとなった。

（F3）事故拡大の防止と事故収束のために、長期にわたり数百人規模の被曝要員を所内職員として動員し、過酷な被曝労働を強いることとなった。

（F4）事故からの復旧までに数十年の歳月を要するとみられる。完全な復旧は不可能となる可能性が高い。解体・撤去がおこなわれず原子炉が石棺内に放置される可能性も高い。

さらに福島原発事故は、いくつかの点ではチェルノブイリ事故を凌駕している。

（F5）同時多発的炉心溶融事故が起こった。それに対しチェルノブイリ事故では一基のみが破壊されたにとどまる。

（F6）長期にわたり事故収束（冷温停止）の見通しが立っていない。事故収束まで数年を要するかもしれない。チェルノブイリ事故は短時間で炉心の核燃料の大半が飛散した。そして約一〇日で放射能の大量放出は収まった。

（F7）放射能の大気中への拡散だけでなく、数万トン以上の放射能汚染水が炉心から漏洩し、広範囲の海洋汚染が起こった。まさに海のチェルノブイリ事故である。

この福島原発事故の歴史的意味は、世界標準炉である軽水炉でも、つまり世界のどこでもチェルノブイリ級事故が起こりうることを実証したことである。その意味はきわめて重いものがある。世界の原子力関係者は例によって「自国では起こりえない」と力説するであろう。その論拠としては、以下のような諸点があげられるであろう。

(1)自国では日本とは異なり地震・津波の被災リスクが小さい。

(2)福島原発事故は沸騰水型軽水炉ＢＷＲであり、世界の主流である加圧水型軽水炉ＰＷＲよりも安全性が劣っている。

(3)福島第一原発一〜三号機は三五年以上前につくられた老朽化した原発であり、マーク1と呼ばれる安全性に弱点のある旧式の格納容器を付けていた。

(4)日本では原子力の推進と規制が経済産業省という単一の組織によっておこなわれており安全規制機関の独立性が確保されていない。しかも行政機構と電力業界の関係も「国策民営」といわれるような密接な連携関係にあるので、厳しい安全規制は機能しがたい。

(5)日本は長く戦争を経験していないので危機管理体制が脆弱であり、政府主導の緊急対応体制を構築できなかった。

以上五点ばかり挙げたが、このリストは延々と書き加えていくことができるだろう。たしかに改めて考え直してみると、日本の原子力発電はさまざまの安全上の弱点を抱えていた。日本の原発は世界一安全だという安全神話は根拠がなかったことは今や明らかであり、むしろその逆であった。しかし長時間の全電源喪失が生じうること、圧力容器・格納容器の双方の同時破壊が生じうること、さらに複数の原子炉を擁する原子力発電所で同時多発的事故が生じうることは、普遍的な教訓とせねばならない。今後はチェルノブイリ級事故は世界のどこでも起こりうるという認識に立って、原子力発電のあり方を考えていかなくてはならない。

6　危機発生予防対策の不備

福島原発事故については、周到な危機発生予防対策を講じていれば、大量の放射能を外部にまき散らす過酷事故に発展せずにすんだ可能性がある。東日本太平洋岸には、福島第一原発(六基)以外にも、四カ所(九基)の原発がある。それは東北電力東通原発および女川原発、東京電力福島第二原発、日本原子力発電東海第二原発である。それらは各々、地震動と津波による危機に直面しながらも、過酷事故を回避できた。また福島第一原発の五・六号機も、空冷式の非常用ディーゼル発電機一台が生き残ったおかげで危機を回避できた。

なぜ福島第一原発一～四号機だけが過酷事故を回避できなかったのだろうか。大局的にはどの原発も危機に直面したが、福島第一原発には他の原発と比べて過酷事故の確率論的リスクを高める要因が潜んでいたとみるのが妥当であろう。危機発生予防対策が充実していれば、福島第一原発は過酷事故にいたらなかったはずだ、とまでいうことはできないが、過酷事故にいたる確率を低めることはできたであろう。危機発生予防対策の不備については、以下の五項目が重要と考えられる。

(1)地震・津波大国に原子力発電所を建設したこと

原子力発電は、事故が起きた場合に、莫大な損失を電力会社と周辺住民にもたらす。過酷事故が起きた場合には世界最大級の巨大電力会社にとっても支払不可能な損失をもたらす。種々の発電手段(石油、石炭、ガス、その他)のなかであえて原子力発電を選ぶこと自体が、大きなリスク要因を抱えることとなる。そうした原子力発電所を地震・津波大国である日本に建設すること自体が、危機予防の観点からは大きな問題である。しかも日本全国のなかでも地震学的に最も危険な場所に原発が建設されているケース(中部電力浜岡原子力発電所)がある。

(2)一カ所に多数の原子炉を建設したこと

福島原発事故では、福島第一原発にある六基の原子炉のうち四基が大破した。入れ代わり立ち代わり、危機におちいる原子炉があらわれたため、対処行動は混乱をきたし、対策は後手後手に回った。多数の原子炉を同一サイトに設置することが、大きなリスク要因となることが、福島原発事故によって明らかとなった。一九七〇年代以降、新規立地地点の確保が困難となるなかで、既設地点での増設に次ぐ増設をつづけてきたことが裏目に出た。なお一カ所に多数の原子炉を建設することについては、事故や攻撃による安全上のリスクに加えて、電力安定供給上のリスクもある。

⑶地震動・津波の想定が甘かったこと

福島第一原発については、津波と地震動の想定が甘かった。とくに津波については想定上の最大波高はわずか五・七メートルであったが、実際には波高一四メートルの津波が襲来した。地震動も想定を上回った。地震動と津波のダブルパンチにより原子炉施設は深刻な被害をこうむった。この場所において巨大地震と大津波が襲来する危険があることは以前から知られていた。他の立地点を選ぶこともできたのに、そのような立地点にあえて原発を建設したことの是非が問われる。また標高三五メートルの台地をわざわざ削って一〇メートルまで標高を落としたことの賢明さも問われる。ディーゼル発電機が原子炉建屋ではなくタービン建屋の地下におかれ、その冷却用の海水ポンプが無防備状態でおかれていたことも、安全対策として問題である。なお東日本大震災において、送電用の鉄塔をはじめとして多くの送電・変電・配電施設が損傷したが、そうした施設に関する安全基準において、原発が特別扱いされていなかった。

⑷圧力容器・格納容器破壊を想定しなかったこと

圧力容器・格納容器の破壊にいたるプロセスに関するシミュレーションが実施されておらず、したがってそれを回避する対策が不在であった。原子炉等の核施設の立地に際しては立地審査にパスしなければならないが、そのためには現実的にほとんど起こりえない「仮想事故」を起こしても、周辺住民がわずかな放射線被曝(二万人シーベルト以下)にとどまるという条件を満たさねばならない。それを満たすよう「仮想事故」の想定は甘いものとなり、それが起きても圧力容器・格納容器の破壊は起こりえないという建前となっていた。もちろん実際には何が起こるかわからないので、電力会社は圧力容器・格納容器の破壊プロセスとその対策について、シミュレーションを実施しておくべきだが、それがおこなわれていた形跡はない。なお格納容器破壊に対して「深層防護」対策がなされていないのは問題であるという指摘も傾聴に値する（松野元著『原子力防災――原子力リスクすべてと正しく向き合うために』、創英社、二〇〇七年、二六ページ）。

(5)全電源喪失を想定しなかったこと

原子炉施設全体での長時間の全電源喪失の対策が考えられていなかった。ディーゼル発電機の代替電源として電源車とポンプ車が遠方から急遽搬入されたがほとんど役立たなかった。ポンプ車が使用する淡水も十分に用意されていなかった。さらに運転中だった三基の原子炉本体のみに関心が集中し、核燃料プールの状態への配慮がまったく欠如していた。またそもそも原子炉建屋内の原子炉上部に核燃料プールを設置し、そこに大量の使用済核燃料を貯め込むようなことも、全電源喪失のおそれを考慮すれば非常識であった。

こうみてくると多くの弱点は、福島第一原発に限らず日本の多くの原発に共通するものであることがわかる。しかし福島第一原発に固有の弱点があったこともわかる。

7　危機管理措置の失敗

次に、福島原発事故が過酷事故に発展してからの危機管理措置の失敗について考えてみる。それが適切に実施されていれば事故の規模を少しでも縮小することができたと考えられる。これについては以下の五項目が重要である。

(1)政府主導の指揮系統の機能障害

緊急事態における政府主導の指揮系統が機能障害を起こした。そのため緊急事態応急対策が効果的に実施されなかった。一九九九年九月のＪＣＯウラン加工工場臨界事故を受けて政府は同年、原子力災害特別措置法(原災法)を定めた。そこでは原子力緊急事態宣言を受けて首相官邸に設置される原子力災害対策本部(首相を本部長とする)が総司令部となり、そこが政府機関・地方行政機関・原子力事業者に指示を出すこととなっている。また政府対策本部のサテライトとして原子力災害現地対策本部が、緊急事態応急対策拠点施設(オフサイトセンター)内におかれ、そこが現地における事故対処作業の指揮をとることが想定されている。要するに東京の政府対策本部を頂点とする政府主導の指揮系統が構築され、迅速な事故対処がなされるものと想定されている。この仕組みのなかで、政府対策本部と現地対策本部の双方において、原子力安全委員会が専門的助言をおこなうこととなっている。ところが実際の指揮系統はまったく異なるものとなった。現地対策本部は機能せず、東京でほとんどすべての意思決定がなされた。しかも東京では首相官邸、経済産業省原子力安全・保安院、東京電力の三者が協議をし、そこでの合意にもとづいて東京電力の主導権のもとに、東京電力の現地本部を前線司令部として、事故対処作業が進められることとなった。政府には大枠的な要請を東京電力に対しておこなう以上の権限はなく、実力もなかった。

(2)東京電力の実力の範囲内での事故対応

政府主導の指揮系統は、政府の実力不足のために機能せず、東京電力主導の事故対応がなされることとなった。これが原子力災害ではなく一般災害ならば政府主導の対応も可能だったであろうが、そうではなかった。東京電力は巨大企業であるとはいえ、その動員能力は限られている。日本の原子力専門家をフル動員できる体制もない。東京電力および密接に関連する企業群が、すべての収束業務を実質的に担うこととなったのである。そのため収束活動が非常に緩慢なものとなった。東京電力に実質的権限が与えられたために、原子炉炉心への海水注入が遅れたとの指摘もある。

(3)圧力容器・格納容器破壊のあとの対策を考えなかったこと

もし圧力容器が破壊されれば、格納容器からのガス抜きと冷却水の垂れ流し以外に、有効な対策がないことは明らかである。ガス抜きについてはフィルター付ベント装置設置が対策として考えられたはずである。また垂れ流しについては、海への放射能汚染水の流出や意図的放出を避けるための事前対策ができたはずである。さらに圧力容器・格納容器の同時破壊に際して、原子炉をいかに冷温停止させるかについて、配慮することができたはずである。しかしそうしたことは一切なされなかった。そのため福島原発事故では、一・二・三号機すべてで破損箇所を修理して冷温停止が実現するまで、半永久的な時間がかかる可能性がある。

(4)住民被曝対策の機能障害

住民の避難・屋内退避・退去等に関する官邸の指示が遅れたばかりでなく、その指示内容が二転三転し、しかも指示の根拠がまったく示されなかったことが、周辺住民や首都圏を含む近隣地域住民を困惑させた。半径二〇キロメートル圏内については地震後二七時間に避難指示が出されて以降、指示の変更はなかったが、その根拠は示されなかった。事故の発展プロセスについて具体的シナリオを描かなければ、このような避難半径を算出することはできないはずであるが、シナリオは今も秘密とされたままである。また三月二五日に出された自主避難要請というのは、世界の原子力災害対策でも前例のない方式である。しかも住民は事故シナリオについてまったく情報を与えられていないのであるから、自主的な判断を下すことができるはずがない。なお福島県の県庁所在地である福島市を含め、多くの地域が高濃度汚染地域となったが、そこにおける放射線防護対策も十分ではなかった。

(5)有効な防災計画がなかったこと

原子力防災計画は都道府県ごとに立てられるが、防災対策を重点的に実施すべき地域EPZ(Emergency Planning Zone)の範囲として、原子炉から約八〜一〇キロメートルと決められている。これは原子力安全委員会の防災指針のなかで定められているが、それは「余裕をもって設定した」ものであり、「EPZをさらに拡大したとしても、それによって得られる効果はわずかなものとなる」と書かれている。この極端に狭いEPZは、立地審査で使われる「仮想事故」、スリーマイル島事故(一九七九年)、JCOウラン加工工場事故(一九九九年)を踏まえて決められたもので、チェルノブイリ事故を考慮していなかった。チェルノブイリ級の事故は日本では起こりえないという思い込みが前提にあった。緊急時計画区域EPZは半径五〇キロメートルで設定するのが妥当であった。なお、広域的な住民疎開などの事態も想定して、難民輸送・受入体制も含めて広域的に(たとえば関東地方、関西地方、九州地方などのブロック別)に防災計画を策定し、住民に周知させる必要があった。

もちろん避難民の広域移動や、広域的なサポート体制の構築などを考えれば全国的な原子力防災計画の策定も必要であった。

以上のように、福島原発事故が過酷事故に発展してからの危機管理措置にも、多くの問題があった。

これまで危機発生予防対策および危機管理措置における数々の機能障害について概観してきたが、それらの背景にあるのが「原子力安全神話」に他ならない。この神話はもともと立地地域住民の同意を獲得すると同時に、政府による立地審査をパスするために作り出された方便にすぎなかった。しかしひとたび立地審査をパスすれば、電力会社はそれ以上の安全対策を余分のコストを費やして講ずる必要はない。こうして「原子力安全神話」が制度的に、原子力安全対策の上限を定めるものとして機能するようになった。いわば電力会社が自縄自縛状態におちいったようなものである。もし立地審査をパスした原子炉施設について、追加の安全対策をほどこしたり、その必要性を力説したりすれば、その原子炉施設の安全性に不備があるというメッセージを社会に対して発信するため、それはタブーとなるのである。福島第一原発では負のイメージ形成を避けるという本末転倒の理由で、安全対策強化が見送られた可能性がある。

もちろん電力会社のみならずすべての原子力関係者にとって、「原子力安全神話」を否定するような想定を公表することはタブーとなる。こうしてすべての原子力関係者が「原子力安全神話」による自縄自縛状態におちいったのである。それが今回の福島原発事故により露呈したと考えられる。そしてそれが原子力災害時の指揮系統の機能障害と相まって、福島原発事故をここまで深刻なものにしてしまったと考えられる。

8　東京電力福島原子力発電所における事故調査・検証委員会

民主党菅直人内閣は二〇一一年五月二四日、「東京電力福島原子力発電所における事故調査・検証委員会」（福島原発事故調）の設置を閣議決定した。本来は法律で設置すべきだが与野党逆転国会において自民党をはじめとする野党の同意が得られないと判断し、閣議決定での設置に踏み切ったのである。委員会の目的は「東京電力株式会社福島第一原子力発電所及び福島第二原子力発電所における事故の原因及び当該事故による被害の原因を究明するための調査・検証を、国民の目線に立って開かれた中立的な立場から多角的に行い、もって当該事故による被害の拡大防止及び同種事故の再発防止等に関する政策提言を行うこと」である。閣議決定には「関係大臣等の責務」に関する規定がある。そこには以下の二点が記されている。

(1)関係大臣及び関係行政機関の職員は、検証委員会の運営に最大限協力するものとし、正当な理由がない限り、検証委員会からの資料提出及び説明聴取等の要請を拒むことはできないものとする。

(2)関係大臣は、検証委員会から関係事業者を対象とする実地調査の受入れ、資料提出及び説明聴取等の要請があった場合には、法令に定められた権限に基づき、これに応じるよう事業者に対し指示を行うものとする。

閣議決定は法律とは異なり、政府以外に義務を課すことはできない。したがって電力会社（東京電力等）やメーカー（GE、東芝、日立）は検証委員会の要請を拒むことができる。法律で設置することが望ましいゆえんである。これが検証委員会の弱点である。なおいうまでもなく、福島原発事故は原子炉設置許可を受けた原発が同時多発的にメルトダウンした重大事故であり、原子炉設置許可を与えた安全規制行政当局（内閣府原子力安全委員会、および経済産業省原子力安全・保安院）が信頼を失墜した。したがって原子力安全委員会が事故調査委員会を設置するという形をとることは不可能であった。安全規制行政当局の上位に立つ組織、つまり首相官邸または国会に設置する以外に方法はなかった。

アメリカのカーター大統領は、スリーマイル島原発事故の直後の一九七九年四月一一日「今後いかなる原子力事故も防ぎうるような勧告を作成」させるため、ジョン・ケメニーを委員長とする大統領委員会を設置した。ケメニー委員会は一二回の公聴会と、スタッフによる一五〇回以上の証人喚問を行い、一〇月三〇日に報告を提出した。その審議の焦点は原発の許認可モラトリアム（免許停止）の是非だったが、票決の結果、免許停止の結論は出なかった。しかし原子力規制委員会NRCの抜本的改組など多くの勧告をおこない、その骨子がカーター大統領の政策に反映された。福島原発事故調は日本版ケメニー委員会に相当する。それがすべての原子力発電所に当てはまる普遍的な安全上の弱点と、日本固有の安全上の弱点、東京電力固有の安全上の弱点、福島第一原子力発電所固有の安全上の弱点をすべて考慮に入れた優れた報告書を作成し、そこに盛り込まれた勧告を総理大臣が尊重して実行に移すことが必要である。

菅首相は五月二四日、委員長に「失敗学」の提唱者として知られる畑村洋太郎氏（東京大学名誉教授、工学院大学教授）を任命し、同氏の意見も聞いて官邸で委員の人選を進めた。そして二七日に畑村委員長を含め合計一〇名の検証委員会メンバーを発表した。畑村氏以外の九名は以下のとおりである。柳田邦男委員長代理（作家、評論家）、尾池和夫（国際高等研究所所長、前京都大学総長）、柿沼志津子（放射線医学総合研究所チームリーダー）、高須幸雄（前国際連合日本政府代表部特命全権大使）、高野利雄（弁護士、元名古屋高等検察庁検事長）、田中康郎（明治大学教授、元札幌高等裁判所長官）、林陽子（弁護士）、古川道郎（福島県川俣町長）、吉岡斉（九州大学副学長）。なお事務局長は小川新二内閣審議官（検察庁出身）がつとめる。

委員のなかに、原子力研究開発利用と直接の利害関係を有する者は含まれていない。柿沼委員の所属する放射線医学総合研究所（放医研）は、広い意味では原子力関係の研究所であるが、原子力発電との直接の関係はない。なお筆者は一三年にわたり内閣府原子力委員会の専門委員をつとめてきたが、二〇〇九年に任を解かれ、二〇一〇年末に始まった原子力政策大綱改定作業にも関与していない。事務局メンバーについても原則的に、経済産業省の原子力に関係する部署からは原則的に選任されていない。また東京電力など原子力業界から出向している国家公務員も選任されていないという（多数の業界関係者が国家公務員に任用され、業界関連業務をおこなっていたこと自体が異常事態であることは確かであるがそれはまた別の論点である）。

この福島原発事故調は、事務局が実務を担当するヒアリング・資料収集を踏まえて、委員会で討議を重ねて報告書を作成するという段取りで進められている。またそうした作業と並行して委員会として視察活動も進めている（二〇一一年九月現在）。ヒアリング・資料収集は三つのチーム（社会システム等検証チーム、事故原因等調査チーム、被害拡大防止対策等検証チーム）に分かれて進められる。その実務は主として事務局がつとめるが、委員はヒアリングに自由に同席し、また資料収集に関する指示を出すことができる。そうして集められた資料と証言をもとに全体会議が報告・提言をまとめる。二〇一一年内に中間報告をまとめ、二〇一二年夏頃までに最終報告をまとめる予定である。ただしそれまでに事故収束は不可能とみられるので、原子炉の損傷部分の調査など、原因究明の急所に対する調査が可能となるまでには、なお相当の時間を要するであろう。したがって事故処理の節目ごとに繰り返し委員会を開催し、調査・検証を行う必要がある。

9　歴史的分水嶺としての福島原発事故

二〇一一年三月一一日に発生した東京電力福島第一原子力発電所における同時多発的原子炉事故は、日本の原子力発電の歴史において、大きな分水嶺をなす事故となるであろう。登山にたとえれば今まで峠をめざしてきた登山者が、峠を越えて下り道に入ったのである。

日本において原子力開発が始まったのは原子力予算が成立した一九五四年四月である。原子力発電が始まったのはそれから九年をへた一九六三年一〇月二六日であり、日本原子力研究所の動力試験炉ＪＰＤＲ（電気出力一万二五〇〇ｋＷ）が発電を開始した。その三年後の一九六六年九月一日には日本原子力発電東海発電所が営業運転を開始した（発電開始は一九六五年一一月一日）。それから二〇一一年までの四五年間は、原子力発電拡大の時代であった。その基数・設備容量は一九九〇年代半ばまで直線的増加をつづけ、それ以後もゆるやかに増加して二〇一〇年末には日本全国で五四基、総設備容量四八八四万七〇〇〇kWの商業発電用原子炉が林立することとなったのである（『原子力ポケットブック2010』、社団法人日本電気協会新聞部、一一〇～一一一ページなど）。

細かくいえば日本の原子力発電の設備容量のピークは二〇〇六年（四九五八万kW）であり、全国で五五基の原発が存在していた。二〇〇九年一月に中部電力浜岡一・二号機が廃止され日本の原子力発電設備容量はわずかに減少したものの、二〇〇九年一二月に北海道電力泊三号機が運転を開始した。そして二〇一一年一二月に予定どおり中国電力島根三号機が運転を開始すれば新たなピークが出現するはずであった。しかし二〇一一年三月一一日を境に、状況は大きく変化した。東京電力福島第一原子力発電所の一～四号機は廃炉が確実である。五・六号機は原子炉施設自体は破壊されていないが、高濃度の放射能で汚染された立地条件からみてやはり廃炉が確実である。東京電力福島第二原子力発電所の四基も運転再開は困難とみられる。他に中部電力浜岡原子力発電所の三基（三・四・五号機）も閉鎖される可能性が高い。

こうして少なくとも一三基の原発が廃止される。それ以外の原発も、この福島原発事故を契機に廃止される可能性がある。そうなれば日本の原発は四〇基を大きく割り込むこととなる。その一方、原発の新増設は今後まったくおこなわれなくなるであろう。その間に既設の老朽原発の廃止が徐々に進むから、原発の基数・設備容量は今後、政府の政策転換のいかんにかかわらず減少傾向をたどることとなろう。

あとがき

本書は、日本の原子力(核エネルギー)開発利用の歴史を、草創期から最近までカバーする鳥瞰的な通史として描いた著作である。

筆者は一九七〇年代半ばに、科学技術に対して批判的な視点に立った現代科学技術史の研究者をめざすことを決意した。当時はベトナム戦争での科学技術の悪用・乱用や、公害・環境問題と科学技術との密接な関係など、科学技術の発展にともなう負の側面にスポットライトが当てられた時代である。そして現代科学技術にかかわる社会的諸問題の構造的要因を解明するためには、科学技術史的アプローチが有用だという考え方が、少なからぬ若者たちの心に浸透した時代でもある。筆者もそうした考え方に共鳴し、科学技術批判の立場から現代科学技術史に取り組もうと決意した。筆者のそうした基本的な立場は、それから三〇年あまりにわたり、基本的に変わっていない。科学技術のどの分野に対しても、筆者はほとんど本能的に批判的分析を加えようとする習性を、幸か不幸か身につけてしまった。原子力だけに対して、特別に批判的なわけでは決してない。

とはいえ当初は原子力を主要な対象分野にしようとは考えていなかった。原子力(核エネルギー)

に関する批判的研究は、当時すでに多数の研究者や実務家によっておこなわれており、筆者がその世界に現代史研究者の立場から参入したとしても、どれだけ独自性・卓越性を発揮できるか自信がなかったからである。それゆえ筆者としては、個別分野にこだわらない大きな視点に立った現代史研究や、やや基礎科学に近い物理系分野（核融合、高エネルギー物理学、宇宙科学などビッグサイエンスと総称される分野）に関する現代史研究に力点をおいてきた。物理系分野に関心が向いたのは、筆者が学士課程で物理学の考え方を身につけたという自信があったためである。

しかし一九八六年度から正式に始まったトヨタ財団の研究助成による「戦後科学技術の社会史に関する総合的研究」（研究代表者：中山茂）というプロジェクト研究に、コアメンバーとして参加してから、日本現代史においてビッグサイエンスよりも原子力のほうがはるかに重要であることを痛感し、これを究めずして現代日本科学技術史の全体像を描くことはできないと考えるにいたった。それ以来ほぼ四半世紀にわたって筆者は原子力の社会史を、最も重要な研究テーマとして位置づけてきた。筆者は原子力に対して批判的立場をとってきたが、それは前述のように原子力に対して偏見があるからでは決してない。分野によって濃淡の差はあるものの、あらゆる科学技術分野が筆者にとって批判的分析の対象なのである。

なおこのプロジェクト研究の成果は、中山茂・後藤邦夫・吉岡斉編著『通史　日本の科学技術　1945-1979』（全四巻、学陽書房、一九九五年）として刊行されたが、そのなかには筆者が執筆した原子力開発利用の社会史に関する多くの著作が掲載されている。また一九九九年には、中山茂・後藤邦夫・吉岡斉編著『通史　日本の科学技術　第五巻　国際期　1980-1995』（学陽書房、一九九九年）が出版されたが、それについても同様である。筆者の原子力の社会史に関する歴史的研究は、この「通史」プロジェクトとともに進められたものであるといってよい。このプロジェクト研究のリーダーをつとめられた中山茂先生に深く感謝したい。中山茂先生は筆者の大学院学生時代からの実質的な研究指導者である。

日本の原子力の歴史については多くの作品が発表されてきた。しかしそれらの多くは、日本の原子力開発利用の全体像を大きな視点から描こうとする姿勢を欠くものであった。それでも一昔前までは鳥瞰的な通史と呼べる作品が少数ながら出版されてきたが、近年はあまり見かけなくなった。その最後を飾るのは日本原子力産業会議編『原子力はいま――日本の平和利用30年』（発売：丸ノ内出版、一九八六年）であるが、すでに四半世紀前の骨董品的著作となっている。しかもその内容は原子力開発利用の歴史を飾る代表的な出来事についての通俗的記述にとどまっている。

もちろん鳥瞰的な通史を意図していない著作のなかにも、一読に値するものは少なくない。少なからぬ原子力関係者、ジャーナリスト、批判論者らが、回想やドキュメンタリーを発表しており、それらのなかには重要な証言や啓発的な指摘を含むものも多いが、それらは大体において、各々の著者が興味をもつ時代や分野をパッチワーク的に取りあげており、包括的記述をめざしたものとはいいがたい。このように原子力開発利用に関しては、それがいくたの科学技術分野のなかで、戦後日本においてきわめて大きな政治的・社会的関心を集めてきたにもかかわらず、現時点で推薦しうる鳥瞰的な通史は、皆無という状態にあったのである。

そうした状態を解消するために筆者が書いたのが、一九九九年四月二五日に朝日選書624として出版された『原子力の社会史——その日本的展開』である。この本はありがたいことに一九九九年度のエネルギーフォーラム賞優秀賞を受賞した。原子力に対する賛否の立場の違いをこえて、大枠的に賛成の立場をとる方々が選考委員となっておられる賞をいただけたことは、原子力に大枠的に反対の立場をとる筆者の議論の普遍性を認められたことを意味するので、かくべつの喜びであった。しかしこの作品の売れ行きは振るわず、重版が出ないまま一〇年あまりが経過した。

しかし、二〇一一年三月一一日の福島原発事故によって状況は一気に変わった。福島原発事故については、なぜそれがソ連で一九八六年に起きたチェルノブイリ事故に次ぐ、史上最大級の原子力事故に発展してしまったのかについて、基本的に考え直す必要がある。そのためには歴史を検証する必要がある。だが日本の原子力開発利用の歴史について鳥瞰的に描いた通史は存在しない。そこで前著で書けなかった一九九九年から二〇一一年までの一〇年あまりの原子力開発利用の「現在史」について大幅に加筆した新版を、急遽出版することとなった。その際、旧版の記述についても加筆修正をおこなった。ここで「現在史」というのは現在進行中の歴史をさす。類語に「同時代史」がある。しかしそれは高齢者たちがかつて実体験した数十年前の歴史をさすことが多い。それに対して「現代史」とは、まさにリアルタイムで進行中の歴史を描くことに他ならない。

先ほど、『原子力の社会史——その日本的展開』は、戦後日本科学技術史プロジェクトの副産物であるという趣旨のことを述べたが、今回の新版も同様の性格を有する。本書と相前後して、吉岡斉代表編集『新通史　日本の科学技術——世紀転換期の社会史／1995年～2011年』(全四巻+別巻一、原書房、二〇一一～一二年)が出版される。この研究プロジェクトは中山先生がリーダーを務めてこられたプロジェクトを引き継ぐものである。そこでは「原子力・エネルギー」が重要な柱の一つとなっている。本書の福島原発事故についての記述においては、『新通史　日本の科学技術』の記述を、原書房の許諾のうえ、ベースとして用いた箇所が少なくないことを書き添えておく。

二〇一一年九月八日

吉岡　斉

吉岡 斉（よしおか・ひとし）
1953年，富山市生まれ。東京大学理学部物理学科卒業。同大学院博士課程単位取得退学。九州大学大学院比較社会文化研究院教授（社会情報部門社会変動講座），同大学副学長を歴任。専攻は科学技術史，科学技術社会学，科学技術政策。政府の「東京電力福島原子力発電所における事故調査・検証委員会」委員を務めた。2018年1月逝去。

【著書】『テクノトピアをこえて』（1982，社会思想社），『科学者は変わるか』（1984，社会思想社），『科学社会学の構想』（1986，リブロポート），『科学革命の政治学』（1987，中公新書），『科学文明の暴走過程』（1991，海鳴社），『原子力の社会史』（本書旧版，1999，朝日選書＝エネルギーフォーラム賞優秀賞），『原発と日本の未来』（2011，岩波ブックレット）ほか
【共編著】『戦後科学技術の社会史』（1994，朝日選書），『通史　日本の科学技術』全5巻＋別巻（1995―99，学陽書房），『科学革命の現在史』（2002，学陽書房），『新通史　日本の科学技術―世紀転換期の社会史/1995―2011』全4巻＋別巻（2011―12予定，原書房）ほか

朝日選書 883

新版 原子力の社会史

その日本的展開

2011年10月25日　第1刷発行
2024年7月30日　第5刷発行

著者　吉岡 斉

発行者　宇都宮健太朗

発行所　朝日新聞出版
〒104-8011 東京都中央区築地5-3-2
電話 03-5541-8832（編集）
03-5540-7793（販売）

印刷所　大日本印刷株式会社

Published in Japan by Asahi Shimbun Publications Inc.
ISBN978-4-02-259983-4
定価はカバーに表示してあります。

索　引

あ行

か行

さ行

た行

な行

は行

ま行

や行

ら行

わ行

英字